生成式人工智能前沿丛书

U0616834

复杂影像智能解译

Intelligent Interpretation of Complex Imagery

总主编 唐 旭

唐 旭 王懿婧
焦李成 张向荣 编 著
马晶晶 李玲玲
刘 旭

西安电子科技大学出版社

内 容 简 介

本书从理论基础出发,全面阐述了面向遥感场景的复杂影像智能解译的基本理论和前沿方法。全书共 4 篇 16 章。第 1 篇(第 1 章至第 3 章)概述遥感复杂影像解译的理论基础,旨在为读者构建一个宏观的认知框架。第 2 篇(第 4 章至第 8 章)深入探讨高光谱影像地物分类,内容从理论背景、原理分析到实验操作和仿真,全面展示前沿技术。第 3 篇(第 9 章至第 13 章)致力于高分辨率遥感影像场景分类的介绍,从基础理论到复杂算法的应用进行了全面剖析。第 4 篇(第 14 章至第 16 章)专注于讲解高分辨率遥感影像内容检索技术,提供细致的分析和对前沿方法的深入讨论,旨在指导读者快速且准确地从海量遥感数据中提取所需信息。

通过本书的学习,读者不仅能够建立起扎实的复杂影像智能解译理论基础,还能深入了解到该领域的实际应用和操作方法。

本书既适合智能科学与技术、计算机科学与技术、电子信息与技术等专业的本科生和研究生使用,也为科研人员和工程师提供了丰富的参考资料,是一本具有实用价值的学习指南。

图书在版编目(CIP)数据

复杂影像智能解译 / 唐旭等编著. -- 西安 :西安电子科技大学出版社,2025. 7. -- ISBN 978-7-5606-7669-2

Ⅰ. TP751

中国国家版本馆 CIP 数据核字第 20257RZ859 号

书　　名　复杂影像智能解译
　　　　　　FUZA YINGXIANG ZHINENG JIEYI

策　　划　李鹏飞　刘芳芳

责任编辑　赵婧丽

出版发行　西安电子科技大学出版社(西安市太白南路 2 号)

电　　话　(029) 88202421　88201467　　邮　　编　710071

网　　址　www.xduph.com　　　　电子邮箱　xdupfxb001@163.com

经　　销　新华书店

印刷单位　陕西天意印务有限责任公司

版　　次　2025 年 7 月第 1 版　　　　2025 年 7 月第 1 次印刷

开　　本　787 毫米×960 毫米　1/16　　印　　张　15.5

字　　数　317 千字

定　　价　46.00 元

ISBN 978-7-5606-7669-2

XDUP 7970001-1

PREFACE 前　言

随着遥感观测技术的不断演进，我们开启了探索地球各个角落的新途径。遥感观测技术每天都生成海量的数据，捕捉到的影像内容丰富且类型多样，记录了城市扩张、农业管理、气候变迁、灾害监测与响应等方面的信息。这些遥感数据桥接了现代科学研究与社会管理，使我们能够实时监控地球表面与大气层的相互作用，理解分析遥感场景的变化。然而，传统的解译方法难以满足海量数据对效率和精度的要求，已成为制约遥感技术发展的瓶颈之一。

面对这一挑战，复杂影像智能解译技术应运而生。该技术侧重于利用先进的计算机视觉算法来处理和分析遥感影像。其核心在于如何从海量、多样化的遥感数据中自动提取和理解信息，转化为可用的知识和价值。基于此，本书聚焦于遥感场景下的复杂影像智能解译，深入探讨理论与实践并提供应用实例，旨在展现计算机视觉在该领域的强大技术优势和应用潜力。

本书首先简要介绍了计算机视觉的基础理论，讲解了遥感影像学习解译基础，并概述了遥感影像数据集的类型和特性；接着详尽地从多个角度阐述了遥感影像的处理方法，包括高光谱影像的地物分类和高分辨率遥感影像的场景分类和内容检索，还详细讲解了遥感影像处理的背景、策略和模型设计，并探讨了这些模型在实验应用中的表现和效果。本书旨在帮助读者了解遥感技术的前沿进展，掌握必要的理论知识和实践技巧，从而有效地利用遥感数据为地球环境的保护和可持续管理做出贡献。

在类脑认知机器学习与遥感解译应用（国家自然科学基金重点项目，61836009），基于多任务小样本学习的复杂遥感影像检索（国家自然科学基金面上项目，62171332），记忆机理与关系推理驱动的零样本跨影像高光谱异常检测（国家自然科学基金面上项目，62276197），基于实例感知深度哈希学习的高分辨 SAR 图像检索（国家自然科学基金青年项目，61801351）等项目的资助下，我们对计算机视觉以及遥感复杂影像解译的理论、算法及应用进行了较为系统的研究，尤其对卷积神经网络和 Transformer 优化、学习及其面向高光谱和高分辨率遥感影像的应用等进行了较为深入的探讨。

本书内容分为"遥感复杂影像解译理论基础""高光谱影像地物分类""高分辨率遥感影像场景分类""海量高分辨率遥感影像内容检索"4 篇，共 16 章。

第 1 篇包含 3 章，首先介绍了计算机视觉基础、遥感影像学习解译基础和常见的遥感影像数据集。本篇的作者包括唐旭、王懿婧、焦李成、张向荣、马晶晶、李玲玲、刘旭。

第 2 篇针对高光谱影响地物分类的解译工作，用 5 章介绍了端到端多尺度深度学习网络、双通道注意力深度交互学习等方法。本篇的作者包括唐旭、王懿婧、焦李成、马晶晶。

第 3 篇共 5 章，介绍了高分辨率遥感影像场景分类的解译工作，分别从多尺度注意力深度网络、孪生深度网络、双通道多尺度学习表征等方面阐述了遥感场景分类的理论方法以及发展前沿。本篇的作者包括唐旭、王懿婧、焦李成、张向荣、马晶晶。

第 4 篇共 3 章，以生成对抗网络的深度哈希学习模型开篇，之后从半监督对抗自编码深度哈希学习、元深度哈希学习等方面分别介绍了海量高分辨率遥感影像内容检索的相关工作。本篇的作者包括唐旭、王懿婧、焦李成、马晶晶、李玲玲、刘旭。

希望本书能为读者呈现出复杂影像智能解译较为全面的脉络、趋势和图景。

本书是西安电子科技大学"智能感知与图像理解"教育部重点实验室、"智能感知与计算"教育部国际联合实验室、国家"111 计划"创新引智基地、国家"2011"信息感知协同创新中心、"大数据智能感知与计算"陕西省 2011 协同创新中心、智能信息处理研究所集体智慧的结晶。感谢集体中每一位同仁的奉献。特别感谢焦李成院士多年来的悉心培养和指导；感谢国家自然科学基金委信息科学部的大力支持；感谢唐旭教授、张向荣教授、马晶晶副教授、李玲玲副教授、刘旭副教授的帮助；感谢王懿婧、杜瑞琦、邹亦舟、蒋伟、张廷瑞、黄达彪等智能感知与图像理解教育部重点实验室成员所付出的辛勤劳动；感谢西安电子科技大学对本书的主持；感谢人工智能学院全体老师对本书的付出；感谢西安电子科技大学出版社对本书出版工作的支持。

由于作者水平有限，书中不妥之处在所难免，恳请读者批评指正。

作　者

2024.3.29

CONTENTS 目 录

第1篇 遥感复杂影像解译理论基础

第1章 计算机视觉基础 ……………… 2
1.1 引言 ……………………………… 2
1.2 卷积神经网络基础知识 ………… 3
1.2.1 基本结构 ………………… 3
1.2.2 常用模型 ………………… 6
1.3 Transformer基础知识 ………… 9
1.3.1 基本结构 ………………… 9
1.3.2 常用模型 ………………… 11
1.4 本章小结 ………………………… 12
第2章 遥感影像学习解译基础 …… 13
2.1 引言 ……………………………… 13
2.2 高光谱影像分类 ………………… 13
2.2.1 高光谱影像的特性 …… 14
2.2.2 高光谱影像地物分类的基本流程 … 15
2.2.3 高光谱影像地物分类方法 … 16
2.2.4 高光谱影像地物分类评价指标 … 17

2.3 高分辨率遥感影像场景分类任务简介 … 17
2.4 海量高分辨率遥感影像检索任务简介 … 18
2.5 本章小结 ………………………… 20
第3章 遥感影像数据集 ……………… 21
3.1 引言 ……………………………… 21
3.2 高光谱遥感影像数据集 ………… 21
3.2.1 IP数据集 ………………… 21
3.2.2 UP数据集 ……………… 23
3.2.3 Botswana数据集 ……… 24
3.2.4 Houston数据集 ………… 25
3.2.5 Salinas数据集 ………… 27
3.3 高分辨率遥感影像数据集 ……… 28
3.3.1 UCM数据集 …………… 28
3.3.2 AID数据集 ……………… 28
3.3.3 NWPU数据集 ………… 28
3.4 本章小结 ………………………… 32

第2篇 高光谱影像地物分类

第4章 端到端多尺度深度学习网络 … 34
4.1 引言 ……………………………… 34
4.2 基于端到端多尺度深度学习网络方法 … 36
4.2.1 基于残差模块的编码-解码框架 … 36
4.2.2 EMDN整体框架 ……… 37
4.2.3 网络训练 ………………… 39
4.3 实验设置及结果分析 …………… 40
4.3.1 实验设置 ………………… 40
4.3.2 结果分析 ………………… 41
4.4 本章小结 ………………………… 47
第5章 双通道注意力深度交互学习 … 48
5.1 引言 ……………………………… 48

5.2 注意力机制理论基础 …………… 49
5.3 基于交互注意力机制深度学习网络方法 … 52
5.3.1 注意力机制 ……………… 52
5.3.2 交互注意力机制 ……… 54
5.3.3 基于交互注意力机制深度学习网络框架 … 55
5.4 实验设置及结果分析 …………… 56
5.4.1 实验设置 ………………… 56
5.4.2 结果分析 ………………… 57
5.5 本章小结 ………………………… 64
第6章 空谱注意力3D卷积深度网络 … 65
6.1 引言 ……………………………… 65

6.2 八度卷积 ··············· 66

6.3 3D 八度卷积 ··············· 68

6.4 特征融合 ··············· 69

6.5 基于 3D 八度卷积和空谱注意力的

　　高光谱影像分类 ·········· 69

　　6.5.1 3D 八度卷积模型 ······ 70

　　6.5.2 空间-光谱注意力模型 ··· 71

　　6.5.3 空间-光谱信息互补模型 ·· 73

　　6.5.4 优化策略 ··········· 74

6.6 实验设置及结果分析 ······· 74

　　6.6.1 实验设置 ··········· 74

　　6.6.2 结果分析 ··········· 75

6.7 本章小结 ··············· 83

第 7 章 基于多尺度表征与光谱注意力的

**　　　　深度学习** ············ 84

7.1 引言 ················· 84

7.2 多尺度机制 ············· 85

7.3 多尺度机制在高光谱影像中的适用性 ··· 86

7.4 基于多尺度空间特征和光谱注意力

　　特征的高光谱分类 ········· 87

　　7.4.1 特征学习模型 ········ 87

7.4.2 多尺度空间-光谱模型 ······ 88

7.4.3 特征约简模型 ············ 90

7.5 实验设置及结果分析 ·········· 90

　　7.5.1 实验设置 ············· 90

　　7.5.2 结果分析 ············· 91

7.6 本章小结 ················ 98

第 8 章 半监督小样本空间光谱图卷积

**　　　　深度学习** ············ 100

8.1 引言 ·················· 100

8.2 简单线性迭代聚类算法 ········ 101

8.3 图卷积网络 ·············· 102

8.4 基于空间-光谱图卷积的半监督高光谱

　　影像分类模型 ············ 104

　　8.4.1 光谱图模型 ··········· 105

　　8.4.2 空间图模型 ··········· 106

　　8.4.3 特征转换模型 ·········· 107

8.5 实验设置及结果分析 ········· 108

　　8.5.1 实验设置 ············ 108

　　8.5.2 结果分析 ············ 108

8.6 本章小结 ··············· 114

第 3 篇　高分辨率遥感影像场景分类

第 9 章 多尺度注意力深度网络 ······ 116

9.1 引言 ·················· 116

9.2 多尺度注意力机制及模型 ······ 117

　　9.2.1 通道级注意力机制 ······ 117

　　9.2.2 多尺度注意力模型 ······ 118

9.3 实验设置及结果分析 ········· 120

　　9.3.1 实验设置 ············ 120

　　9.3.2 结果分析 ············ 120

9.4 本章小结 ··············· 123

第 10 章 孪生深度网络 ·········· 124

10.1 引言 ················· 124

10.2 孪生网络特征提取 ········· 124

　　10.2.1 孪生网络概述 ········ 124

　　10.2.2 孪生网络结构 ········ 125

10.3 注意力统一机制模型 ········ 126

10.3.1 特征映射 ············· 126

10.3.2 并行注意力机制 ········· 127

10.3.3 注意力统一机制 ········· 128

10.3.4 分类机制 ············· 129

10.4 实验设置及结果分析 ········· 130

　　10.4.1 实验设置 ··········· 130

　　10.4.2 结果分析 ··········· 130

10.5 本章小结 ·············· 133

第 11 章 双通道多尺度学习表征 ····· 134

11.1 引言 ················· 134

11.2 基于双通道多尺度特征学习网络的

　　　遥感影像分类模型 ········ 134

　　11.2.1 局部分支网络 ········ 135

　　11.2.2 全局分支网络 ········ 136

11.3 实验设置及结果分析 ········ 137

11.3.1　实验设置 ································· 137
11.3.2　结果分析 ································· 138
11.4　本章小结 ································· 139

第12章　尺度自适应卷积网络 ········· 141
12.1　引言 ······································· 141
12.2　空洞卷积 ··························· 142
12.3　尺度自适应卷积 ··············· 143
12.3.1　金字塔卷积 ··············· 143
12.3.2　尺度自适应融合策略 ··· 144
12.3.3　增强型尺度自适应卷积模型 ··· 145
12.4　实验设置及结果分析 ········· 146
12.4.1　实验设置 ··············· 146
12.4.2　结果分析 ··············· 147

12.5　本章小结 ······························· 149
**第13章　融合全局信息和局部信息的
　　　　　Transformer** ············· 151
13.1　引言 ······································· 151
13.2　基于全局信息和局部信息的
　　　　Transformer 分类模型 ······· 152
13.2.1　特征映射模快 ··········· 152
13.2.2　特征编码模块 ··········· 153
13.2.3　分类模块 ··············· 154
13.3　实验设置及结果分析 ········· 155
13.3.1　实验设置 ··············· 155
13.3.2　结果分析 ··············· 156
13.4　本章小结 ······························· 158

第4篇　海量高分辨遥感影像内容检索

**第14章　基于生成对抗网络的深度哈希
　　　　　学习模型** ··············· 160
14.1　引言 ······································· 160
14.2　生成对抗网络 ··············· 161
14.3　基于生成对抗正则化的深度哈希学习
　　　　模型 ································· 162
14.3.1　深度特征学习模型 ····· 163
14.3.2　对抗哈希学习模型 ····· 165
14.3.3　基于生成对抗正则化的深度
　　　　哈希学习模型优化策略 ··· 168
14.4　实验设置及结果分析 ········· 169
14.4.1　实验设置 ··············· 169
14.4.2　结果分析 ··············· 170
14.5　本章小结 ······························· 186

第15章　半监督对抗自编码深度哈希学习 ··· 188
15.1　引言 ······································· 188
15.2　对抗自编码基本原理 ········· 189
15.3　基于对抗自编码的半监督哈希学习
　　　　模型 ································· 191
15.4　基于对抗自编码的半监督深度哈希

学习模型优化策略 ············· 192
15.4.1　无监督的重构学习 ····· 193
15.4.2　对抗正则学习 ··········· 193
15.4.3　半监督学习 ············· 194
15.4.4　学习流程 ··············· 196
15.5　实验设置及结果分析 ········· 196
15.5.1　实验设置 ··············· 196
15.5.2　结果分析 ··············· 198
15.6　本章小结 ······························· 209

第16章　元深度哈希学习 ············· 211
16.1　引言 ······································· 211
16.2　元学习理论基础 ··············· 213
16.3　基于元学习的深度哈希学习模型 ··· 214
16.3.1　元哈希模型网络结构 ··· 215
16.3.2　元哈希学习模型 ········· 215
16.3.3　动态元哈希模型 ········· 219
16.4　实验设置及结果分析 ········· 219
16.4.1　实验设置 ··············· 219
16.4.2　结果分析 ··············· 221
16.5　本章小结 ······························· 230

参考文献 ··· 231

第 1 篇
遥感复杂影像解译理论基础

第 1 章
计算机视觉基础

1.1 引　言

　　近年来，随着遥感技术的快速发展和大规模遥感数据的广泛应用，遥感影像解译已成为地球科学、环境保护、城市规划等领域中的重要任务之一。遥感影像解译旨在从遥感影像中提取出地物信息并进行场景分析，以支持相关领域的决策制定和资源管理。然而，由于遥感影像的复杂性和高维度特征，以及传统影像处理方法的局限性，传统解译方法往往面临着挑战。

　　为了克服传统解译方法的限制，近年来卷积神经网络(Convolutional Neural Networks, CNN)和 Transformer 模型逐渐成为遥感影像解译领域的研究热点。

　　CNN 是一种基于深度学习的前馈神经网络结构，它通过卷积层和池化层对影像特征进行学习和提取，具有对影像进行空间建模和特征提取的优势。在遥感影像解译中，CNN 可以通过学习影像中的高级语义信息实现地物分类、场景检索等任务。

　　与 CNN 不同，Transformer 模型是一种基于自注意力机制的序列到序列模型，最初被广泛应用于自然语言处理任务中。然而，由于遥感影像可以看作是像素序列的集合，将 Transformer 模型引入遥感影像解译领域也显示出了巨大的潜力。Transformer 模型通过对遥感影像中不同位置之间的关系进行建模，能够捕捉到全局上下文信息，从而提高了解译任务的准确性和效率。

　　本章将介绍 CNN 与 Transformer 模型，为实际应用中的遥感影像解译提供有价值的指导和启示。这也将为遥感技术的进一步发展和遥感影像解译的自动化、高效化提供重要参考。

1.2　卷积神经网络基础知识

1.2.1　基本结构

一个简单的卷积神经网络如图 1.1 所示，通常包括卷积层、下采样层和全连接层。每个卷积层中不同的特征图通过不同的卷积核来提取。卷积神经网络是一个多层的前馈神经网络，其中卷积和下采样是整个网络的核心技术，同时利用最小梯度下降法对网络进行优化，利用最小化损失函数指导网络收敛、调节权重参数，通过反复的迭代训练确保网络能够找到最优化结果。卷积神经网络的分类器可以是逻辑回归分类器、Softmax 分类器等。

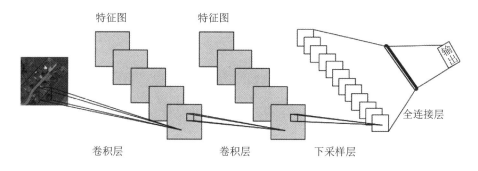

特征图　　　　特征图　　　　　　　　　　　　　　　输出

卷积层　　　　卷积层　　　　下采样层　　　全连接层

图 1.1　卷积神经网络示意图

在分类任务中，用 Softmax 分类器的情况比较常见。在一个完整的用于影像分类任务的卷积神经网络中，特征映射通常被定义为输入层到隐藏层之间的线性变换，即通过卷积层进行特征提取。将影像输入网络之后，在一定区域内进行局部特征映射和特征提取，随后该区域特征与其他区域特征的位置关系也被确定下来。卷积神经网络的核心思想是利用局部感受野、权值共享以及下采样操作，充分利用数据本身的局部特性，简化网络参数，优化网络结构，进而提高其稳定性和鲁棒性。

1. 局部感受野

在大多数影像中，影像中的不同内容在整张影像中只处于某一个局部区域，并且与其他内容的联系也大多属于局部的。因此，在卷积神经网络中，每个神经元不需要对影像任意位置的信息都产生刺激信号，只需要感受到特定位置的局部特征即可。将这些感受到特定位置的局部特征的不同神经元综合起来，就能够得到影像的全局信息，这样做可以减少网络中神经元的密集连接。

2. 权值共享

在卷积神经网络中，影像的每一个通道都是用相同的卷积核进行卷积处理的，这也就意味着同一层中所有的神经元都能感受到影像中不同位置的同一类型特征，并产生不同的刺激信号，保证了良好的平移不变性。同时，不同神经元之间的权值共享，可以极大地减少网络训练中的参数量，使用多个卷积核就能得到影像的多种特征映射关系。

3. 卷积层

卷积层通过卷积运算来提取影像的特征。通过卷积操作，原始影像中某些区域的特征可以得到加强，某些区域的特征会被抑制，并且噪声减少。卷积层中每个节点的输入只是上一层特征图中的一部分，通过固定大小的卷积核，根据设置好的步长，按照一定的顺序在特征图上滑动。卷积操作的计算规则是：卷积核上的权重值与卷积核覆盖区域的像素值对应相乘并求和，每次卷积只能输出一个特征值。广义理解为卷积是对影像中的固定区域进行特征抽象化。利用多个卷积核对同一张影像进行卷积，卷积核的个数就是获得特征的通道维数。卷积层的参数量大小与影像大小无关，只与卷积核的个数以及卷积核的尺寸大小有关。在微积分中，卷积的表达式如下所示：

$$S(t) = \int x(t-a)w(a)\mathrm{d}a \tag{1.1}$$

$$s(t) = \sum_a x(t-a)w(a) \tag{1.2}$$

用矩阵形式可以表示为

$$s(t) = (\boldsymbol{X} * \boldsymbol{W})(t) \tag{1.3}$$

其中，* 表示卷积。

如图 1.2 所示，图中以一个 5×5 的影像为例来解释卷积操作原理，用一个 3×3 的卷积核对该影像进行卷积计算，得到右边的卷积结果。这个过程可以理解为一个滑动窗口，将窗口内的影像像素点与卷积核对应位置相乘，最后对所有值求和，并将其作为该次卷积

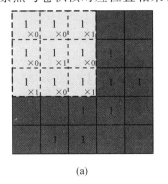

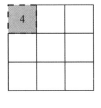

(a)   (b)

图 1.2   卷积操作计算过程

的输出结果，滑动窗口根据步长继续滑动，直到影像中的数据全部被卷积。图 1.2(a) 中，虚线框表示滑动窗口对应的区域，实线框内的数字表示卷积核的取值；图 1.2(b) 中，加粗虚线框表示影像与卷积核卷积后得到的结果。

卷积操作就像一个过滤器，对影像进行卷积操作后，可以将影像中各个小区域的关键信息过滤出来，并将其作为这些小区域的特征。在 CNN 中，往往有很多卷积核，卷积核的值随机初始化作为可学习的参数值，然后通过反向传播更新参数值，直到这些参数值可以准确地表征输入影像。

4. 下采样层

下采样层的操作通常称为池化操作，池化操作又可分为最大池化和平均池化。相比来说，池化层的操作要比卷积层的操作简单得多。池化操作作为一种非线性下采样方法，从影像的角度上理解，就是把一张分辨率较高的图片转化为分辨率较低的图片；从数学的角度上理解，就是对输入张量中的各个子矩阵进行压缩处理。如果使用卷积层获得的特征直接对影像进行分类，会产生很大的计算量，而且分类效果也不佳；而将获得的卷积层特征在经过池化层处理后，可以有效缩小特征的尺寸，使用降维后的特征的分类效果更好，这样可以加快计算速率，同时保证网络的精度，进而提高网络的鲁棒性。池化操作在影像处理任务中的价值主要体现在两方面：一是在保证计算精度的同时减少了网络的参数值；二是池化操作具有平移不变性，即影像在很小的位移情况下仍能保持原有的特征。池化操作示意图如图 1.3 所示。

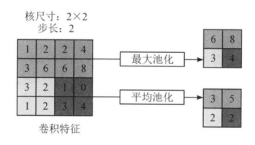

图 1.3　池化操作示意图

5. 激活函数

激活函数的主要作用是增加特征的非线性表示，即将所有的特征值压缩到固定的范围之中。常见的激活函数有 Sigmoid 激活函数、Tanh 激活函数和 ReLU 激活函数，其公式分别如下所示：

$$f(x)_{\text{Sigmoid}} = \frac{1}{1 + e^{-x}} \tag{1.4}$$

$$f(x)_{\text{Tanh}} = \frac{e^x - e^{-x}}{e^x + e^{-x}} \tag{1.5}$$

$$f(x)_{\text{ReLU}} = \max(0, x) \tag{1.6}$$

6. 全连接层

全连接层是一种密集的特征连接层，其中每一个节点都和上一层中所有的特征节点相连接，目的是把提取到的特征映射到同一个特征空间中，在整个卷积神经网络中起到分类器的作用。全连接层参数较多，并且不是所有的节点都发挥作用，因此，在全连接层参与训练时，常对其节点采用随机激活的方式。全连接层示意图如图 1.4 所示。

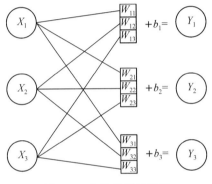

图 1.4　全连接层示意图

1.2.2　常用模型

近年来，深度学习的发展极大地推动了计算机视觉领域的进步，许多经典的卷积神经网络架构应运而生。它们通过不断优化卷积层、全连接层及其他模块的设计，为各类视觉任务提供了强大的性能支持。本节将聚焦于三种具有里程碑意义的常用卷积神经网络框架：AlexNet[1]、VGG16[2] 和 ResNet[3]。以下内容将详细分析这些网络的核心设计及其结构特点。

1. AlexNet

AlexNet 网络整体结构示意图如图 1.5 所示。由于全连接层大小的限制，网络的输入尺寸为 $224 \times 224 \times 3$（RGB 图像）。整个网络包含 5 个卷积层和 3 个全连接层，总计 152 528 个神经单元。卷积层的连接方式经过精心设计，其中第二层、第四层、第五层卷积层的卷积核仅与前一层的特征图连接，并且这些特征图需位于同一块 GPU 上。同时，第三层、第四层和第五层卷积层之间是逐层相连的，且这些卷积层中间没有下采样操作影像。网络的第一层卷积共包含 96 个 $11 \times 11 \times 3$ 的卷积核，并与输入影像进行卷积操作。为了加速卷积运算，整个模型将卷积数据分到两块 GPU 上分别运算，即将卷积特征分为两部分，并分别放到两块 GPU 上进行训练，影像经过第一层卷积层的输出特征尺寸为 $55 \times 55 \times 96$。第一层卷积层输出的特征经过下采样和归一化层后再输入第二层卷积层，第二层卷积层共包含 256 个大小为 $5 \times 5 \times 96$ 的卷积核，其中 96 与上一层的卷积层的输出特征维度相对应。第三层、第四层、第五层的卷积个数分别为 384、384、256，对应的卷积核均为 $3 \times 3 \times 192$。5 个卷积层后为 3 个完全连接层，前两层的神经单元个数均为 4096，最后一层完全连接层的神经单元数与分类任务的种类数相同。

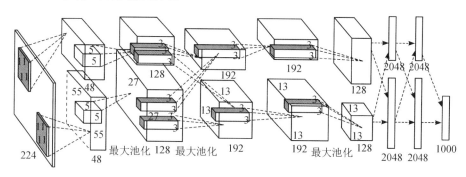

图 1.5　AlexNet 网络整体结构示意图

2. VGG16

2014 年，VGG16 由牛津大学所提出，在当时凭借其优秀的模型结构，相较于其他模型，它在分类精度上有很大幅度的提升，并一举夺得当年 ImageNet 竞赛定位组冠军以及分类组亚军。VGG16 网络的模型结构如图 1.6 所示。

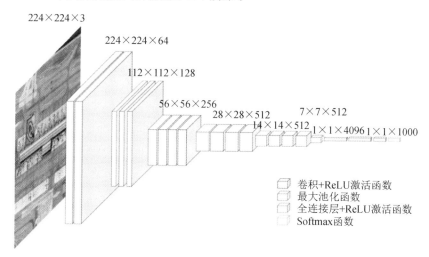

图 1.6　VGG16 网络的模型结构

从图中可以看出，VGG16 总共包含 5 段卷积结构，每一段包含着 2 至 3 层卷积层，5 段卷积层的卷积核数分别为 64、128、256、512、512。相较于之前的卷积网络，VGG16 使用了尺寸为 3×3、步长为 1 的卷积核替代了较大的卷积核(5×5，7×7，11×11)。选用小的卷积核共有两个优点：

(1) 较小的卷积核获得的卷积特征，其分辨率更高，且学习能力更强。3×3 是能够捕获以单个像素为中心区域的最小尺寸，且连续的 3×3 卷积核串联能够替代大卷积核，例如，两个 3×3 的卷积核串联和 5×5 卷积核的分辨率相同，3 个 3×3 的卷积核串联和 7×7 卷积核的分辨率相同。

(2) 达到相同分辨率所需的参数量大大减少，假设卷积的输入、输出均为 512，那么 7×7 卷积核的参数量为 7×7×512×512＝12 845 056，而 3 个串联 3×3 卷积核的参数量为 3×3×3×512×512＝7 077 888，参数量明显大大减少了。

VGG16 的每段卷积层后面都有一个最大池化层，尺寸大小为 2×2、步长为 2，其主要作用是减少特征维度。经过最后一个池化层后，VGG16 输出的卷积特征大小为 7×7×512，对其进行重塑后输入大小分别为 25 088×4096、4096×4096、4096×1000，且舍弃值为 0.5 的全连接层后，经过 Softmax 函数得到最终的分类结果。

3. ResNet

ResNet 网络是在 2015 年由何凯明团队提出，获得当年 ImageNet 竞赛中分类任务第一名、目标检测第一名；同年，该网络在 COCO 数据集上也获得了目标检测和图像分割的第一名。在 ResNet 提出前，所有的神经网络都是通过卷积层和池化层的叠加组成的，通常认为卷积层和池化层的层数越多，获取到的图片特征信息越全，学习效果也就越好。但是，在实际实验中发现，随着卷积层和池化层的叠加，不但没有出现学习效果越来越好的情况，反而出现了梯度消失和梯度爆炸两种问题。为了解决上述问题，ResNet 提出了以残差结构连接不同的卷积层和池化层。残差块可以通用下面的公式表示：

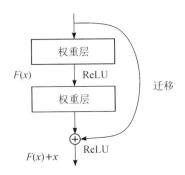

图 1.7 残差结构示意图

$$x_{l+1} = x_l + F(x_l, W_l) \tag{1.7}$$

残差结构使特征矩阵隔层相加，通过弱化每一层之间的强联系来减轻退化问题，如图 1.7 所示。

根据不同的卷积层和池化层的层数，ResNet 网络又分为 ResNet18、ResNet34、ResNet50 和 ResNet101 等，它们的具体信息在表 1.1 中展示。

表 1.1　ResNet 具体信息

层名	输出尺寸	模型名称				
		ResNet18	ResNet34	ResNet50	ResNet101	ResNet152
卷积 1	112×112	7×7, 64, 步长 2				
卷积 2	56×56	3×3, 最大池化, 步长 2				
		$\begin{bmatrix}3\times3,\ 64\\3\times3,\ 64\end{bmatrix}\times2$	$\begin{bmatrix}3\times3,\ 64\\3\times3,\ 64\end{bmatrix}\times2$	$\begin{bmatrix}1\times1,\ 64\\3\times3,\ 64\\1\times1,\ 256\end{bmatrix}\times3$	$\begin{bmatrix}1\times1,\ 64\\3\times3,\ 64\\1\times1,\ 256\end{bmatrix}\times3$	$\begin{bmatrix}1\times1,\ 64\\3\times3,\ 64\\1\times1,\ 256\end{bmatrix}\times3$
卷积 3	28×28	$\begin{bmatrix}3\times3,\ 128\\3\times3,\ 128\end{bmatrix}\times2$	$\begin{bmatrix}3\times3,\ 128\\3\times3,\ 128\end{bmatrix}\times4$	$\begin{bmatrix}1\times1,\ 128\\3\times3,\ 128\\1\times1,\ 512\end{bmatrix}\times4$	$\begin{bmatrix}1\times1,\ 128\\3\times3,\ 128\\1\times1,\ 512\end{bmatrix}\times4$	$\begin{bmatrix}1\times1,\ 128\\3\times3,\ 128\\1\times1,\ 512\end{bmatrix}\times8$
卷积 4	14×14	$\begin{bmatrix}3\times3,\ 256\\3\times3,\ 256\end{bmatrix}\times2$	$\begin{bmatrix}3\times3,\ 256\\3\times3,\ 256\end{bmatrix}\times6$	$\begin{bmatrix}1\times1,\ 256\\3\times3,\ 256\\1\times1,\ 1024\end{bmatrix}\times6$	$\begin{bmatrix}1\times1,\ 256\\3\times3,\ 256\\1\times1,\ 1024\end{bmatrix}\times23$	$\begin{bmatrix}1\times1,\ 256\\3\times3,\ 256\\1\times1,\ 1024\end{bmatrix}\times36$
卷积 5	7×7	$\begin{bmatrix}3\times3,\ 512\\3\times3,\ 512\end{bmatrix}\times2$	$\begin{bmatrix}3\times3,\ 512\\3\times3,\ 512\end{bmatrix}\times3$	$\begin{bmatrix}1\times1,\ 512\\3\times3,\ 512\\1\times1,\ 2048\end{bmatrix}\times3$	$\begin{bmatrix}1\times1,\ 512\\3\times3,\ 512\\1\times1,\ 2048\end{bmatrix}\times3$	$\begin{bmatrix}1\times1,\ 512\\3\times3,\ 512\\1\times1,\ 2048\end{bmatrix}\times3$
	1×1	平均池化, 全连接层, Softmax				
参数量		1.8×10^9	3.6×10^9	3.8×10^9	7.6×10^9	11.3×10^9

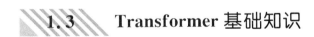

1.3　Transformer 基础知识

1.3.1　基本结构

Transformer[4] 的基本结构是由堆叠数个 Transformer 模块构成的。Transformer 模块结构图如图 1.8 所示，主要包含一个多头注意力模块和一个多层感知机模块。同时，层正则化在每个模块之前存在，层正则化模块起着改善模型收敛速度和稳定性的作用，而且可以减少模型对输入数据的依赖性，从而防止过拟合，以提高模型的泛化能力，进而提高模型的性能。Transformer 模块中起着至关重要作用的便是引入了多头注意力机制。影像在输入 Transformer 模块时会转换成序列的形式，而 Transformer 模块可以对输入序列中不同位置的信息进行交互和整合，从而提高模型的表现力和泛化能力。多头注意力可以让模型在不同的视角下观察输入序列。多头注意力机制将输入序列分为多个头，每个头分别计算注意力权重，这样可以使得模型在学习上下文信息时更加灵活，不同的头可以关注不同的部分，从而更好地捕捉序列的局部特征。同时，多头注意力机制也能考虑整个输入序列的全局关系，通过集成不同头的信息来获得更全面的上下文信息（也就是全局信息）。经过多头注意力后，输入序列的每个位置都与其他位置进行了注意力计算，产生了一个加权的上下文向量，在这个向量的基础上，多层感知机将其进行线性变换，从而将上下文向量映射到更高维度的空间，并引入非线性关系，以便更好地捕捉序列中的复杂特征，进一步提高模型的表达能力。

为了更好地理解 Transformer 模块，我们对多头注意力进行介绍。在一个投影空间中，自注意力模型可以看作是建立输入向量中不同形式之间的交互关系。多头注意力就是在多个不同的投影空间中建立不同的投影信息。首先将输入矩阵通过不同的线性层映射到不同的特征空间中，在不同的特征空间中进行自注意力的学习；接着将不同的注意力结果拼接在一起；最后通过线性变换产生最终输出。其结构图如图 1.9 所示。

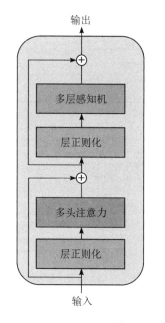

图 1.8　Transformer 模块结构图

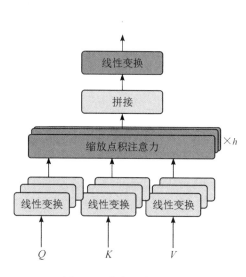

图 1.9　多头注意力机制

1.3.2　常用模型

视觉 Transformer(Vision Transformer，ViT)[5]打破了自然语言处理和影像领域的隔离，将 Transformer 进一步用于完成影像分类任务。简单而言，视觉 Transformer 由三个模块组成，分别是嵌入层、Transformer 编码层和分类模块，如图 1.10 所示。

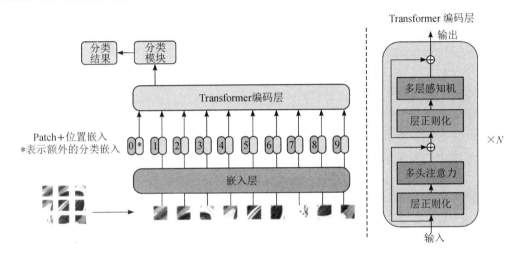

图 1.10　视觉 Transformer

1. 嵌入层

对于标准的 Transformer 模块，要求输入的是向量序列，即二维矩阵，数据格式为[向量个数，向量维数]；而对于影像数据而言，其数据格式为[长，宽，高]，因此需要通过嵌入层对数据作变换，将一张图片按照给定大小分成块，再映射到一维向量中。在输入 Transformer 编码层之前需要加上分类头和位置嵌入向量，分类头的作用是完成分类任务，而位置嵌入的作用是保留位置信息。分类头的数据格式为[1，向量维数]，而位置嵌入向量的数据格式为[向量个数，向量维数]。

2. Transformer 编码层

Transformer 编码层本质上是重复堆叠 Transformer 模块 N 次，从而捕捉不同序列之间的关系。

3. 分类模块

输入序列经过 Transformer 编码层后，其数据格式通常保持不变。在分类任务中，由于只需要序列整体的分类信息，因此通常使用分类头来汇总整个序列的全局特征。分类头经过多层感知机完成分类任务的具体实现一般包含以下几个步骤。

（1）从 Transformer 的输出中提取分类头对应的特征向量，数据格式为[1，向量维数]。

（2）将该特征向量输入一个或多个多层感知机进行进一步的特征提取与非线性变换。

（3）最后一层使用 Softmax 激活函数，将结果映射为类别概率分布，完成分类任务。

这种方式利用了 Transformer 编码层提取的全局上下文信息，同时通过分类头实现对目标类别的预测。

1.4 本 章 小 结

本章详尽地介绍了计算机视觉的理论框架，涵盖了计算机视觉的基础原理，深入讨论了卷积神经网络(CNN)和 Transformer 网络的结构与功能。CNN 作为一种深度学习架构，其能力在于自动提取和识别影像特征，特别适合于处理遥感影像中的空间信息。本章还详细阐述了如何通过卷积层、激活函数、池化层和全连接层来构建有效的遥感影像识别系统。与此同时，Transformer 网络作为最近在自然语言处理领域取得巨大成功的模型，已经被扩展到视觉领域。本章对 Transformer 在处理遥感数据时如何利用其自注意力机制来捕获长距离依赖关系和复杂场景的语义信息进行了深入剖析。本章的内容不仅为遥感影像解译的研究提供了全面的理论支撑，也为该领域的技术应用和创新发展奠定了坚实基础。

第 2 章
遥感影像学习解译基础

2.1　引　言

随着遥感技术的迅猛发展，高光谱影像和高分辨率遥感影像逐渐成为地球观测和数据解译的核心手段。它们以丰富的光谱信息和空间信息，为资源勘测、环境监测、城市规划等众多领域提供了重要支持。然而，这些技术的快速发展尽管带来了高维数据处理和复杂任务解译的挑战，但也推动了影像分类与检索技术的不断创新。

高光谱影像因其包含数百个连续的光谱波段和三维立体数据结构，而能够捕获地表覆盖物的精细特征，在地物分类中具有重要应用价值。本章将重点探讨高光谱影像分类的基本理论与技术，包括特性、分类流程、主流模型及评价指标等，分析如何高效处理高维光谱信息，并解决样本不均衡和小样本分类问题。与此同时，高分辨率遥感影像的场景分类在城市规划、自然灾害监测和环境保护等应用中发挥着越来越重要的作用，其关键技术在于如何提取强表征能力的影像特征，从早期的手工设计到基于 CNN 的深度特征学习，分类精度不断提升。此外，在遥感大数据时代，海量影像的高效检索成为研究的重要课题。基于内容的遥感影像检索通过自动化特征提取和相似度匹配，极大提升了影像检索的效率和精度。本章系统讲解了影像检索的核心框架、常用模型以及在大规模影像库中的优化策略，还介绍了场景分类的主要特征提取模型及其在遥感影像解译中的实践。综上所述，本章围绕高光谱影像分类、高分辨率遥感影像场景分类和海量高分辨率遥感影像检索三大主题，系统分析其任务特点和应用场景，为后续深入研究提供理论支持和技术参考。

2.2　高光谱影像分类

高光谱影像分类作为遥感技术的核心应用之一，通过综合分析光谱信息和空间信息，为地表覆盖物的精细分类和目标检测提供了重要支持。高光谱影像以其光谱分辨率高、空间信息丰富、覆盖类别广泛的独特优势，已成为遥感探测领域中最具潜力的手段之一。近年来，随着航空航天技术和数据处理能力的发展，高光谱影像的应用领域不断扩展。从资源勘测到环境监测，从农业管理到城市规划，高光谱影像分类技术正在为多个行业提供深刻的技术变革。然而，高光谱影像的高维数据结构和复杂的解译需求也带来了诸多技术挑战，包括如何有效提取关键特征、处理数据不均衡问题以及在小样本情况下如何提升分类性能。本节将围绕高光谱影像分类的理论基础与实践展开，内容包括高光谱影像的特性、地物分类的基本流程、主流分类模型以及分类效果的评价指标等，为读者全面了解高光谱影像分类奠定基础。

2.2.1 高光谱影像的特性

作为遥感影像领域发展的一个重要分支，高光谱影像实现了地物目标光谱获取及目标空间成像的有效集成，是最重要的遥感探测手段之一。通过对大量不同类别的地表物质进行光谱检测，可以发现不同类别的地表物质对电磁波的反射能力和吸收能力是不同的，这就导致了不同地表物质展现出的光谱特征具有差异[6]。从微观的角度来看，不同类别的地表物质能够产生不同的光谱特征，实际上是物质内部的各种微观粒子具有不同的能级，不同的微观粒子在各自特定的电磁波频率下产生能量跃迁，从而导致对不同电磁波的吸收和反射出现差异。而高光谱影像的空间特征，则是由不同类别地表物质的空间位置决定的，主要表现为局部特征和非局部特征。通过结合空间特征和光谱特征，高光谱影像集空、谱多维信息于一体，这样增强了影像的分辨率，能够较为直观地体现地表覆盖物精确的细节信息，实现复杂物质的检测与分类，冲破了人类视觉的可见光探知范围，使得像元表达更接近观测目标的物理本质。

相比较其他的遥感影像，高光谱影像有数百个连续的光谱波段，包含空间维度和光谱维度，数据呈现出立方体三维结构。由于其特殊的数据结构，高光谱影像具有以下特点。

（1）地表覆盖物类别广。在普通遥感影像数据集中，每张遥感影像只有一个标签，一张遥感影像只对应一种地物类别，且每种类别的影像数量几乎相同[7]，属于场景级遥感影像。然而，与普通遥感影像数据集完全不同的是，尽管高光谱影像数据集内只含有一张影像，但是影像中每个像素点对应一个标签，即每个像素点对应一种地物类别，属于像素级遥感影像。因此，在一张高光谱影像中，包含多个地物类别。另外，高光谱影像中虽然含有多个地物类别，但是每个地物类别的有标签像素点的数量却大不相同，有的地物类别之间甚至相差十几倍。因此，与普通遥感影像对比，一张高光谱影像中包含的地面物质种类数量更多，覆盖面积更广[8]。

（2）光谱分辨率高。高光谱影像将紫外、可见光、近红外以及中红外区域的连续光谱信息形成一体式感知,光谱信息丰富。将任意像素点的每个波段的值连接起来,在二维平面图上可以呈现出一条平滑的曲线。由于高光谱影像每个像素点都是由几十个乃至几百个光谱波段组成的,因此分辨率很高[9],可达纳米级别。在高光谱影像解译中,可以根据任务的需求选取具有高分辨率的光谱波段,以此来突出影像的特征。

(3) 空间信息丰富。高光谱影像中,每个像素点可能包含多个地物类别,不同像素点之间的位置关系实际上就是各种地物类别之间的空间位置关系。根据不同地物类别之间的空间位置关系,在获得光谱信息的同时,也能挖掘出影像的全局或局部空间信息,这些信息对于高光谱影像的解译任务来说非常关键[10],能够极大地提高影像解译任务的精度。

2.2.2　高光谱影像地物分类的基本流程

高光谱影像地物分类作为影像解译中的一项基本任务,主要是将语义标签准确地分配给高光谱影像中的每个像素,识别每个地表覆盖物的真实种类,主要分为数据获取、样本标注、数据预处理、特征选择与提取、分类器训练、分类结果评估等六部分。

(1) 数据获取。高光谱影像数据是利用高光谱空间传感器向地表覆盖物发射电磁波信号,在反射回的电磁波的紫外、可见光和红外区域,用连续不断的数百个细分的光谱波段对地表覆盖物连续成像而获得的,其成像机理复杂且成本较高。

(2) 样本标注。对于已经获得的高光谱影像,需要根据地表覆盖物的真实类别为每个像素点打上一个准确的标签。然而,目前人工标注的方式费时费力,成本巨大,并且需要大量前人总结的经验。因此,虽然每张高光谱影像中包含几万个甚至几十万个像素点,但是可供研究利用的有标签像素点少之又少。

(3) 数据预处理。对于已经打好类别标签的高光谱数据集来说,由于其中存在着噪声,首先需要对其进行去噪处理,目的是去除对高光谱影像分类任务有负面效应的光谱波段,保留有用信息的同时还能降低光谱维度。目前用于高光谱影像地物分类任务的几个通用数据集,都已经经过了相应的去噪处理。不同于像素值在 $0 \sim 255$ 之间的普通遥感影像,高光谱影像每个像素点的像素值范围远远大于普通遥感影像,因此在提取影像空间特征和光谱特征之前,往往需要对所有的像素点进行归一化处理,常用的归一化处理方式如式(2.1)所示。

$$\{I'_1, I'_2, \cdots, I'_n\} = \frac{V_n - V_{\min}}{V_{\max} - V_{\min}} - 0.5 \tag{2.1}$$

式中,$\{I'_1, I'_2, \cdots, I'_n\}$ 为归一化处理后的高光谱影像数据集,I'_n 表示归一化处理后数据集中的第 n 个样本,$V_{\max}$ 表示影像数据中所有像素点的最大值,$V_{\min}$ 表示影像数据中所有像素点的最小值,V_n 表示影像数据中任意一点的像素值。通过对高光谱影像数据进行归一化处理,可以将像素值限制在 $-0.5 \sim 0.5$ 之间,使影像亮度分配更加均衡,有效避免了后续处理带来的干扰，同时可将所有像素点的像素值限制在一个统一的区间，防止像素值跨度过大，把边缘信息抹掉。由于归一化使高光谱影像的像素值减小，因此减小了网络的计算量，同时加快了网络训练的收敛速度。

（4）特征选择与提取。特征选择与提取是高光谱影像地物分类流程中最关键的一步。高光谱影像的光谱维度较高，存在较多的冗余信息，因此，为了获得令人满意的地物分类结果，必须在大量的信息中提取对分类任务有实际作用的信息，去除某些多余的光谱波段。高光谱影像的特征选择与提取，本质上就是将经过数据预处理的高光谱影像通过线性变换方式映射到具有一定物理意义的低维特征空间中，在此低维特征空间中筛选出具有较强判别性的影像信息作为影像分类任务的依据，同时去除多余的具有负作用的信息，在提高分类精度的同时降低计算复杂度。在传统的机器学习中，常选择纹理特征、形态学特征、小波变换特征等作为高光谱影像地物分类的依据，常用的特征提取方法包括主成分分析法（Principal Component Analysis，PCA）[11]、独立成分分析法（Independent Compnent Analysis，ICA）[12]、非负矩阵分解法等。在深度学习领域，主要是挖掘高光谱影像的深度语义特征用于分类任务，常用的特征提取模型大多都是基于卷积神经网络设计的，其中的卷积操作包括一维卷积、二维卷积、三维卷积等。

（5）分类器训练。通常，分类器训练是根据高光谱影像中每个像素点特征，初步判别出其属于哪一种地物类别，然后与真实的标签进行比对，计算分类准确率与损失函数，并利用反向传播机制与梯度下降方法优化网络参数。如此反复训练，直到产生全局或局部的最优值。

（6）分类结果评估。分类结果评估就是利用相关的评估方式来评估分类结果的好坏，进而判断分类网络方法是否有需要改进的地方，为网络的训练提供数字依据。

2.2.3 高光谱影像地物分类方法

根据高光谱影像中包含的信息种类，可以将高光谱图像地物分类方法大致分为三种：基于光谱特征的分类方法、基于空间特征的分类方法和基于空谱特征的分类方法。具体描述如下：

（1）基于光谱特征的分类方法主要是在光谱波段中提取重要的光谱信息用于影像分类，常用的方法包括 SVM、1D 卷积神经网络等。

（2）基于空间特征的分类方法主要是利用影像中不同像素点之间的空间位置关系捕捉影像的空间信息，进而完成分类任务，常用的操作就是将高光谱影像划分为多个 Patch 块输入分类网络中。

（3）基于空谱特征的分类方法同时提取空间特征和光谱特征，然后利用特征融合方法将这两种特征结合到一起，送入分类器之中。常见的双通道卷积神经分类网络一般都是基于空谱特征对高光谱影像进行分类的方法，目前来说比较常用。

2.2.4　高光谱影像地物分类评价指标

在高光谱影像地物分类领域中，对分类结果进行评价通常有三种评估指标，即总体精度（Overall Accuracy，OA）、平均精度（Average Accuracy，AA）和 Kappa（Kappa Coefficient，K）系数，它们的定义如下。

（1）总体精度：是指正确预测的测试样本数量与所有测试样本数量之比，反映了所有测试样本的分类性能。

（2）平均精度：是指所有类别的分类精度的平均值，反映的是分类网络模型对于每一个地物类别的分类性能。

（3）Kappa 系数：是用来度量分类结果与地物类别之间一致性的，Kappa 值位于 0 到 1 之间，其计算式如式（2.2）所示。

$$\text{Kappa} = \frac{P_o - P_e}{1 - P_e} \tag{2.2}$$

式中：P_o 是所有正确分类的样本数量与总样本数量的商值，也就是总体精度 OA。

$$P_e = \frac{\sum_{i=1}^{n} \left(\sum_{j=1}^{n} c_{ij} \sum_{i=1}^{n} c_{ii} \right)}{N^2} \tag{2.3}$$

式中：c_{ij} 表示真实类标属于第 j 个类别，但被分类器规划为第 i 个类别的样本点的个数；c_{ii} 表示真实类标属于第 i 个类别，同时也被分类器规划为第 i 个类别的样本点的个数；N 表示所有样本点的总个数。

2.3　高分辨率遥感影像场景分类任务简介

遥感影像场景分类是根据影像的内容将其自动分成特定的场景类别，如机场、农田、工业区、道路、森林等。近十年来，随着遥感影像场景分类的科学研究在广度和深度上不断加深，高分辨遥感影响场景分类对城市规划、自然灾害检测、环境监测等的支撑作用越发重要。一般而言，在遥感影像场景分类任务中，关键技术在于如何提取影像的表征特征。影像特征的表征能力越强，分类任务的难度越低。因此，近些年，有很多的科研工作都致力于如何提高特征的表征能力。本节大致按照提取特征的模型将特征划分为三种，即低级特征、中级特征和高级特征。早期的遥感影像场景分类方法大多依赖于手工设计的描述符（即低级特征），如尺度不变量特征变换（Scale-invariant Feature Transformation，SIFT）[13]、颜色直方图(Color Histogram，CH)[14]以及空间包络特征(GIST)[15]等。然而，低级特征与影像场景类别之间存在着"语义鸿沟"的问题，限制了分类的准确度[16][17]。为了克服这一问题，常采用一定的编码方式将低级特征重新整合编码得到中级特征。例如，采用视觉词袋(Bag of Visual Words，BoVW)、局部聚集描述符向量(Vector of Locally Aggregated Descriptors，VLAD)以及增强型 Fisher 核(Improved Fisher Kernel，IFK)等方法对低级特征进行整合编码。然而，由于手工设计特征的表征能力有限，基于其构造的场景分类模型在性能上往往不尽人意，因此限制了其在遥感影像场景分类中的应用前景。

近些年，得益于卷积神经网络(CNN)强大的特征学习能力，基于 CNN 模型提取遥感影像的高级特征，在遥感影像场景分类任务中起着至关重要的作用，极大地提高了分类精度。然而，大多数的 CNN 是针对自然场景影像设计的，由于自然影像与遥感影像在数据特点上有着很大的不同(例如，遥感影像内包含的目标物种类繁杂、分辨率变化大等)，因此直接使用已有的 CNN 提取遥感影像的特征，其表征能力受到了一定的限制。更为重要的是，如今遥感影像的分辨率、数据量得到了很大程度的提高，影像中包含的信息也更复杂。鉴于此，如何改进已有的 CNN，使得其可以从高分辨率遥感影像中提取鲁棒性强、表征能力强的特征，是当前遥感影像场景解译中一项亟待解决的难题。

2.4 海量高分辨率遥感影像检索任务简介

遥感影像检索的主要目的是从海量影像数据库中高效地检索出用户感兴趣的目标影像。一般而言，可以将检索方法分为两类：一类是基于文本的遥感影像检索(Text-Based Remote Sensing Images Retrieval，TBRSIR)，另一类是基于内容的遥感影像检索(Content-Based Remote Sensing Images Retrieval，CBRSIR)。

TBRSIR 需要对影像进行人工标注，即利用影像名称、地理区域、采集时间等相关文本信息对影像进行描述。基于该特点，TBRSIR 在遥感大数据时代所面临的缺点也非常明显，主要表现如下：

(1) 人工标注消耗的人力资源巨大，特别是在面对百万级别的遥感数据时，这限制了遥感数据的可利用率；

(2) 容易受到标注者主观认知的影响，造成对同一影像的文本描述存在差异。

为了克服 TBRSIR 存在的缺陷，大量的科研工作者开始致力于 CBRSIR 的研究。通过运用模式识别、人工智能等技术，自动化地对影像的内容信息进行分析整理，并利用这些信息去完成影像检索。CBRSIR 的基本框架如图 2.1 所示。首先，提取用户输入查询影像的特征；其次，将该特征与待检索的遥感影像数据库中的影像特征进行相似度匹配；最后，返回相似度高的检索结果。由此可以简单地认为，CBRSIR 包含遥感影像特征学习和相似度匹配两部分。遥感影像特征学习关注获取遥感影像的有效表征，而相似度匹配关注衡量遥感影像间的相似度关系。理想的 CBRSIR 方法应该在最短的时间内检索出最多的正确结果。为了达到这个要求，研究者们不仅提出了诸多有效的特征学习模型，而且还设计了很多具有针对性的相似度匹配模型。利用上述研究成果，CBRSIR 结果可以通过穷举搜索相似度匹配模型实现。从检索精度来看，因为特征学习算法得到的稠密连续特征本身具有较高的影像标识能力，这些 CBRSIR 方法往往可以取得较好的结果。从检索效率来看，当遥感影像库的规模不大时(比如，影像库包含 1000～2000 张遥感影像)，这些模型也是可行的；但是，在当下遥感大数据时代，遥感影像库的规模往往是很大的(比如，影像库包含 10 万张遥感影像)，传统的穷举搜索相似度匹配算法已经无法满足这种大规模场景的时效性需求。因此，近似近邻搜索(Approximate Nearest Neighbor，ANN)受到了研究者的关注。作为近似搜索策略，ANN 旨在找到查询影像周围的近邻，此处的近邻是指以查询影像为中心，给定某种距离尺度后，出现在特定半径距离范围内的所有目标影像。

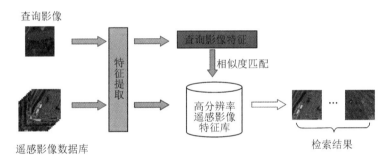

图 2.1　基于内容的遥感影像检索基本框架

哈希学习作为 ANN 的一个解决模型，它的作用是将影像从原始空间映射到哈希空间。由于哈希学习可以将高分辨率的遥感影像映射为紧凑、低维的二值哈希码，因此它不仅可以降低大规模遥感影像的存储开销，而且可以极大地提升相似度匹配的速度。简单来讲，哈希学习可以表示为 $b = H(F(x))$，其中 $F(x)$ 表示提取影像 x 的特征，H 表示将特征映射为哈希编码 b。如何提取表征能力强的影像特征以及高效地将表征特征映射为哈希编码是哈希学习中需要关注的两个核心问题，也是制约哈希学习性能的关键所在。在过去的十几年中，已经有大量关于哈希学习的模型被提出，而且取得了不错的成绩。但是，随着遥感大数据时代的到来，它们受到影像特征表征能力不足的问题，仍然有着很大的研究及提升空间。

近些年，CNN 凭借着其强大的学习能力在哈希学习领域取得了长足的发展，这些模型大多是在现有的 CNN 中嵌入哈希学习，即在 CNN 的顶层加入一个哈希层，当网络训练结束后，影像的哈希码就可以由嵌入的哈希层输出得到。虽然深度哈希学习模型在大规模影像检索问题中已经取得了很大的成功，但仍有一些问题需要解决。第一，在哈希学习中，影像特征的表征能力是制约最终检索性能的关键所在，因此，如何提取或学习鲁棒性强、表征能力强的高分辨率遥感影像特征是首要解决的关键问题；第二，在哈希学习中，由于哈希编码本身是离散的二值编码，因此如何有效地将遥感影像表征特征（连续、高维特征）映射为哈希编码（离散、紧凑特征）是哈希学习中非常关键的问题；第三，CNN 的强大学习能力依赖于海量的训练数据，然而，现阶段高分辨率遥感影像数据的数据量大、标注样本相对较小，并且人工标注也需要消耗大量的人力、物力，因此如何依靠尽可能少的标注样本学习有效的哈希模型成了当前的一大难题。

2.5　本章小结

本章围绕高光谱影像分类、高分辨率遥感影像场景分类和海量高分辨率遥感影像检索三大主题，系统梳理了相关技术的基本理论、实现流程和研究进展。首先，在高光谱影像分类方面，讨论了其特有的高光谱分辨率和空间特征的双重优势，并解析了分类流程中的关键步骤，包括数据预处理、特征选择与提取、分类器训练以及分类结果评估等。其次，高分辨率遥感影像场景分类是遥感解译的重要方向之一。本章重点介绍了场景分类中的特征提取技术，从早期的手工设计特征到深度学习的高级特征，展示了分类精度的逐步提升过程。尤其是基于卷积神经网络的深度特征提取模型，已成为当前研究的主流，解决了传统模型中存在的"语义鸿沟"问题。最后，海量高分辨率遥感影像检索作为遥感大数据时代的重要研究课题，显著提升了影像资源的利用效率。基于内容的影像检索通过特征学习与相似度匹配两部分实现自动化检索，针对大规模数据库，哈希学习等近似搜索策略为提高检索效率提供了有效的解决方案。

综上所述，本章从高光谱影像到高分辨率遥感影像，再到高分辨率影像检索，全面阐述了遥感领域的关键技术进展及面临的主要挑战。这些内容为后续章节的深入探讨奠定了基础，也为读者理解遥感影像分析提供了全局视角和技术指引。

第 3 章
遥感影像数据集

3.1 引 言

　　遥感影像数据集是遥感研究的重要资源，涵盖了多种地表覆盖物类别、光谱波段和空间分辨率，为地表覆盖物分类、场景分类和影像检索等任务提供了坚实的数据基础。本章从数据特性出发，系统介绍了高光谱遥感影像数据集和高分辨率遥感影像数据集。通过对这些数据集的介绍，为遥感影像分类与检索研究提供了基础数据支持和理论参考。

　　高光谱遥感影像数据集以其丰富的光谱信息和精细的地物类别区分能力，广泛应用于地表覆盖物的精准分类。本章选取了多个经典数据集，分别阐述了其采集背景、数据特性和类别分布特点。

3.2 高光谱遥感影像数据集

3.2.1 IP 数据集

　　IP(Indian Pines)数据集是常用的 HSI 影像数据集，该数据集是由机载可见光/红外成像光谱仪(Airborne Visible Infrared Imaging Spectrometer，AVIRIS)传感器在印第安纳州西北部收集到的，包含 145×145 个像素，空间分辨率为 20 米/像素，其中每个像素由 224 个光谱波段组成。由于吸水和零值，实验中通常使用 200 个光谱波段。IP 数据集及其标签如图 3.1 所示。图中，(a)为 IP 数据集的展示图，(b)为 IP 数据集的标签。IP 数据集包括 16 个地表覆盖类别和大量的未知类像素。在 IP 数据集中，不同类别的标记像素数量差异很大，如表 3.1 所示。例如，第 9 类 Oats(燕麦)中只有 20 个标记像素，而第 11 类 Soybean-mintill(少耕大豆)中有 2455 个标记像素。

 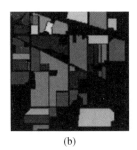

(a)   (b)

图 3.1　IP 数据集及其标签

表 3.1　IP 数据集训练和测试的样本数

类标	地表覆盖物		合计/个
	名称(英文)	名称(中文)	
1	Alfalfa	紫花苜蓿	46
2	Corn-notill	免耕玉米	1428
3	Corn-mintill	少耕玉米	830
4	Corn	玉米	237
5	Grass-pasture	牧场草地	483
6	Grass-trees	林地草地	730
7	Grass-pasture-mowed	修剪草地	28
8	Hay-windrowed	干草垄堆	478
9	Oats	燕麦	20
10	Soybean-notill	免耕大豆	972
11	Soybean-mintill	少耕大豆	2455
12	Soybean-clean	清耕大豆	593
13	Wheat	小麦	205
14	Woods	木材	1265
15	Buildings-Grass-Trees-Drives	建筑-草地-树木-车道	386
16	Stone-Steel-Towers	石头-钢铁-塔	93
总计/个			10 249

3.2.2　UP 数据集

　　UP(University of Pavia)数据集是由反射光学系统成像光谱仪(Reflctive Optics System Imaging Spectormeter,ROSIS)传感器在意大利北部的 UP 工程大学上空收集的,其中包含 610×340 个像素和 103 个频谱带波段,空间分辨率为 1.3 米/像素。UP 数据集及其标签如图 3.2 所示,共包含 9 个常见的地表覆盖物类别,图中(a)、(b)分别为图和标签。在 UP 数据集上有大量的标记像素,并且每个地表覆盖物类别中标记像素的个数都超过900 个,详细类别信息如表 3.2 所示。

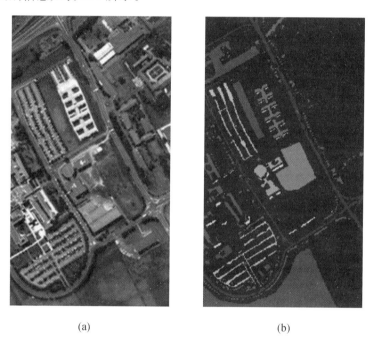

(a)　　　　　　　　　　　　　　　(b)

图 3.2　UP 数据集及其标签

表 3.2　UP 数据集训练和测试的样本数

地表覆盖物			合计/个
类标	名称(英文)	名称(中文)	
1	Asphalt	沥青	6631
2	Meadows	草地	18 649
3	Gravel	砾石	2099

续表

地表覆盖物			合计/个
类标	名称(英文)	名称(中文)	
4	Trees	树木	3064
5	Painted Metal Sheets	彩绘金属板	1345
6	Bare Soil	裸露土壤	5029
7	Bitumen	沥青	1330
8	Self-blocking Bricks	自封砖	3682
9	Shadows	阴影	947
总计/个			42 776

3.2.3 Botswana 数据集

Botswana 数据集是由美国宇航局的 EO-1 卫星在 Botswana(博茨瓦纳)采集的一系列数据。EO-1 卫星上的传感器以 30 米/像素的分辨率采集数据,由 UT 空间研究中心对数据进行预处理,以缓解不良探测器、探测器间失调和间歇性异常的影响。Botswana 数据集共包含 1476×256 个像素,总共有 242 个波段,去除了一些覆盖吸水特征的未校准波段和噪声波段,一般使用 145 个波段完成模型验证。Botswana 数据集及其标签如图 3.3 所示。图中,(a)、(b)分别为图和标签,共有 14 个地表覆盖物类别。除了第 14 类,其他类别中的样本数比较均匀。表 3.3 展示了每一类别的样本数。

(a)

(b)

图 3.3 Botswana 数据集及其标签

表 3.3　**Botswana 数据集训练和测试的样本数**

地表覆盖物			合计/个
类标	名称(英文)	名称(中文)	
1	Water	水	270
2	Hippo grass	河马草	101
3	Floodplain grasses 1	洪泛区草丛 1	251
4	Floodplain grasses 2	洪泛区草丛 2	215
5	Reeds 1	芦苇 1	269
6	Riparian	河岸	269
7	Firescar 2	火痕 2	259
8	Island interior	岛屿内部	203
9	Acacia woodlands	金合欢林地	314
10	Acacia shrublands	金合欢灌木丛	248
11	Acacia grasslands	金合欢草原	305
12	Short mopane	矮莫帕尼	181
13	Mixed mopane	混合莫帕尼	268
14	Exposed soils	裸露土壤	95
总计/个			3248

3.2.4　Houston 数据集

Houston 数据集是由 ITRES-CASI1500 传感器于 2012 年 6 月 23 日在休斯顿大学校园及其邻近城市区域拍摄获得的。在这个数据集中有 144 个光谱波段，其尺寸大小为 349×1905、空间分辨率为 2.5 米/像素，在 2013 年 IEEE 地球科学与遥感学会(GRSS)数据融合大赛上发表。此数据集中被标记的数据被分为 15 个陆地覆盖物类别。此外，训练数据和测试数据也被分开定义，从而加大了分类的难度。该数据集的假色影像及其地面真实标签如图 3.4(a)和(b)所示，每个地物类别训练和测试的样本数如表 3.4 所示。

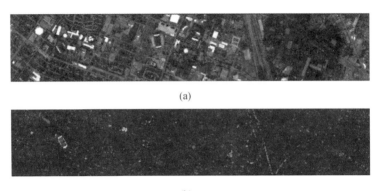

(a)

(b)

图 3.4 Houston 数据集的假色图和标签

表 3.4 Houston 数据集训练和测试的样本数

地表覆盖物			合计/个
类标	名称(英文)	名称(中文)	
1	Grass Health	健康草坪	1251
2	Grass Stressed	受压草坪	1254
3	Grass Synthetic	合成草坪	697
4	Tree	树木	1244
5	Soil	土壤	1242
6	Water	水	325
7	Residential	住宅	1268
8	Commercial	商业	1244
9	Road	道路	1252
10	Highway	高速公路	1227
11	Railway	铁路	1235
12	Parking Lot 1	停车场 1	1233
13	Parking Lot 2	停车场 2	469
14	Tennis Cou	网球场	428
15	Running Track	跑道	660
总计/个			15 029

3.2.5　Salinas 数据集

Salinas 数据集是 AVIRIS 传感器拍摄位于美国加州的山谷时所获得的影像,它由 512×217 个像素组成,空间分辨率为 3.7 米/像素,共有 224 个原始的光谱波段。在去除吸水波段和噪声波段后,还保留 204 个波段用于高光谱影像的解译任务。Salinas 数据集中的像素点被分为 16 个地物覆盖类别。该数据集的假色影像及其地面真实标签如图 3.5(a)和(b)所示,每个地物类别的训练和测试样本数量如表 3.5 所示。

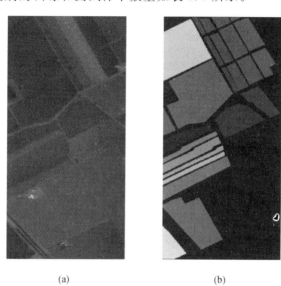

　　(a)　　　　　　　　　　　(b)

图 3.5　Salinas 数据集

表 3.5　Salinas 数据集训练和测试的样本数

地表覆盖物			合计/个
类标	名称(英文)	名称(中文)	
1	Broccoli green weeds 1	西兰花绿色杂草 1	2009
2	Broccoli green weeds 2	西兰花绿色杂草 2	3726
3	Fallow	休耕地	1976
4	Fallow rough plow	休耕地粗耕地	1394
5	Fallow smooth	休耕地平整地	2678
6	Stubble	茬地	3959
7	Celery	芹菜	3579
8	Grapes untrained	葡萄未整地	11 271

续表

地表覆盖物			合计/个
类标	名称(英文)	名称(中文)	
9	Soil vineyard develop	土壤葡萄园开发	6203
10	Corn senesced green weed	玉米衰老绿色杂草	3278
11	Lettuce romaines，4 wk	莴苣，4 周	1068
12	Lettuce romaines，5 wk	莴苣，5 周	1927
13	Lettuce romaines，6 wk	莴苣，6 周	916
14	Lettuce romaines，7 wk	莴苣，7 周	1070
15	Vineyard untrained	葡萄园未整地	7268
16	Vineyard vertical trellis	葡萄园垂直棚架	1807
总计/个			54 129

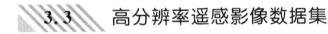

3.3　高分辨率遥感影像数据集

3.3.1　UCM 数据集

UCM[18]数据由加州默塞德大学出版，其中包含 2100 张航拍图，涵盖了美国的 20 个地区，包括纽约、伯明翰等。航拍影像共分为 21 个场景类别，每个场景类别包含 100 张遥感影像，其分辨率大小为 0.3048 m，影像大小为 256×256。UCM 数据集的语义类别示例图如图 3.6 所示。

3.3.2　AID 数据集

AID[19]数据集是一个中等规模遥感影像数据集，共包含 30 个影像类别，如"密集住宅"和"机场"等，每一类遥感影像的个数从 220 个到 420 个不等。整体数据集共有 10 000 张影像，这些影像覆盖了全世界的各种区域，其影像大小均为 600×600，影像的空间分辨率从 0.5 m 至 8 m 不等。AID 的数据集示例图以及类别说明如图 3.7 所示。

3.3.3　NWPU 数据集

大规模遥感数据集 NWPU[20]共包含 31 500 张遥感影像，其空间分辨率从 0.2 m 至 3 m 均有覆盖，覆盖区域包含 100 多个国家和地区。数据集中所有的遥感影像被均匀地分配到 45 个类别，包括河流、机场等。NWPU 的数据集示例图以及类别说明如图 3.8 所示。

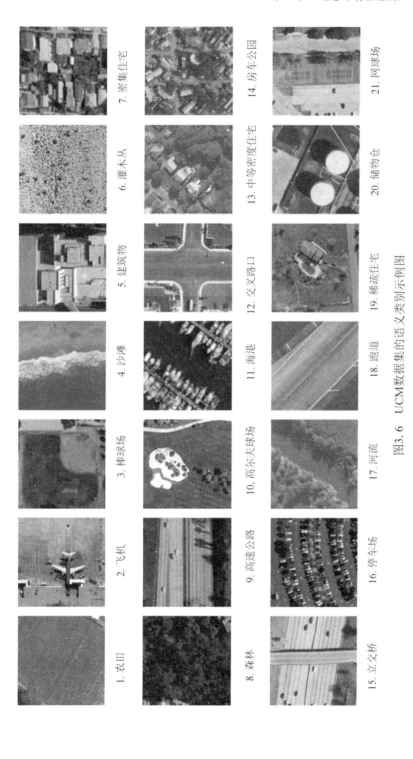

图3.6　UCM数据集的语义类别示例图

1. 农田　2. 飞机　3. 棒球场　4. 沙滩　5. 建筑物　6. 灌木丛　7. 密集住宅

8. 森林　9. 高速公路　10. 高尔夫球场　11. 海港　12. 交叉路口　13. 中等密度住宅　14. 房车公园

15. 立交桥　16. 停车场　17. 河流　18. 跑道　19. 稀疏住宅　20. 储物仓　21. 网球场

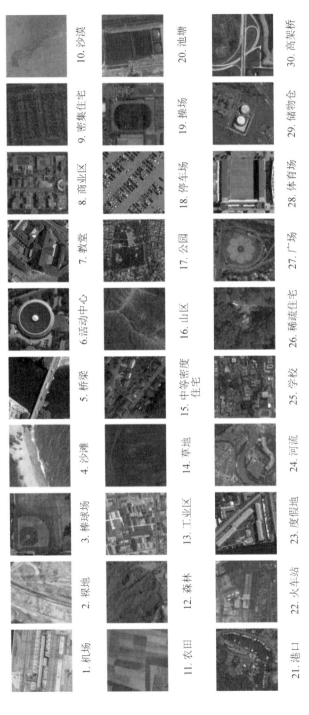

图3.7　AID数据集的语义类别示例图

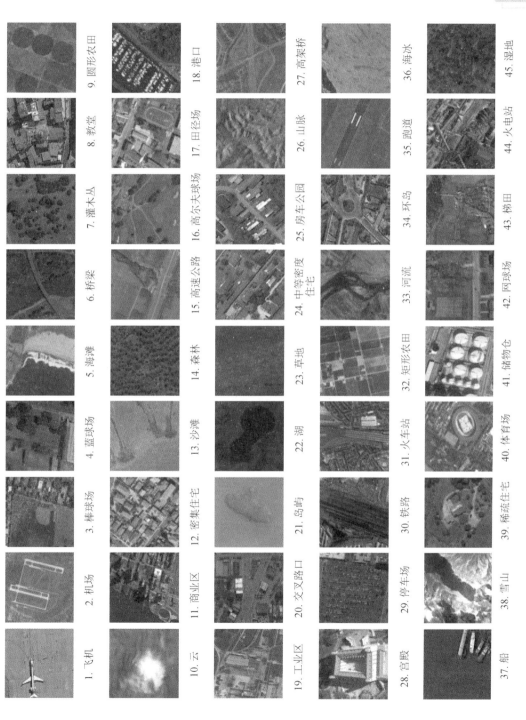

图3.8 NWPU数据集的语义类别示例图

3.4 本 章 小 结

　　本章对遥感影像数据集进行了系统分类和概述，重点介绍了高光谱遥感影像数据集和高分辨率遥感影像数据集的主要特性及应用场景。在高光谱遥感影像数据集部分，选取了IP、UP、Botswana 等数据集，分析了它们在光谱维度、地物类别分布和标注样本上的特点，这些数据集为地表覆盖物研究提供了强有力的支持。在高分辨率遥感影像数据集部分，介绍了 UCM、AID 和 NWPU 等数据集，它们以高空间分辨率和多样化的场景覆盖，成为遥感影像场景分类与检索研究的重要数据来源。

　　本章的内容为后续研究提供了必要的数据背景和支持，通过梳理这些数据集的特性和适用场景，进一步加深了对遥感影像分类与检索任务的理解。

第 2 篇
高光谱影像地物分类

第 4 章
端到端多尺度深度学习网络

4.1 引 言

近年来，深度学习在 HSI 分类任务中引起了广泛关注，其中 CNN 是最流行的结构之一。基于 CNN 的 HSI 分类过程是：首先，以一个像素点为中心，从高光谱数据中直接裁剪出包含其相邻像素的像素块，这里以裁剪 5×5 像素大小的像素块为例，如图 4.1 所示，图中展示了中心像素位置及其像素块的区域，每一小格代表一个像素点，中心像素及其对应像素块用相同的颜色表示，像素块中超出图像外的位置采用镜像方式进行补充；然后，将该像素块输入 CNN 网络中进行分类，像素块的类别标签即为该像素块中心像素点的标签。

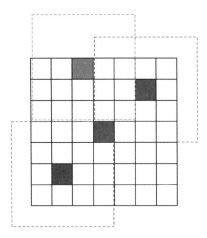

图 4.1　HSI 像素块裁剪区域

在国内外研究现状介绍中，基于 CNN 的模型在很大程度上提升了 HSI 分类精度；但是，HSI 的复杂性导致 HSI 分类任务依然存在一些挑战性。例如，被裁剪过的 HSI 像素块中的地表覆盖物通常比较复杂，并不能简单地等同于其中心像素点的类别；而且 HSI 本身包含丰富的光谱信息，对空间-光谱信息特征的提取技术有较高的要求；现实中的应用场景也对 HSI 分类任务的时效性有一定要求。为了解决这些面临的困难，提高 HSI 分类精度应该考虑以下三个关键方面。

（1）如何学习 HSI 的空间-光谱信息。由于 HSI 内容复杂，其第三维度包含高维的光谱信息，且每个像素点之间的空间位置信息也非常丰富。本章将空间信息与光谱信息合称为空间-光谱信息。是否能够正确地从 HSI 中提取空间-光谱信息对于高光谱影像分类工作至关重要。

（2）如何获取 HSI 的多尺度信息。HSI 包含的地表覆盖物非常复杂，正确提取各种大小、形态的地表覆盖物的特征可以帮助区分不同尺寸、形状的物体，因此，获取 HSI 的多尺度信息是最简单有效的方法。

（3）如何提高 HSI 的分类效率。由于 HSI 在实际生活中的广泛应用，提高 HSI 的分类效率能够对生活提供很大便利。HSI 本身通道数较多，整体信息量庞大，以像素点裁剪成像素块后占用内存极大，这都会导致 HSI 处理的效率降低，如何实现缩减运行时间并保证分类精度成了 HSI 急需解决的难题。

考虑到以上三个方面的问题，本章提出了一种基于端到端多尺度深度学习网络（End-to-end Multi-scale Deep learning Network，EMDN）的高光谱分类方法。首先，为了提高 HSI 的空间-光谱信息学习能力，采用同一个深度学习网络同时学习这两种信息，它们共同引导 HSI 分类工作；然后，为了获取 HSI 的多尺度信息，EMDN 融合不同位置的低级信息和高级信息，聚合地表覆盖物在不同尺度下的特征以进行准确分类；最后，为了提高 HSI 的分类效率，本章采用端到端的 HSI 分类方式，减少了 HSI 预处理时间。EMDN 模型的主要贡献总结如下：

（1）EMDN 是根据分割网络中编码-解码框架设计出的用于 HSI 分类的端到端深度学习网络，它使用残差模块作为基础模块设计其骨干结构。该网络可以通过将整张影像作为输入的方式来学习 HSI 中像素点之间的空间信息。同时，EMDN 整体结构维持通道数不变来学习及保留光谱信息。所以，该网络可以同时学习 HSI 的空间-光谱信息用于分类任务。

（2）EMDN 还引入一个多尺度模块用于聚合不同尺寸的特征，它由不同倍率的上采样操作组成。多尺度信息是一种简单有效的解决复杂内容的重要信息。本章网络中的多尺度信息可以增强编码-解码框架的表征能力。

（3）本章方法在三个公开数据集上取得了不错的结果，证实了 EMDN 在 HSI 分类任务上的有效性。EMDN 不仅提高了 HSI 分类的精度，还减少了 HSI 分类的时间。

4.2　基于端到端多尺度深度学习网络方法

基于端到端多尺度深度学习网络方法主要是根据图像分割思想提出的解决高光谱分类问题的方法。一般来说，空间信息、多尺度信息和光谱信息对 HSI 分类都非常重要。为了获得空间信息，EMDN 引入一个具有简单跳跃连接的编码-解码框架，该编码-解码框架是基于残差模块和几个池化、上采样层搭建而成的。此外，EMDN 还在网络的解码部分引入了一个简单多尺度模块，能够简单有效地获取有用的多尺度信息。为了在不增加网络复杂度的情况下获得光谱信息，EMDN 保持网络的通道数等于 HSI 中光谱的通道数。由于 EMDN 采用整张图像作为输入而不是传统的像素块方式，本章根据像素级分割的方式设计了一个优化策略来实现网络的训练。下面我们将分三个部分详细介绍 EMDN 方法，分别是基于残差模块的编码-解码框架、端到端多尺度深度学习网络（EMDN）整体框架、网络训练三个部分。

4.2.1　基于残差模块的编码-解码框架

编码-解码框架经常被用于图像分割任务中，它可以在图像完成特征提取之后将图像复原成原来的尺寸。在图像分割中，复原后的掩码中包含了图像像素点的类别信息。与用于分类的 CNN 相比，编码-解码框架将分类网络最后的全连接层替换成可以上采样复原图像尺寸的网络结构。所以，在实际应用中，编码-解码框架的编码器可以采用通用的 AlexNet、VGG16、LeNet 等网络结构，解码器可以是简单的上采样连接（比如 FCN）或者是与解码器对等的卷积层和上采样层（比如 U-Net）等。

由于 HSI 的光谱通道很多且包含丰富、有用的光谱信息，所以 EMDN 没有直接采用现有的 AlexNet 或 VGG16 作为编码器。残差模块经常被用来提取空间-光谱信息特征[62]，本章使用残差模块作为基础模块搭建编码-解码框架。残差模块的组成结构如图 4.2 所示。该模块由三个卷积核为 3*3 像素的卷积组成，每两个卷积之间会建立短连接以帮助信息快速传输。在残差模块中，信息从左向右流动，能够保留左边的初始信息，这对于学习特征是有用的。另外，残差模块还有以下几个优点。

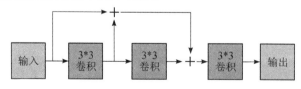

图 4.2　残差模块的组成结构

（1）需要更少的参数量。CNN 本身对网络的深度要求很高，更深的网络才能学习到更好的判别特征。但是网络层数过多，会造成参数量过多、训练时间过长的问题。同等学习性能下，残差模块只需要更少的网络层（即更少的参数量）。

（2）保留初始信息。CNN 前期获取的特征是边缘、纹理等物理特征，当网络层数较多时，前面的信息会逐渐减弱或消散，残差模块中的短连接可以完整保留前期的物理特征（即初始信息），能够更好地提升分类精度。

（3）可以训练更深的网络。对于一些较深的网络模型，残差模块中前向传递的信息以及后向传播的梯度都能较好保持，不会造成梯度弥散问题，可以更好地训练深度模型。

基于上述几个优点，本章 EMDN 模型选用残差模块作为基础模块来搭建编码-解码框架的主体，在图 4.3 中展示。编码部分的网络选用 5 个残差模块，并逐步下采样，这一过程可以学习输入图像的低级特征和高级特征。解码部分选用 4 个残差模块，并逐步上采样，将学习到的特征恢复成原始图像大小，以获得分类掩码。为了编码部分和解码部分的信息更好地传送，EMDN 还使用了跳跃连接，能够将编码网络层中的信息直接传送给对应的解码网络层，以减少信息损失。

4.2.2　EMDN 整体框架

EMDN 整体框架图如图 4.3 所示，图中"2 * 下采样"表示倍率为 2 的下采样操作，"2 * 上采样"表示倍率为 2 的上采样操作，"3 * 3 卷积"表示卷积核为 3×3 的卷积操作。假设 EMDN 的输入图像大小为 $I \in \mathbb{R}^{H \times W \times C}$，其中 H 和 W 是 HSI 的高度和宽度，C 是 HSI 的光谱通道数。

首先，图像经过由 5 个残差模块和 4 个下采样组成的编码网络后学习到的特征大小为 $\mathbf{En} \in \mathbb{R}^{(H/16) \times (W/16) \times C}$，可以表示为

$$\mathbf{En} = F_{\text{Encoder}}(I, W_{\text{Encoder}}) \tag{4.1}$$

式中，$F_{\text{Encoder}}(\cdot)$ 表示编码网络，而 W_{Encoder} 是编码网络可学习的权重。通过观察式（4.1）可以发现，经过编码网络后输入图像的高度和宽度都发生了变化，而通道数并未改变，这是因为变化的高度和宽度可以学习到不同的空间特征，不变的通道数可以尽可能多地保留原始光谱信息以及学习到新的光谱信息。

然后，将学习到的特征输入由 4 个上采样以及 4 个残差模块组成的解码网络，得到大小为 $\mathbf{De} \in \mathbb{R}^{H \times W \times C}$ 的特征，可以表示为

$$\mathbf{De} = F_{\text{Decoder}}(\mathbf{En}, W_{\text{Decoder}}) \tag{4.2}$$

式中，$F_{\text{Decoder}}(\cdot)$ 表示解码网络，而 W_{Decoder} 是解码网络可学习的权重。这里上采样主要用于将学习到的特征恢复成原始图像大小，残差模块主要用于在恢复大小的过程中传递学习到的特征。同时，编码网络和解码网络之间的跳跃连接对信息的传递有着至关重要的作用，

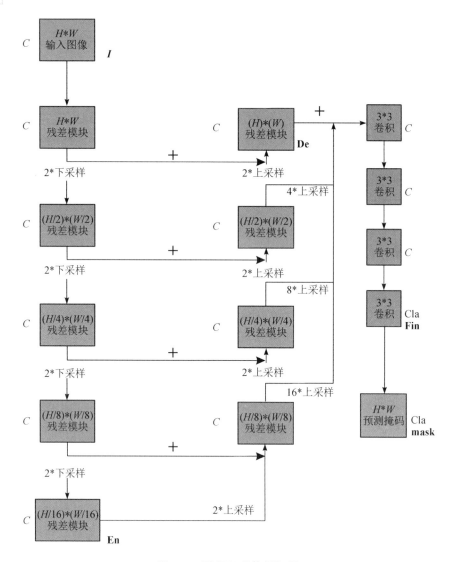

图 4.3　EMDN 整体框架图

能够将编码网络层中的低级信息和高级信息直接传递到对应的解码网络层中。解码网络层中的多尺度模块也提供了简单有效的多尺度信息，主要通过三个倍率为 4、8、16 的上采样操作完成，该模块可以融合各个残差模块输出的不同尺寸的特征，捕捉不同形状和大小的地表覆盖物。

接着，由于编码-解码框架得到的 **De** 包含输入图像的空间信息、光谱信息和多尺度信息，为了更好地融合这三种信息，进而从所有信息中提取出更有效的特征，EMDN 采用 4

个连续的 $3 * 3$ 卷积操作学习最终用于分类的特征 $\mathbf{Fin} \in \mathbb{R}^{H \times W \times Cla}$，Cla 表示类别数。该过程可以表示为

$$\mathbf{Fin} = F_{4 * \mathrm{Conv}}(\mathbf{De}, \mathbf{W}_{4 * \mathrm{Conv}}) \tag{4.3}$$

式中，$F_{4 * \mathrm{Conv}}(\cdot)$ 表示 4 个连续的卷积，而 $\mathbf{W}_{4 * \mathrm{Conv}}$ 是 4 个连续卷积可学习的权重。经过连续卷积得到的 $\mathbf{Fin}$ 的通道数为输入图像的类别数。最后，在 $\mathbf{Fin}$ 的第三维度上求最大值，最大值对应的位置即为该像素点的类别，这个过程通过 argmax 函数完成：

$$\mathbf{mask} = F_{\mathrm{argmax}}(\mathbf{Fin}) \tag{4.4}$$

式中，$F_{\mathrm{argmax}}(\cdot)$ 表示 argmax 函数，$\mathbf{mask}$ 为 EMDN 得到的最终预测掩码，它是与输入图像大小相同的二维向量，每一个值都代表该位置像素点的类别。

最后，有两点需要特别关注，一是由于 HSI 的光谱通道包含丰富的光谱信息，因此网络中的通道数一直等于 HSI 的光谱通道数，这样可以保持初始和完整的光谱信息；二是由于 HSI 内容复杂，原图尺寸相对较小（一般为几百到几千像素），因此网络中所有的卷积操作均采用 $3 * 3$ 大小的卷积核，能够学习 HSI 中局部细节的信息。

4.2.3　网络训练

在网络预处理中，EMDN 采用整张图像输入的方式对 HSI 进行分类，摈弃了传统的对 HSI 进行裁剪像素块的预处理方式。在介绍优化策略之前，先简单介绍本章所提模型的图像预处理，如图 4.4 所示。我们从原始图像中随机选择出 L 个训练像素点和 M 个测试像素点，并用 train_idx 标记所有训练像素点的位置，对应的标签表示为 train_label，而且它们都是一维向量。测试集与训练集的标记方式一样。

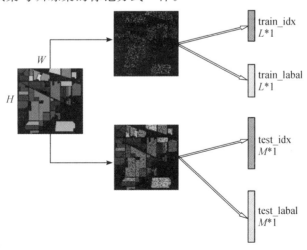

图 4.4　图像预处理

本小节设计了一个简单的适合 EMDN 的优化策略，具体的结构图如图 4.5 所示。图中，train_idx 代表训练集像素点索引，train_label 代表训练集像素点对应的标签。该优化策略主要介绍如何统计损失函数值进行反向传播更新权重来优化网络。首先，假设输入图像为 $I \in \mathbb{R}^{H \times W \times C}$，则经过 EMDN 后可以得到用于分类的特征 $\mathbf{Fin} \in \mathbb{R}^{H \times W \times Cla}$，详细过程参考 4.2.2 小节。然后，由于网络的输入是一整张图像，需要将训练集和测试集包含的像素分离出来。因此，需要先将三维特征重塑为二维特征 $\mathbf{Re} \in \mathbb{R}^{HW \times Cla}$，也就是将图像的高度和宽度拉伸为一维向量，通道维度保持不变，具体过程为

$$\mathbf{Re} = F_{\text{reshape}}(\mathbf{Fin}) \tag{4.5}$$

式中，$F_{\text{reshape}}(\cdot)$ 表示重塑操作。接着使用包含训练集像素点位置的 train_idx 向量从 $\mathbf{Re}$ 中按顺序选择出所有训练集像素点 $\mathbf{Ts} \in \mathbb{R}^{L \times Cla}$，$L$ 表示训练集像素点的总数。最后，对网络预测得到的所有训练集像素点的类别和训练集标签计算 Softmax 交叉熵损失函数值，并最小化损失函数来反向更新网络参数，迭代更新直到网络训练结束。

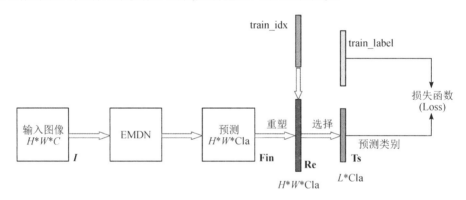

图 4.5　EMDN 优化策略结构图

4.3　实验设置及结果分析

4.3.1　实验设置

本章所有的实验都是在 TensorFlow 环境下的具备 Xeon（R）CPUE5-2630、GeForceGTX1080 和 64G RAM 的 HP-Z840 工作站上完成的。我们用 Softmax 交叉熵损失函数和 Adam 优化器训练 EMDN，参数设置为：$\beta_1 = 0.9$，$\beta_2 = 0.999$，$\epsilon = 1 \times 10^{-8}$。本章所有实验设置权值衰减系数均为 0.004，学习率均为 0.0001。由于网络训练后期需要的学习率较小，因此设置每迭代 500 轮学习率降低到原来的一半。另外，所有参数采用 Glorot 均

匀分布初始化；所有实验模型采用迭代训练 3000 轮的输出作为预测结果，并将随机训练 5 轮的平均值作为最终结果。

4.3.2　结果分析

为了验证本章所提模型的有效性，这里选择了几种常用模型作为对比模型：有传统经典模型，如支撑向量机(SVM)模型[21]、随机森林(Random FoRest，RF-200)模型[22]；还有基于深度学习的一系列模型，如 2D-CNN 模型和 R-2D-CNN 模型[23]、3D-CNN 模型[24] 和 DRNN 模型[25]。为了公平起见，我们将所有对比模型的实验设置与本章所提模型保持一致。

1. IP 数据集对比实验结果分析

表 4.1 统计了几种对比模型以及 EMDN 模型在 IP 数据集上的每类预测结果以及整体的 OA、AA 和 Kappa 系数。观察统计表后可以发现，本章的 EMDN 模型在每类上的分类精度大部分都是最好的，有些类别甚至已经达到 100％ 的分类精度，所以 EMDN 模型在整体的 OA、AA 和 Kappa 系数上都优于其他几种对比模型。这几种对比模型中，SVM 和 RF-200 两种传统模型表现最差，虽然这两种模型对早期 HSI 分类任务帮助很多，但目前已基本被 CNN 取代。其他几种深度学习模型明显优于这两种传统模型，但仍不如本章提出的 EMDN 模型。

表 4.1　IP 数据集上统计对比结果　　　　　　　　（单位：%）

	SVM	RF-200	2D-CNN	R-2D-CNN	3D-CNN	DRNN	EMDN
1	100.00	100.00	95.85	100.00	98.35	97.98	**100.00**
2	75.46	85.63	94.30	95.63	95.23	96.72	**99.47**
3	90.52	98.31	99.21	98.89	97.38	98.21	**100.00**
4	98.06	97.32	99.65	**99.87**	99.72	98.78	98.94
5	96.83	98.01	**99.82**	99.79	99.37	98.53	98.70
6	98.79	100.00	99.56	99.68	99.06	98.05	**100.00**
7	100.00	99.32	100.00	100.00	100.00	100.00	**100.00**
8	100.00	100.00	100.00	100.00	100.00	100.00	**100.00**
9	100.00	98.02	100.00	100.00	100.00	98.89	**100.00**
10	87.32	94.56	97.81	97.86	95.46	96.62	**99.87**
11	80.57	86.60	94.03	93.23	90.02	95.68	**99.59**

续表

	SVM	RF-200	2D-CNN	R-2D-CNN	3D-CNN	DRNN	EMDN
12	92.86	94.53	98.26	98.26	98.89	97.34	**98.95**
13	100.00	100.00	100.00	100.00	100.00	99.94	**100.00**
14	98.74	98.89	99.26	97.54	98.45	98.93	**100.00**
15	92.98	80.64	93.87	93.05	93.86	97.89	**100.00**
16	100.00	100.00	100.00	100.00	99.03	99.76	**100.00**
OA	89.65	92.03	98.85	97.54	97.49	97.95	**99.67**
AA	90.22	92.30	96.72	97.32	98.60	98.86	**99.72**
Kappa	88.08	90.85	98.69	97.14	97.13	96.98	**99.62**

在具体数值上，EMDN 在 OA 上分别提高了 10.02%（SVM）、7.64%（RF-200）、0.82%（2D-CNN）、2.13%（R-2D-CNN）、2.18%（3D-CNN）和 1.72%（DRNN）；在 AA 上分别提升了 9.5%（SVM）、7.42%（RF-200）、3.0%（2D-CNN）、2.4%（R-2D-CNN）、1.12%（3D-CNN）和 0.86%（DRNN）；在 Kappa 系数上分别增长了 11.54%（SVM）、8.77%（RF-200）、0.93%（2D-CNN）、2.48%（R-2D-CNN）、2.49%（3D-CNN）和 2.64%（DRNN）。这些数据表明 EMDN 模型在三个整体评价指标上都能够取得优势，不仅提高影像整体的分类精度，还能保证每类的分类精度，这也表明 EMDN 模型在 IP 数据集上的 HSI 分类任务中是有效的。

图 4.6 是几种对比模型以及 EMDN 模型在 IP 数据集上的可视化对比结果展示。观察这些结果展示图我们可以发现，EMDN 模型在样本数少以及边界的像素点上基本能够进行

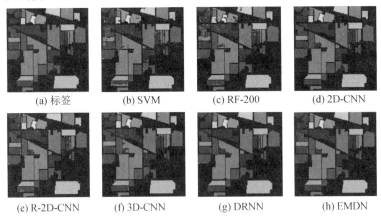

(a) 标签　　　　(b) SVM　　　　(c) RF-200　　　　(d) 2D-CNN

(e) R-2D-CNN　　　(f) 3D-CNN　　　(g) DRNN　　　　(h) EMDN

图 4.6　不同模型在 IP 数据集上的可视化对比结果

正确的分类；SVM 和 RF-200 中有明显的分类错误，边界模糊、类别误判等现象非常多；在其他几种深度模型中，相对来说，2D-CNN 的结果是最清晰的，其他几种模型依然存在一些类别误判问题，不能够正确分类；但是，EMDN 模型的结果基本与标签相差不大，除了个别边缘位置的像素点类别存在一些问题。可视化对比结果进一步证实了 EMDN 模型在 HSI 分类任务上的积极贡献。

2. UP 数据集对比实验结果分析

表 4.2 统计了几种对比模型以及 EMDN 模型在 UP 数据集上的数值结果。通过观察对比结果我们可以发现，除了第 4 类和第 9 类稍微低于 R-2D-CNN 模型外，EMDN 模型在其他类上都能取得最好的分类精度。在整体评价标准 OA、AA 以及 Kappa 系数上，EMDN 模型明显优于其他几种对比模型。与 IP 数据集上一样，SVM 与 RF-200 的结果还是与基于深度学习的模型存在着一定差距。不过其他几种模型之间差距不大，且基本都能够取得较好的结果。这也是因为 UP 数据集中类别不多，且每类中样本数都比较多，所以这些模型都能够取得不错的结果，但是本章的 EMDN 模型依然有一些提高。

表 4.2　UP 数据集上统计对比结果　　　　（单位：％）

	SVM	RF-200	2D-CNN	R-2D-CNN	3D-CNN	DRNN	EMDN
1	90.23	96.13	99.31	99.34	99.26	98.51	**100.00**
2	92.79	94.04	99.83	99.89	99.87	99.02	**99.89**
3	84.02	93.23	98.96	98.78	99.15	98.10	**100.00**
4	98.62	99.28	99.08	**99.82**	99.78	98.43	98.80
5	99.98	99.96	99.82	100.00	100.00	99.85	**100.00**
6	90.93	96.71	99.89	99.87	99.52	99.96	**100.00**
7	92.93	97.30	99.35	99.58	98.34	99.58	**99.66**
8	95.82	98.36	99.15	99.67	99.32	98.89	**100.00**
9	99.75	100.00	100.00	**100.00**	99.92	98.05	99.29
OA	92.90	96.02	99.51	99.66	99.63	99.55	**99.84**
AA	93.75	96.09	99.63	99.57	99.26	99.51	**99.74**
Kappa	90.46	94.68	99.36	99.56	99.51	99.45	**99.79**

在具体数值表现上，EMDN 在 OA 上分别提高了 6.94％（SVM）、3.82％（RF-200）、0.33％（2D-CNN）、0.18％（R-2D-CNN）、0.21％（3D-CNN）和 0.29％（DRNN）；在 AA 上分别提升了 5.99％（SVM）、3.65％（RF-200）、0.11％（2D-CNN）、0.17％（R-2D-CNN）、

0.48%（3D-CNN）和 0.23%（DRNN）；在 Kappa 系数值上分别增长了 9.33%（SVM）、5.11%（RF-200）、0.43%（2D-CNN）、0.23%（R-2D-CNN）、0.28%（3D-CNN）和 0.34%（DRNN）。这些差值表明 EMDN 模型在三种评价指标上都有所提升，也表明 EMDN 模型在 UP 数据集上是有效的。

图 4.7 展示了几种对比模型和 EMDN 模型在 UP 数据集上的可视化对比结果展示。观察这些结果展示图，我们可以更直观地看到 EMDN 的结果与标签几乎没有差别，基本能够精确地对各类地表覆盖物进行类别预测；SVM 和 RF-200 中能够观察到大面积的分类错误区域，且边缘像素点类别模糊混乱；其他几种深度模型与 EMDN 模型并无太大差别，仅在微小区域地方存在一些混乱问题，这几个深度学习对比模型的结果基本能够令人满意。可视化对比结果展示图进一步表明 EMDN 模型在 UP 数据集上能够更好地完成 HSI 分类任务。

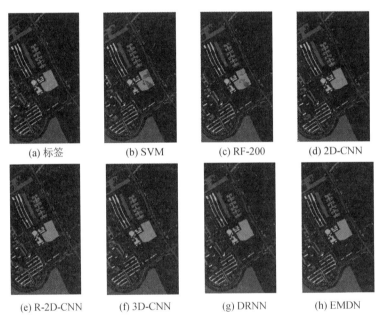

(a) 标签   (b) SVM   (c) RF-200   (d) 2D-CNN

(e) R-2D-CNN   (f) 3D-CNN   (g) DRNN   (h) EMDN

图 4.7　不同模型在 UP 数据集上的可视化对比结果

3. Botswana 数据集对比实验结果分析

表 4.3 统计了几种对比模型与 EMDN 模型在 Botswana 数据集上的每类精度以及 OA、AA、Kappa 系数值。通过观察对比结果可以发现，相比于其他对比模型，EMDN 模型的分类性能有明显提升。除了第 5 类和第 6 类外，EMDN 模型的其他类分类精度都能达到 100%；在整体分类性能上，EMDN 模型的 OA、AA 和 Kappa 系数分数值也都明显高于其他对比模型。Botswana 数据集中类别较多，每类样本数还比较均匀，但整体标记的像素较

少，所以 EMDN 模型在 Botswana 数据集上取得不错的结果，这也表明该模型在样本数少的情况下依然有效。

表 4.3　Botswana 数据集上统计对比结果　　　　（单位：%）

	SVM	RF-200	2D-CNN	R-2D-CNN	3D-CNN	DRNN	EMDN
1	99.50	**100.00**	98.79	**100.00**	99.92	97.71	**100.00**
2	98.87	**100.00**	98.91	**100.00**	99.15	99.29	**100.00**
3	96.29	96.20	99.04	**100.00**	97.20	99.66	**100.00**
4	79.78	97.84	98.24	99.56	99.46	99.65	**100.00**
5	78.42	84.77	94.27	91.05	85.52	97.69	**97.07**
6	90.63	86.94	91.64	94.39	93.55	98.75	**97.49**
7	**100.00**	99.65	99.35	**100.00**	99.83	**100.00**	**100.00**
8	95.03	99.77	98.87	**100.00**	99.77	98.84	**100.00**
9	90.85	86.72	98.24	97.89	97.54	99.81	**100.00**
10	**100.00**	98.99	98.62	**100.00**	**100.00**	**100.00**	**100.00**
11	98.04	99.13	97.45	99.78	97.16	98.00	**100.00**
12	96.16	**100.00**	98.89	**100.00**	97.02	97.52	**100.00**
13	93.70	98.57	98.74	**100.00**	99.58	99.58	**100.00**
14	**100.00**	**100.00**	99.83	**100.00**	99.69	**100.00**	**100.00**
OA	95.22	95.35	98.34	98.53	97.18	99.01	**99.54**
AA	94.09	96.33	97.99	98.76	97.53	99.00	**99.61**
Kappa	94.42	95.04	98.20	98.40	96.94	98.92	**99.50**

相比于对比模型，EMDN 模型在 OA 上分别提高了 4.32%（SVM）、4.19%（RF-200）、1.20%（2D-CNN）、1.01%（R-2D-CNN）、2.36%（3D-CNN）和 0.53%（DRNN）；在 AA 上分别提升了 5.52%（SVM）、3.28%（RF-200）、1.62%（2D-CNN）、0.85%（R-2D-CNN）、2.08%（3D-CNN）和 0.61%（DRNN）；在 Kappa 系数值上分别增长了 5.08%（SVM）、4.46%（RF-200）、1.30%（2D-CNN）、1.10%（R-2D-CNN）、2.56%（3D-CNN）和 0.58%（DRNN）。这些明显的差距证明 EMDN 模型对 HSI 分类任务是有贡献的。

图 4.8 统计了对比模型和 EMDN 模型在 Botswana 数据集上的可视化对比结果。虽然

Botswana 数据集中的类别区域都是零星分布的，但仔细观察仍然可以发现，对比模型中的传统模型表现一般，存在类别误判和边界模糊等问题，其他基于深度学习的对比模型中 DRNN 模型的结果比较令人满意。但是 EMDN 模型完全优于对比模型，与标签结果非常相似。可视化结果进一步证实了 EMDN 模型在 Botswana 数据集依然取得了不错的结果。

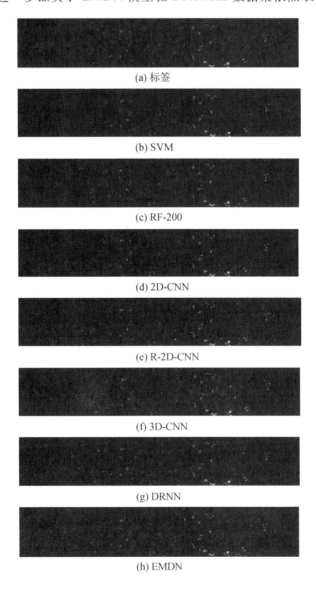

(a) 标签

(b) SVM

(c) RF-200

(d) 2D-CNN

(e) R-2D-CNN

(f) 3D-CNN

(g) DRNN

(h) EMDN

图 4.8 不同模型在 Botswana 数据集上的可视化对比结果

4.4　本 章 小 结

针对高光谱影像的特点,本章提出了一种新的用于 HSI 分类任务的基于端到端多尺度深度学习网络的高光谱影像分类模型。

(1) 为了从 HSI 中提取空间-光谱信息,我们设计了包含跳跃连接的编码-解码框架,该框架采用残差模块构成,保持通道维度不变,不仅能够学习丰富的空间信息,同时能够学习和保留光谱信息;另外,跳跃连接还能更好地将前期的低层特征传送到后期网络中。

(2) 为了提取到多尺度信息,EMDN 在网络的解码部分设计了一个简单有效的多尺度结构,能够将解码网络各层信息进行融合,获得不同尺寸、不同级别的多尺度特征。多尺度特征能够更好地解决 HSI 中内容复杂以及尺寸不一的问题,这对于 HSI 的分类非常重要。

(3) 由于 EMDN 模型使用整张图像作为输入,为了完成网络的训练,本章专门设计了一个优化策略来详细介绍该模型的优化过程。这种方式不仅能够减少网络训练时间,还能够减少裁剪像素块模型的信息冗余。

本章在三个公共数据集上对提出的 EMDN 模型进行验证,并与其他几种对比模型进行比较。实验结果显示 EMDN 模型在三个指标(OA、AA、Kappa 系数)上都有所改进,其中在 IP 数据集上的每类指标的最小提升分别为 0.82%(OA)、0.86%(AA)、0.93%(Kappa);在 UP 数据集上的最小提升分别为 0.18%(OA)、0.11%(AA)、0.23%(Kappa);在 Botswana 数据集上的最小增长分别为 0.53%(OA)、0.61%(AA)、0.58%(Kappa)。

由于本章网络模型是一个整体性结构,没有复杂的子模块,所以不再进行剥离实验。通过实验结果分析,我们发现 EMDN 模型能够取得积极的结果;相比于传统裁剪像素块的方式,EMDN 已经节约了数据预处理的时间和信息冗余问题,但 EMDN 的高维光谱通道里仍然存在一定的光谱信息冗余。为了解决这一问题,未来我们需要关注光谱信息的提取问题以及开发出更轻量方便的网络。

第 5 章
双通道注意力深度交互学习

5.1 引　言

　　HSI 广泛应用于各个领域，因为高光谱成像能够捕捉地面物体的光谱反射。HSI 中丰富的光谱信息为目标像素的分类带来了显著增益。第 4 章所提模型成功地提高了 HSI 分类任务的精度和速度，但是缺少对光谱信息的深入探索，且忽略了高光谱数据维度之间的交互依赖关系。本章针对第 4 章模型中存在的问题做了进一步研究。首先，HSI 成像方法引入了冗余和有噪声的波段，可能会降低分类精度；而且，不同波段对最终分类任务的贡献并不一定是相同的。其次，HSI 数据是一个立方体，每个维度之间也有一定的相关性，不同维度之间会存在一定的依存关系，这种依存关系对物体表征学习非常重要。最后，端到端且轻量的网络对于实际生活中 HSI 的应用也非常重要。注意力机制在 CNN 中可以引导网络关注重要的信息，所以可以用来选择对分类有用的波段[26]。通常采用带加权或带选择注意力机制来建模光谱波段之间的关系，并去除不相关的波段。

　　结合上述高光谱分类的几个问题，本章提出了一种基于交互注意力机制深度学习网络 (Deep learning Network based on Interactive Attention Mechanism，DNIAM)用于 HSI 分类任务。首先，为了学习 HSI 中的空间-光谱信息，DNIAM 引入了注意力机制，可以引导网络学习 H 维度和 W 维度之间的依存关系，并通过这种关系减少信息冗余。然后，为了使高光谱数据中每个维度之间的信息进行交互，学习它们之间的依存关系，DNIAM 将注意力机制拓展成交互注意力机制[27]。交互注意力机制由三个分支组成，不仅可以学习空间-光谱信息，还可以增强空间信息及光谱信息的判别性，有效学习不同信息之间的依存关系。最后，基于交互注意力机制设计了 DNIAM 的网络结构，该端到端网络结构不仅支持整张图像输入，还极大程度地减少了参数量。本章创新点总结如下：

　　(1) 将注意力机制引入 HSI 分类任务中，学习 H 维度和 W 维度之间的关系，通过在维度上学习权重系数引导网络关注重要信息，从而减少冗余信息的影响，提高 HSI 分类精度。

（2）根据注意力机制设计了三个分支的交互注意力机制，通过旋转操作实现两两维度之间的交互，主要用来捕获光谱维度分别与空间上两个维度之间的依存关系，学习 HSI 中的光谱-空间信息。

（3）DNIAM 中的交互注意力机制计算代价低，在不影响输入结构的情况下可以获取有效的注意力信息。同时，DNIAM 采用端到端的方式支持输入整张图像，不仅可以提升训练精度，还可以提升训练速度。

5.2　注意力机制理论基础

注意力机制最早广泛应用于基于深度学习的自然语言处理任务中[28]。随着注意力机制的快速发展，目前已应用在深度学习的各个领域中[29]，例如，图像处理、视频分析、语音识别等。注意力机制主要模拟人类的视觉注意机制，人类在识别一个物体时，不会对这个物体的所有细节全部掌握，而是根据需求关注这个物体有判别性的一部分。当发现这类物体的某个位置具有相似性时，再识别这类物体时就会直接注意具有相似性信息的位置。人类重点关注的目标区域就是注意力机制的焦点，其他区域的无用信息会被抑制。同理，注意力机制就是有选择性地关注重要区域，抑制其他区域的影响，进而提升深度学习网络的性能。如果按照应用场景对注意力机制进行分类，一般可分为用于影像的空间注意力机制和用于序列的时间注意力机制。如果从注意力机制的实际应用来分类，可分为软注意力机制和硬注意力机制，其中软注意力机制会对所有数据都分配权值，而硬注意力机制只关注重点区域而忽略非重点区域。

最初的注意力机制是在编码-解码框架的基础上来完成的，所以下面我们从编码-解码框架开始介绍注意力机制的工作思想。编码-解码框架如图 5.1 所示，输入 X 可以由序列 $\{x_1, x_2, x_3, \cdots\}$ 表示，语义编码 C 是由 $\{x_1, x_2, x_3, \cdots\}$ 经过编码函数得到的，如果定义解码的非线性变换函数为 $F(\cdot)$，则 $y_1 = F(C)$、$y_2 = F(C, y_1)$、$y_3 = F(C, y_1, y_2)$。序列 $\{y_1, y_2, y_3, \cdots\}$ 组成最后的目标 Y。在这个过程中，可以发现生成目标序列 $\{y_1, y_2, y_3, \cdots\}$ 中的任何一个，都是使用同样的语义编码 C，也就是无论生成 y_1、y_2 还是 y_3，X 序列中的每一个元素对它们的影响都是同等的。这会导致模型无法关注关键信息，并容易受无用信息的影响。

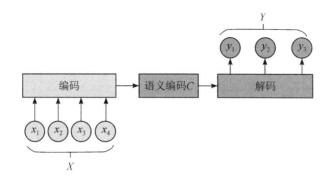

图 5.1 编码-解码框架

由于最早的编码-解码框架对输入序列中的每一项给予同样关注并不合理，所以研究者们开始在编码-解码框架中引入注意力机制。基于注意力机制的编码-解码框架如图 5.2 所示，这个模型中每个输出的 y_i 都对应一个语义编码 C_i，即 $y_1 = F(C_1)$、$y_2 = F(C_2, y_1)$、$y_3 = F(C_3, y_1, y_2)$。每一个 C_i 给输入序列赋予不同的注意力权重，这样每一个输出 y_i 可以关注不同的区域。这里 C_i 可以由式(5.1)表达：

$$C_i = \sum_{j=1}^{L} a_{ij} h_j \tag{5.1}$$

式中，L 表示输入序列的长度，a_{ij} 表示输出 y_i 时分配给 x_j 的注意力权重，h_j 表示编码网络对输入 x_j 的语义编码。观察式(5.1)可以发现，C_i 就是赋予输入序列每个元素一个权重，然后根据这些权重加权求和。

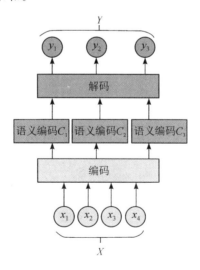

图 5.2 基于注意力机制的编码-解码框架

基于注意力机制的编码-解码框架已经可以根据不同的输出关注不同的区域,这是注意力机制最早使用的方式,这一简单操作给网络性能带来了很大的改进。但是依附于编码-解码框架才能使用的注意力机制并不能满足需求,研究者们基于以上技术,定义了独立的注意力机制的本质思想,注意力机制的模型如图 5.3 所示。我们用一系列的键值对〈键,值〉来表示输入 X,即用〈k_1、v_1〉、〈k_2、v_2〉、〈k_3、v_3〉、…表示。Q 相当于目标 Y 中的某个元素 y_i,通过计算 Q 与每个键 k 的相似性,可以得到每个 k 相对应的 v 的权重系数,然后根据权重系数对 v 值进行加权求和得到注意力值。这一注意力机制的过程可以表示为

$$A(Q,X) = \sum_{j=1}^{L} S(Q,k_j) * v_j \tag{5.2}$$

式中,$A(\cdot)$ 表示通过注意力机制求解注意力值的过程,$S(\cdot)$ 表示相似度求解。从式(5.2)上来理解,注意力机制依然是从大量信息中选择重点关注的信息,减少对不重要信息的关注。关注的过程通过权重系数表示,权重系数越大,则代表关注越多,即权重代表了信息的重要性,而 v 代表相对应的信息。

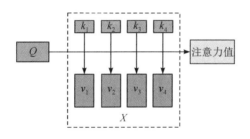

图 5.3　注意力机制的模型

注意力机制模型可以用在序列上,也可以用在空间图像上。在图像处理中[30],可以通过 CNN 对图像进行特征提取,此时注意力机制可以引导 CNN 关注图像中的重点区域,也可以理解为注意力机制想让 CNN 有学习的方向,这有助于提高图像处理能力,尤其是图像分类的精度。图 5.4 展示了自然图像中注意力的作用,在对图像中的鸟进行识别时,只需要关注小鸟的头部即可识别出小鸟,注意力机制则引导网络更多地关注图中线框区域,而对其他区域进行抑制,以减少背景噪声对分类识别的影响。由于图像一般为三维立方体,注意力机制可以从关注的维度区域上分为空间域注意力机制、通道域注意力机制和混合域注意力机制。空间域注意力通过在图像的 H、W 两个维度上计算权重系数以保留图像在空间中的关键信息;通道域注意力是在图像通道维度上分配给各个通道一个权重系数,用以选择出对任务有用的通道;混合域注意力则结合空间注意力和通道注意力两种机制,更全面地关注图像中的有用信息。

图 5.4 自然图像注意力示例

5.3 基于交互注意力机制深度学习网络方法

DNIAM 是采用注意力机制作为主体网络，并结合残差模块进行特征提取的，用于高光谱分类任务的方法。在 HSI 分类任务中，光谱-空间信息的提取以及网络是否轻量都十分重要。为了获取这些关键信息，DNIAM 设计了一个注意力机制，即关注关键信息的同时减少对其他信息的作用，从而减少信息冗余，提高信息的辨别性。为了获取空间依赖信息，该方法将注意力机制拓展成交互注意力机制，同时学习 HSI 中两两维度之间的交互信息，不仅能够捕捉 HSI 的空间信息，还结合了空间-光谱信息之间的关系，学习到更全面的空间-光谱信息。为了设计轻量的网络，DNIAM 直接采用几乎没有参数量的交互注意力作为主体框架，配合少量的残差块提取 HSI 特征，并采用直接输入整张图像的方式，这样不仅可以避免影像裁剪成像素块的复杂预处理，还可以减小上述方法中多次上采样、下采样的复杂计算。下面我们首先介绍注意力机制的具体结构，然后基于通道注意力分支设计一个交互注意力机制，最后在交互注意力机制的基础上设计用于 HSI 分类的 DNIAM 方法框架。

5.3.1 注意力机制

注意力机制结构如图 5.5 所示，图中 ⊙ 表示相乘，它主要在输入数据块的通道维度上计算关系权重系数，然后把该权重赋予原始的输入数据块上，帮助关注输入中有价值的通道波段。该方法与其他注意力机制相比，参数量可忽略不计。在介绍注意力机制之前，我们先定义一下图中用到的 Z 型池化（Z-Pool）这个过程，Z 型池化主要作用是将输入数据块的维度减少至两维，减少计算量。这里主要是在通道维度上分别进行平均池化操作和最大池化操作，尽可能多地保留通道维度上的有用信息，然后再将两种池化操作的结果串联得到最终的两维数据块。假设用 $\boldsymbol{X} \in \mathbb{R}^{H \times W \times C}$ 表示输入数据块，经过平均池化后得到 $\mathbf{AP} \in \mathbb{R}^{H \times W}$，则平均池化操作可以表示为

$$\mathbf{AP} = F_{\mathrm{AvgPool}}(\boldsymbol{X}) \tag{5.3}$$

其中，$F_{\mathrm{AvgPool}}(\cdot)$ 表示平均池化操作过程。同理，输入数据块经过最大池化操作后得到 $\mathbf{MP} \in \mathbb{R}^{H \times W}$，该过程可以表示为

$$\mathbf{MP} = F_{\mathrm{MaxPool}}(\boldsymbol{X}) \tag{5.4}$$

其中，$F_{\mathrm{MaxPool}}(\cdot)$ 表示最大池化操作过程。最后连接 $\mathbf{AP}$ 和 $\mathbf{MP}$ 得到 $\mathbf{ZP} \in \mathbb{R}^{H \times W \times 2}$，可以表示为

$$\mathbf{ZP} = F_{Z\_\mathrm{Pool}}(\boldsymbol{X}) = \left[F_{\mathrm{AvgPool}}(\boldsymbol{X}), F_{\mathrm{MaxPool}}(\boldsymbol{X}) \right] \tag{5.5}$$

式中，$F_{Z\_\mathrm{Pool}}(\cdot)$ 表示 Z 型池化操作过程，$[\cdot]$ 表示串联操作。

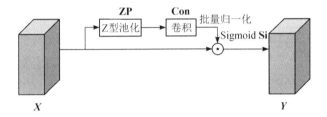

图 5.5 注意力机制结构

图 5.5 已经展示了注意机制的主要过程，下面用公式详细描述注意力机制的主要步骤。首先，输入数据块经过 Z 型池化得到二维数据块 $\mathbf{ZP} \in \mathbb{R}^{H \times W \times 2}$，具体过程上面已经详细描述。然后，将这个简化的二维数据块通过一个 7×7 的卷积操作得到 $\mathbf{Con} \in \mathbb{R}^{H \times W \times 1}$，卷积操作主要用来整理池化操作后的关系以及对二维通道继续降维。卷积过程可以定义为

$$\mathbf{Con} = F_{\mathrm{Conv}}(\mathbf{ZP}, \boldsymbol{W}_{\mathrm{Conv}}) \tag{5.6}$$

式中，$F_{\mathrm{Conv}}(\cdot)$ 表示卷积操作的过程，$\boldsymbol{W}_{\mathrm{Conv}}$ 表示卷积操作的可学习权重。再对 $\mathbf{Con}$ 进行批量归一化得到 $\mathbf{bn} \in \mathbb{R}^{H \times W \times 1}$，批量归一化可以加速网络的收敛速度以及防止梯度弥散。接着，通过 Sigmoid 函数对归一化后的数据块进行激活，生成注意力权值系数。Sigmoid 激活函数又称为 S 型生长曲线，可以把归一化后的值映射到 $0 \sim 1$ 之间，可以作为权值系数。Sigmoid 函数激活过程可以表示为

$$\mathbf{Si} = \frac{1}{1 + \mathrm{e}^{-\mathbf{bn}}} \tag{5.7}$$

最后，将上述整个过程学习到的权重系数应用到原始输入的数据块 $\boldsymbol{X}$ 上，得到 $\boldsymbol{Y} \in \mathbb{R}^{H \times W \times C}$，$\boldsymbol{Y}$ 即为整个注意力机制的输出。该过程表示为

$$\boldsymbol{Y} = \mathbf{Si} * \boldsymbol{X} \tag{5.8}$$

注意力机制不仅在通道维度上学习权重系数，引导网络关注重点信息，还能够学习输

入数据块 H 和 W 两个维度之间的交互信息，建立 H 维度和 W 维度之间的交互依存关系。而且注意力机制的最终输出与输入大小相同，使得通道注意力模块可以嵌入成熟网络中作为补充学习的模块。

5.3.2 交互注意力机制

在注意力机制的基础上设计了交互注意力机制，其本质思想是实现纬度交互，用来计算注意力权重。实际上，一个立方体数据中，每个维度之间的信息存在一定的依存关系，纬度交互不仅满足空间中的信息提取，还能够学习空间与通道维度间的依存关系。受注意力机制的启发，把通道注意力拓展为一个三分支的注意力机制完成纬度信息交互，交互注意力机制结构框架如图 5.6 所示，用 H、W、C 分别代表高维度、宽维度和通道维度。

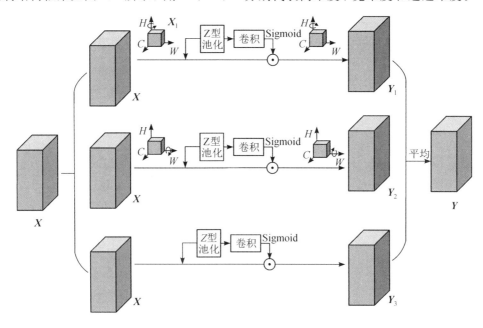

图 5.6　交互注意力机制结构框架

第一个分支主要在 H 维度和 C 维度之间建立交互，假设输入为 $\boldsymbol{X} \in \mathbb{R}^{H \times W \times C}$，为了利用上节介绍的注意力机制学习 H 维度与 C 维度之间的交互，并在 W 维度上计算注意力权值，我们先对输入的 $\boldsymbol{X}$ 沿 H 轴逆时针旋转 90 度，旋转之后得到 $\boldsymbol{X}_1 \in \mathbb{R}^{H \times C \times W}$。然后把 $\boldsymbol{X}_1$ 输入到与注意力机制相同的结构中，学习权值系数后应用到旋转后的 $\boldsymbol{X}_1$ 上。最后，对输出后的数据块沿着 H 轴顺时针旋转 90 度，与最初的输入 $\boldsymbol{X}$ 保持一样的形状。这个过程可以表示为

$$\boldsymbol{X}_1 = F_{\text{path1}}(\boldsymbol{X}, \boldsymbol{W}_{\text{path1}}) \tag{5.9}$$

其中，$F_{\text{path1}}(\cdot)$ 表示第一个分支的映射函数，$\boldsymbol{W}_{\text{path1}}$ 表示第一个分支的可学习权重。

　　第二个分支是在 C 维度和 W 维度之间建立交互，与第一个分支操作基本一致，不同的是：第二个分支是沿 W 轴进行逆时针旋转 90 度，最后输出时再沿 W 轴顺时针旋转 90 度与输入形状保持一致。

　　第三个分支就是上节中的注意力机制，也是在 H 维度和 W 维度之间建立交互，不需要进行旋转。

　　三个分支分别学习完注意力之后，简单对三个分支的输出结果求平均值作为交互注意力机制的最终输出。因此，最终输出 $Y \in \mathbb{R}^{H \times W \times C}$ 可以表示为

$$Y = \frac{Y_1 + Y_2 + Y_3}{3} \tag{5.10}$$

5.3.3　基于交互注意力机制深度学习网络框架

　　基于交互注意力机制，本章设计了用于高光谱分类任务的 DNIAM 方法，其网络框架如图 5.7 所示。DNIAM 将交互注意机制作为网络的主要结构，用来提取关键的物体表征信息。由于高光谱数据是具有复杂内容的图像，因此需要先将 HSI 中的数据转化为特征，再使用交互注意力机制关注重要区域，最后对交互注意力机制获取的特征进行学习及聚合。下面将简要介绍 DNIAM 的具体框架。

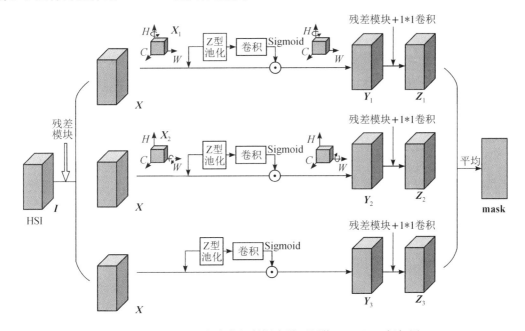

图 5.7　基于交互注意力机制深度学习网络(DNIAM)框架图

第一步，假设用 $I \in \mathbb{R}^{H \times W \times C}$ 表示 HSI 数据，先使用残差模块进行初步特征学习获得特征 $X \in \mathbb{R}^{H \times W \times C}$，把 HSI 从数据空间转换到特征空间。残差模块结构示意图参考残差模块的组成结构（见图 4.2），该过程可以表示为

$$X = F_{\text{res1}}(I, W_{\text{res1}}) \tag{5.11}$$

其中，$F_{\text{res1}}(\cdot)$ 表示该残差模块的映射函数，W_{res1} 表示该残差模块的可学习权重。

第二步，将初步特征 X 分别输入到交互注意力机制的三个分支，三个分支的网络结构都是一样的。在前两个分支中，还需要对 X 分别进行不同方向的旋转得到 X_1 和 X_2。通过交互注意力机制的三个分支可以得到 Y_1、Y_2 和 Y_3，交互注意力机制的具体步骤上一小节中已详细介绍。此时，DNIAM 已经学习完三个维度之间的依存关系以及各自的关键信息，并将此关系应用到初始特征 X 上。该过程可以总结为

$$Y_1 = F_{\text{attention 1}}(X, W_{\text{attention 1}}) \tag{5.12}$$

$$Y_2 = F_{\text{attention 2}}(X, W_{\text{attention 2}}) \tag{5.13}$$

$$Y_3 = F_{\text{attention 3}}(X, W_{\text{attention 3}}) \tag{5.14}$$

式中，$F_{\text{attention 1}}(\cdot)$、$F_{\text{attention 2}}(\cdot)$、$F_{\text{attention 3}}(\cdot)$ 分别代表交互注意力机制中三个分支的映射，$W_{\text{attention 1}}$、$W_{\text{attention 2}}$、$W_{\text{attention 3}}$ 分别代表交互注意力机制中三个分支的可学习权重。

第三步，由于交互注意力分支几乎没有参数量，无法过多地提取到更高级的特征，只能学习到需要关注的区域信息，因此在注意力机制的引导下，我们继续使用残差模块学习更高级的特征，并用卷积核为 1×1 的卷积来降低维度得到 $Z_1 \in \mathbb{R}^{H \times W \times \text{Cla}}$、$Z_2 \in \mathbb{R}^{H \times W \times \text{Cla}}$、$Z_3 \in \mathbb{R}^{H \times W \times \text{Cla}}$，Cla 表示 HSI 数据集中的类别数。以 Z_1 为例，这个过程可以表示为

$$Z_1 = F_{\text{res2}}(Y_1, W_{\text{res2}}) \tag{5.15}$$

其中，$F_{\text{res2}}(\cdot)$ 表示残差模块和 1×1 卷积的映射函数，W_{res2} 表示残差模块和卷积的可学习权重。

最后，对于每一个分支获得的包含维度间依存关系以及 HSI 特征的最终特征 Z_1、Z_2 和 Z_3，DNIAM 采用最简单的取平均聚合方式来完成，并采用 argmax 函数取类别维度上的最大值作为该位置的类别，得到最终的类别掩码 $\text{mask} \in \mathbb{R}^{H \times W}$。该过程可以表示为

$$\text{mask} = F_{\text{argmax}}(F_{\text{mean}}[Z_1, Z_2, Z_3]) \tag{5.16}$$

其中，$F_{\text{mean}}[\cdot]$ 表示求平均值函数，$F_{\text{argmax}}(\cdot)$ 表示求最大值函数。

5.4　实验设置及结果分析

5.4.1　实验设置

本章所有的实验依然在具有 Xeon(R)CPUE5-2630、GeForceGTX1080 和 64G RAM

的 HP-Z840 工作站上完成，并采用 TensorFlow 环境搭建模型。DNIAM 采用 Softmax 交叉熵损失函数和 Adam 优化器迭代训练，其中 Adam 优化器的参数设置为 $\beta_1 = 0.9$、$\beta_2 = 0.999$、$\epsilon = 1 \times 10^{-8}$。本章实验的学习率为 0.0001，并且每 500 轮乘以 0.5 来持续降低学习率，使模型达到更优的效果。另外，还设置权重衰减系数为 0.004。实验不使用任何预训练参数，所有参数都是用 Glorot 均匀分布初始化器进行初始化的。为了保证 HSI 分类效果，因而统一将模型训练 3000 轮的结果作为模型的输出结果，并将随机初始化 5 次实验的平均值作为最终的统计结果。

5.4.2　结果分析

由于 DNIAM 也可以用于 HSI 分类任务，我们依然采用 SVM、RF-200、2D-CNN、R-2D-CNN、3D-CNN、DRNN 以及 EMDN 模型作为本章的对比实验。为了公平性，所有实验设置保持一致。

1. IP 数据集对比实验结果分析

表 5.1 是几种对比模型与 DNIAM 的分类结果统计表。该表格统计了这些模型每类的分类精度以及 OA、AA、Kappa 系数等能够反映整体分类性能的评价指标。通过观察对比结果可以发现，DNIAM 模型比 EMDN 模型有更好的分类表现。虽然在每类样本的分类精度上 DNIAM 模型并没有出现绝对性领先，但大多数类别的精度均有所提高。在整体的分类表现上，DNIAM 模型略优于 EMDN 模型，这表明所提出的 DNIAM 模型在 HSI 分类任务上有一定的贡献，DNIAM 中的维度交互以及光谱信息的提取都有一定的作用。

表 5.1　IP 数据集上可视化对比结果 （单位：%）

	SVM	RF-200	2D-CNN	R-2D-CNN	3D-CNN	DRNN	EMDN	DNIAM
1	100.00	100.00	95.85	100.00	98.35	97.98	100.00	**100.00**
2	75.46	85.63	94.30	95.63	95.23	96.72	**99.47**	99.39
3	90.52	98.31	99.21	98.89	97.38	98.21	100.00	**100.00**
4	98.06	97.32	99.65	**99.87**	99.72	98.78	98.94	98.41
5	96.83	98.01	**99.82**	99.79	99.37	98.53	98.70	99.48
6	98.79	100.00	99.56	99.68	99.06	98.05	100.00	**100.00**
7	100.00	99.32	100.00	100.00	100.00	100.00	100.00	**100.00**
8	100.00	100.00	100.00	100.00	100.00	100.00	100.00	**100.00**

续表

	SVM	RF-200	2D-CNN	R-2D-CNN	3D-CNN	DRNN	EMDN	DNIAM
9	100.00	98.02	100.00	100.00	100.00	98.89	100.00	**100.00**
10	87.32	94.56	97.81	97.86	95.46	96.62	**99.87**	99.36
11	80.57	86.60	94.03	93.23	90.02	95.68	99.59	**99.90**
12	92.86	94.53	98.26	98.26	98.89	97.34	98.95	**98.96**
13	100.00	100.00	100.00	100.00	100.00	99.94	100.00	**100.00**
14	98.74	98.89	99.26	97.54	98.45	98.93	100.00	**100.00**
15	92.98	80.64	93.87	93.05	93.86	97.89	100.00	**100.00**
16	100.00	100.00	100.00	100.00	99.03	99.76	100.00	**100.00**
OA	89.65	92.03	98.85	97.54	97.49	97.95	99.67	**99.72**
AA	90.22	92.30	96.72	97.32	98.60	98.86	99.72	**99.73**
Kappa	88.08	90.85	98.69	97.14	97.13	96.98	99.62	**99.70**

观察表中的数值可以发现，DNIAM 在 OA 上分别提高了 10.07%（SVM）、7.69%（RF-200）、0.87%（2D-CNN）、2.18%（R-2D-CNN）、2.23%（3D-CNN）、1.77%（DRNN）和 0.05%（EMDN），在 AA 上分别提升了 9.51%（SVM）、7.43%（RF-200）、3.01%（2D-CNN）、2.41%（R-2D-CNN）、1.13%（3D-CNN）、0.77%（DRNN）和 0.01%（EMDN），在 Kappa 系数上分别增长了 11.62%（SVM）、8.85%（RF-200）、1.01%（2D-CNN）、2.56%（R-2D-CNN）、2.57%（3D-CNN）、2.72%（DRNN）和 0.08%（EMDN）。这些数值结果表明 DNIAM 模型在整体分类精度上表现出了绝对优势，除了 EMDN 模型外，明显优于其他对比模型，证实了 DNIAM 模型的有效性。

图 5.8 是 IP 数据集上可视化对比结果，图中展示了这几种模型在 IP 数据集上预测的可视化结果，能够更直观地看到各种模型的分类结果。相比于 SVM 和 RF-200 这两种传统模型，DNIAM 模型在类别和边缘像素的预测上都有着非常明显的提升。通过观察发现，其他几种基于 CNN 的对比模型也都有明显的分类错误，尤其是 R-2D-CNN 和 3D-CNN 的可视化预测图中有很多错误分类的区域；但 EMDN 和 DNIAM 的分类结果与标签几乎一致，EMDN 模型预测图中只有个别像素点存在误判现象，DNIAM 模型进一步减少了这种个别误判现象。DNIAM 优异的可视化预测结果更加证实了该模型对 HSI 分类任务的贡献。

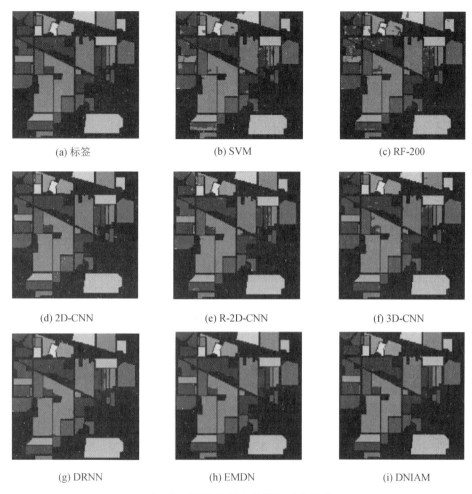

图 5.8　IP 数据集上可视化对比结果

2. UP 数据集对比实验结果分析

表 5.2 统计了所有对比模型和 DNIAM 模型在 UP 数据集上的 OA、AA 和 Kappa 系数结果。由于 UP 数据集本身类别较少且每类样本数较多，基于 CNN 的几种模型以及 EMDN 模型都取得了令人满意的结果，然而 DNIAM 模型又有进一步的提高。在每类像素点的分类精度上，DNIAM 除了第 3 类都达到 100% 的分类精度，且第 3 类的分类精度也达到了 99.68%，这在 HSI 分类任务是非常优异的。从整体分类性能上来看，DNIAM 模型在三个分类指标上都有一定优势。虽然 DNIAM 模型只有微小的改进，但已经达到了非常好的分类效果，足够证明 DNIAM 模型对于 HSI 分类任务有积极作用。

表 5.2 UP 数据集上对比结果 （单位：%）

	SVM	RF-200	2D-CNN	R-2D-CNN	3D-CNN	DRNN	EMDN	DNIAM
1	90.23	96.13	99.31	99.34	99.26	98.51	100.00	100.00
2	92.79	94.04	99.83	99.89	99.87	99.02	99.89	100.00
3	84.02	93.23	98.96	98.78	99.15	98.10	100.00	99.68
4	98.62	99.28	99.08	99.82	99.78	98.43	98.80	100.00
5	99.98	99.96	99.82	100.00	100.00	99.85	100.00	100.00
6	90.93	96.71	99.89	99.87	99.52	99.96	100.00	100.00
7	92.93	97.30	99.35	99.58	98.34	99.58	99.66	100.00
8	95.82	98.36	99.15	99.67	99.32	98.89	100.00	100.00
9	99.75	100.00	100.00	100.00	99.92	98.05	99.29	100.00
OA	92.90	96.02	99.51	99.66	99.63	99.55	99.84	99.98
AA	93.75	96.09	99.63	99.57	99.26	99.51	99.74	99.96
Kappa	90.46	94.68	99.36	99.56	99.51	99.45	99.79	99.98

根据表中的统计结果可以发现，DNIAM 在 OA 上分别提高了 7.08%（SVM）、3.96%（RF-200）、0.47%（2D-CNN）、0.32%（R-2D-CNN）、0.35%（3D-CNN）、0.43%（DRNN）和 0.14%（EMDN），在 AA 上分别提升了 6.21%（SVM）、3.87%（RF-200）、0.33%（2D-CNN）、0.39%（R-2D-CNN）、0.70%（3D-CNN）、0.45%（DRNN）和 0.22%（EMDN），在 Kappa 系数上分别增长了 9.52%（SVM）、5.3%（RF-200）、0.62%（2D-CNN）、0.42%（R-2D-CNN）、0.47%（3D-CNN）、0.53%（DRNN）和 0.19%（EMDN）。这些对比结果表明：DNIAM 模型与基于 CNN 的几种对比模型差距较小，但在三个评价指标上均有所提高，进一步证实了 DNIAM 模型在 HSI 任务上能够取得不错的结果。

图 5.9 展示了几种对比模型与 DNIAM 模型的分类预测结果，这些可视化对比结果能够更清晰地反映出模型的分类性能。通过观察可以发现，除了 SVM 和 RF-200 两种模型中存在大面积的错误区域，其他几种模型大体上都有着不错的分类结果，这也表明了可学习的 CNN 在 HSI 分类任务中有着优异表现。通过进一步观察，发现这几种基于 CNN 的对比模型有轻微差别，DNIAM 模型误判的像素点最少，分类效果最好。DNIAM 模型的分类结果与标签几乎没有差别，这表明 DNIAM 模型在 HSI 分类任务上的有效性。

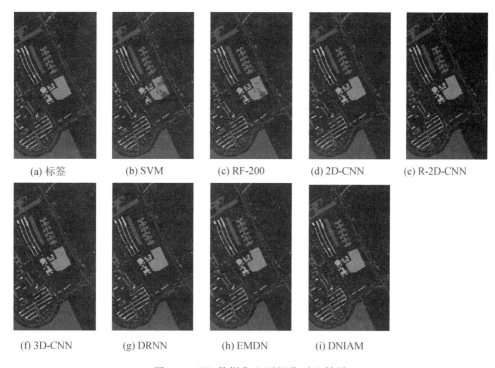

(a) 标签　　　(b) SVM　　　(c) RF-200　　　(d) 2D-CNN　　　(e) R-2D-CNN

(f) 3D-CNN　　　(g) DRNN　　　(h) EMDN　　　(i) DNIAM

图 5.9　UP 数据集上可视化对比结果

3. Botswana 数据集对比实验结果分析

表 5.3 展示了对比模型、EMDN 模型、DNIAM 模型等在 Botswana 数据集上的分类结果。从每类的分类结果上发现，除了第 5 类外，DNIAM 模型都达到了 100％的分类精度，这表明 DNIAM 模型取得了较好的分类精度。从整体分类评价指标上来看，DNIAM 模型在 OA、AA、Kappa 系数上都优于其他模型。但是，DNIAM 模型仅略优于 EMDN 模型，这也表明 EMDN 模型与 DNIAM 模型在 HSI 分类任务中都有积极的贡献。

观察具体的数值结果，发现 DNIAM 模型在 OA 上分别提高了 4.49％(SVM)、4.36％(RF-200)、1.37％(2D-CNN)、1.18％(R-2D-CNN)、2.53％(3D-CNN)和 0.7％(DRNN)、0.17％(EMDN)；在 AA 上分别提升了 5.67％(SVM)、3.43％(RF-200)、1.77％(2D-CNN)、1.00％(R-2D-CNN)、2.23％(3D-CNN)、0.76％(DRNN)和 0.14％(EMDN)；在 Kappa 系数值上分别增长了 5.27％(SVM)、4.65％(RF-200)、1.49％(2D-CNN)、1.29％(R-2D-CNN)、2.75％(3D-CNN)、0.77％(DRNN)和 0.19％(EMDN)。这些数值差距进一步证实了 DNIAM 模型的有效性。

表 5.3 **Botswana 数据集上统计对比结果** （单位：%）

	SVM	RF-200	2D-CNN	R-2D-CNN	3D-CNN	DRNN	EMDN	DNIAM
1	99.50	100.00	98.79	100.00	99.92	97.71	100.00	**100.00**
2	98.87	100.00	98.91	100.00	99.15	99.29	100.00	**100.00**
3	96.29	96.20	99.04	100.00	97.20	99.66	100.00	**100.00**
4	79.78	97.84	98.24	99.56	99.46	99.65	100.00	**100.00**
5	78.42	84.77	94.27	91.05	85.52	**97.69**	97.07	96.65
6	90.63	86.94	91.64	94.39	93.55	98.75	97.49	**100.00**
7	100.00	99.65	99.35	100.00	99.83	100.00	100.00	**100.00**
8	95.03	99.77	98.87	100.00	99.77	98.84	100.00	**100.00**
9	90.85	86.72	98.24	97.89	97.54	99.81	100.00	**100.00**
10	100.00	98.99	98.62	100.00	100.00	100.00	100.00	**100.00**
11	98.04	99.13	97.45	99.78	97.16	98.00	100.00	**100.00**
12	96.16	100.00	98.89	100.00	97.02	97.52	100.00	**100.00**
13	93.70	98.57	98.74	100.00	99.58	99.58	100.00	**100.00**
14	100.00	100.00	99.83	100.00	99.69	100.00	100.00	**100.00**
OA	95.22	95.35	98.34	98.53	97.18	99.01	99.54	**99.71**
AA	94.09	96.33	97.99	98.76	97.53	99.00	99.62	**99.76**
Kappa	94.42	95.04	98.20	98.40	96.94	98.92	99.50	**99.69**

图 5.10 是 Botswana 数据集上可视化对比结果，图中展示了 DNIAM 模型与 EMDN 模型、对比模型等的可视化对比结果。从图中可以发现，DNIAM 模型的结果最接近于标签结果。仔细观察还可以发现，基于深度学习的模型比传统模型的结果有着明显提升。DNIAM 模型也比 EMDN 模型有着轻微进步，这也表明了 DNIAM 模型提取的维度之间的依赖关系对 HSI 分类任务是有用的。

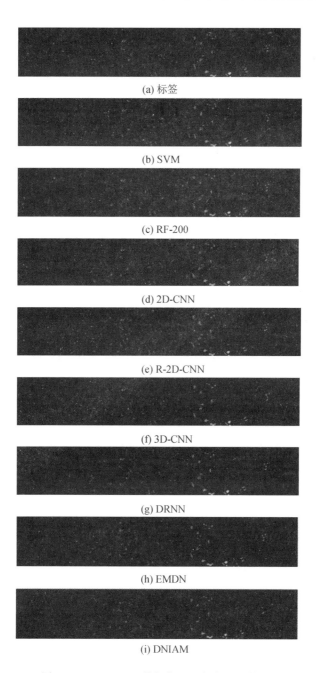

(a) 标签

(b) SVM

(c) RF-200

(d) 2D-CNN

(e) R-2D-CNN

(f) 3D-CNN

(g) DRNN

(h) EMDN

(i) DNIAM

图 5.10　Botswana 数据集上可视化对比结果

5.5　本章小结

结合 HSI 的特性以及上一章分类模型存在的问题，本章提出了一种基于交互注意力机制深度学习网络的高光谱影像分类模型。

（1）为了提取 HSI 中关键的光谱信息，本章采用注意机制来给 HSI 的通道波段赋予权重系数，关注关键信息，保留不重要的少量信息；另外，注意机制还能够建立 HSI 中 H 维度和 W 维度之间的交互。

（2）为了提取空间-光谱信息，本章基于注意力机制设计了交互注意力机制，将注意力机制扩展为三个分支，通过维度之间的依赖关系学习各个维度上的权值系数，进一步提取 HSI 中关键的空间-光谱信息。交互注意机制还采用旋转的方式学习不同维度之间的依存关系，包含依存关系的空间-光谱特征能够更好地表征 HSI 中的地表覆盖物。

（3）为了进一步降低计算代价，本章直接将参数量极小的交互注意力机制作为主体框架，选择两个残差模块作为辅助结构。还采用整张影像输入的方式减少数据预处理步骤，所以 DNIAM 模型是一个高效的、简单的 HSI 分类模型。

本章在三个公共数据集上对提出的 DNIAM 模型进行验证，并与其他几种对比模型以及上一章的 EMDN 模型进行比较。实验结果显示 DNIAM 模型在 OA、AA、Kappa 系数三个指标上都有所提升，其中在 IP 数据集上每种指标的最小提高分别为 0.05%（OA）、0.01%（AA）、0.08%（Kappa）；在 UP 数据集上每种指标的最小提升分别为 0.14%（OA）、0.17%（AA）、0.19%（Kappa）；在 Botswana 数据集上每种指标的最小提升分别为 0.17%（OA）、0.17%（AA）、0.19%（Kappa）。本章的增长幅度小于上一章的 EMDN 模型，这是由于 EMDN 模型已经取得不错的结果，但 DNIAM 模型依然有一些优势。

注意力机制考虑到了维度之间的依存关系，提升了光谱-空间特征的表征能力，也比上一章的 EMDN 模型进一步减少了参数量，但是，以整张影像作为输入的方式对设备的显存要求也会较高。未来，我们会关注输入方式的设计，减少对硬件设备的依赖；另外，也会将简单高效的网络应用到其他领域。

第 6 章
空谱注意力 3D 卷积深度网络

6.1 引　言

近年来，随着深度学习的发展，越来越多基于深度学习的高光谱影像分类模型获得了令人满意的效果，这也促进了高光谱影像邻域的发展。虽然这些模型极大地提高了高光谱影像的分类精度，但是其中仍然存在着改进的空间。首先，有些高光谱影像的分类网络过于复杂，参数量相对较大，使用有限的有标签训练样本很难达到网络的最优解；其次，由于高光谱影像内容复杂，空间-光谱信息挖掘不够充分，同时有些分类网络只注重挖掘影像的局部信息，而忽略了影像的全局信息，这也限制了分类网络精度的提高；还有，一些网络对于提取的空间-光谱特征只是单独的应用，忽略了空间信息和光谱信息之间的联系，这也降低了空间信息和光谱信息对于分类任务的影响。

为了克服上述限制，本章提出了一种新的基于深度学习的高光谱影像地物分类模型，称为基于 3D Octave 卷积和空谱注意力的高光谱影像分类模型（Hyperspectral Image Classification Based on 3D Octave Convolution with Spatial-Spectral Attention Network，3DOC-SSAN）。首先，该模型利用具有较少参数量的 Octave 卷积来提取高光谱影像的空间信息，同时考虑到光谱信息对分类任务的影响，在 2D Octave 卷积的基础上，将其扩展成 3D Octave 卷积模式，用于捕捉光谱信息。其次，从空间维度和光谱维度设计了两种注意机制，通过在网络中增加注意力机制，对于分类任务有极大帮助的、令人感兴趣的空间区域和光谱波段将会被凸显出来。最后，为了整合空间特征和光谱特征的贡献，该模型设计了一种信息互补模型，将空间特征和光谱特征进行有效地融合，保留不同特征中的关键部分。

6.2　八 度 卷 积

Octave 卷积[34]是由 Facebook 公司和新加坡国立大学联合提出的，此卷积最初是为自然影像而开发出来的。如图 6.1 所示，自然影像可以分解为低频率分量和高频率分量两部分，低频率分量用于描述图像的全局平滑信息，代表着低空间分辨率；而高频率分量用于描述影像的局部细节信息，代表着高空间分辨率。对于普通的卷积操作来说，卷积的输入特征和输出特征具有相同的空间频率，且均被当作是高频率特征，可能会存在部分冗余信息，需要进一步压缩处理。因此，Octave 卷积假设卷积层的输出特征也可以分解为不同空间分辨率的特征，分别以低频特征和高频特征进行表示，并映射到不同的特征空间中，如图 6.2(a) 所示。然后，通过减少相邻位置重叠的共享信息，安全地降低低频特征信息的空间分辨率，减少特征中的空间冗余，并直接在低频特征中提取关键信息，而不需要将低频特征解码回高频特征，如图 6.2(b) 所示。同时，为了保留信息的完整性，在分别更新低频特征和高频特征的同时，在它们之间建立起一种特征互补机制，将低频特征和高频特征中的重要信息联系起来，如图 6.2(c) 所示。通过分别挖掘影像的低频特征和高频特征，可以充分挖掘出影像的全局信息和局部信息。此外，由于低频特征映射中空间分辨率降低，网络的参数量大大减少，这极大地节省了计算资源，并增大了网络的感受野，可以更好地捕捉影像的上下文信息。

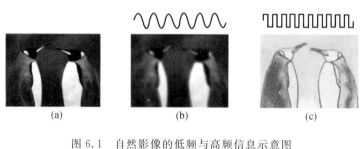

(a)　　　　　　　　(b)　　　　　　　　(c)

图 6.1　自然影像的低频与高频信息示意图

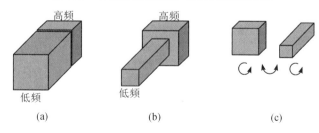

(a)　　　　　　　　(b)　　　　　　　　(c)

图 6.2　高频特征和低频特征示意图

Octave 卷积的流程示意图如图 6.3 所示。在 Octave 卷积中，假设卷积的输入和输出分别用 $\boldsymbol{X}=\{\boldsymbol{X}^{\mathrm{H}}, \boldsymbol{X}^{\mathrm{L}}\}$ 和 $\boldsymbol{F}=\{\boldsymbol{F}^{\mathrm{H}}, \boldsymbol{F}^{\mathrm{L}}\}$ 表示，$\boldsymbol{X}^{\mathrm{H}}$ 和 $\boldsymbol{X}^{\mathrm{L}}$ 分别表示输入影像的高频特征和低频特征，$\boldsymbol{F}^{\mathrm{H}}$ 和 $\boldsymbol{F}^{\mathrm{L}}$ 分别表示 Octave 卷积输出的高频特征和低频特征。Octave 卷积的特征更新过程共分为四步完成：第一步为高频特征到高频特征之间的信息传递，用符号表示为 $\boldsymbol{F}^{\mathrm{H}\rightarrow\mathrm{H}}$；第二步为低频特征到低频特征之间的信息传递，用符号表示为 $\boldsymbol{F}^{\mathrm{L}\rightarrow\mathrm{L}}$；第三步为高频特征到低频特征之间的信息传递，用符号表示为 $\boldsymbol{F}^{\mathrm{H}\rightarrow\mathrm{L}}$；第四步为低频特征到高频特征之间的信息传递，用符号表示为 $\boldsymbol{F}^{\mathrm{L}\rightarrow\mathrm{H}}$。因此，输出的高频特征 $\boldsymbol{F}^{\mathrm{H}}$ 可以表示为 $\boldsymbol{F}^{\mathrm{H}}=\boldsymbol{F}^{\mathrm{H}\rightarrow\mathrm{H}}+\boldsymbol{F}^{\mathrm{L}\rightarrow\mathrm{H}}$，输出的低频特征 $\boldsymbol{F}^{\mathrm{L}}$ 可以表示为 $\boldsymbol{F}^{\mathrm{L}}=\boldsymbol{F}^{\mathrm{H}\rightarrow\mathrm{L}}+\boldsymbol{F}^{\mathrm{L}\rightarrow\mathrm{L}}$。由于 Octave 卷积操作是将影像分为低频分量和高频分量两个部分完成的，因此对于 Octave 卷积中的参数 $\boldsymbol{W}$，也需要将其分为高频参数 $\boldsymbol{W}^{\mathrm{H}}$ 和低频参数 $\boldsymbol{W}^{\mathrm{L}}$ 两部分，即 $\boldsymbol{W}=\{\boldsymbol{W}^{\mathrm{H}}, \boldsymbol{W}^{\mathrm{L}}\}$，用于完成 Octave 卷积中不同频率特征之间的特征更新与信息传递。同理，$\boldsymbol{W}^{\mathrm{H}}=[\boldsymbol{W}^{\mathrm{H}\rightarrow\mathrm{H}}, \boldsymbol{W}^{\mathrm{L}\rightarrow\mathrm{H}}]$，$\boldsymbol{W}^{\mathrm{L}}=[\boldsymbol{W}^{\mathrm{H}\rightarrow\mathrm{L}}, \boldsymbol{W}^{\mathrm{L}\rightarrow\mathrm{L}}]$。$\boldsymbol{W}^{\mathrm{H}\rightarrow\mathrm{H}}$ 表示高频特征与高频特征之间的特征映射所需要的参数，$\boldsymbol{W}^{\mathrm{L}\rightarrow\mathrm{L}}$ 表示低频特征与低频特征之间特征映射所需要的参数，$\boldsymbol{W}^{\mathrm{H}\rightarrow\mathrm{L}}$ 和 $\boldsymbol{W}^{\mathrm{L}\rightarrow\mathrm{H}}$ 表示高频特征与低频特征之间特征映射所需要的参数。利用以上符号，Octave 卷积的详细计算公式可以表示为

$$
\begin{cases}
\boldsymbol{F}^{\mathrm{H}} = \boldsymbol{F}^{\mathrm{H}\rightarrow\mathrm{H}} + \boldsymbol{F}^{\mathrm{L}\rightarrow\mathrm{H}} \\
\quad = \sum (\boldsymbol{W}^{\mathrm{H}})^{\mathrm{T}} \boldsymbol{X} \\
\quad = \sum (\boldsymbol{W}^{\mathrm{H}\rightarrow\mathrm{H}})^{\mathrm{T}} \boldsymbol{X}^{\mathrm{H}} + \mathrm{upsample}\left(\sum (\boldsymbol{W}^{\mathrm{L}\rightarrow\mathrm{H}})^{\mathrm{T}} \boldsymbol{X}^{\mathrm{L}}\right) \\
\boldsymbol{F}^{\mathrm{L}} = \boldsymbol{F}^{\mathrm{H}\rightarrow\mathrm{L}} + \boldsymbol{F}^{\mathrm{L}\rightarrow\mathrm{L}} \\
\quad = \sum (\boldsymbol{W}^{\mathrm{L}})^{\mathrm{T}} \boldsymbol{X} \\
\quad = \sum (\boldsymbol{W}^{\mathrm{H}\rightarrow\mathrm{L}})^{\mathrm{T}} \mathrm{pool}(\boldsymbol{X}^{\mathrm{H}}) + \sum (\boldsymbol{W}^{\mathrm{L}\rightarrow\mathrm{L}})^{\mathrm{T}} \boldsymbol{X}^{\mathrm{L}}
\end{cases} \tag{6.1}
$$

式中，T 表示转置操作，$\mathrm{pool}(\cdot)$ 表示平均池化操作，$\mathrm{umsample}(\cdot)$ 表示上采样操作。值得注意的是，Facebook 公司提出的 Octave 模块是一个即插即用的模块，可以加入到任何网络之中，同时，Octave 卷积模块中的卷积操作全部用的是二维卷积操作。

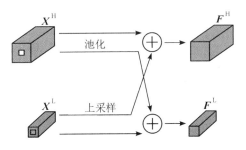

图 6.3　Octave 卷积的流程示意图

6.3   3D 八度卷积

Octave 卷积具有较强的特征学习能力，但多用于挖掘影像的空间特征，一般不能够将 Octave 卷积直接应用到高光谱影像上。由于高光谱影像的特殊性，在高光谱地物分类任务中，除了考虑空间区域特征之外，还需要考虑光谱特征。在 Octave 卷积模块中，所有的卷积操作都使用的是 2D 卷积。尽管 2D 卷积也可以同时从影像中学习影像的空间特征和光谱特征，但是与 3D 卷积相比较，2D 卷积很难挖掘影像在不同光谱波段的一致性信息，因为它只作用在影像的空间维度上。相比较之下，3D 卷积由于其卷积核是立方体结构，不仅可以在图像的空间维度上工作，也可以在光谱维度上工作。3D 卷积可以一次性卷积好多个连续的光谱波段，因此能够在获得高光谱影像空间特征的同时，探索更为全面的光谱上下文信息。考虑到 2D 卷积在高光谱影像上应用的局限，本模型将初始的 Octave 卷积拓展到 3D 版本之中，并称其为 3D 八度卷积（即 3D Octave 卷积）。3D Octave 卷积的流程示意图如图 6.4 所示，3D Octave 卷积通过将卷积操作中的 2D 卷积核修改为 3D 卷积核，能够在空间区域和光谱波段上进行卷积，在挖掘高光谱空间信息的同时，也挖掘了影像的光谱信息。

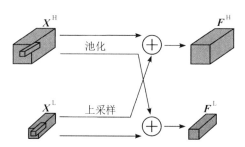

图 6.4   3D Octave 卷积的流程示意图

为了充分说明 2D Octave 卷积与 3D Octave 卷积的不同，本节从数学角度上分别对 2D 卷积和 3D 卷积作出阐述。2D 卷积的计算如式(6.2)所示，v_{in}^{xy} 和 v_{out}^{xy} 表示的是在位置 (x, y) 处的特征映射的输入与输出，w^{pq} 表示的是卷积核中位于 (p, q) 处的参数值，D_i 和 E_i 表示卷积核的宽度值和高度值。

$$v_{\text{out}}^{xy} = \sum_{p=0}^{D_i-1} \sum_{q=0}^{E_i-1} w^{pq} v_{\text{in}}^{(x+p)(y+q)} \tag{6.2}$$

相比于 2D 卷积，3D 卷积的卷积核增加了一个维度，可以用式(6.3)将其表示出来。在式(6.3)中，v_{in}^{xyz} 和 v_{out}^{xyz} 表示在影像位置 (x, y, z) 处的特征映射的输入与输出，w^{pqr} 为卷积核在(p,q,r)位置处的参数值，K_i表示 3D 卷积核在 z 轴上的长度。相比于 2D 卷积核，3D 卷积核能够同时在 x 轴、y 轴和 z 轴上滑动。因此，在 Octave 卷积中引入 3D 卷积操作，可以在获得影像丰富的空间信息的同时，探索影像连续的光谱信息。

$$v_{\text{out}}^{xyz} = \sum_{p=0}^{D_i-1} \sum_{q=0}^{E_i-1} \sum_{r=0}^{K_i-1} w^{pqr} v_{\text{in}}^{(x+p)(y+q)(z+r)} \tag{6.3}$$

6.4　特 征 融 合

高光谱影像的空间信息和光谱信息都非常丰富，这两种信息对于分类任务同等重要。在大多数高光谱分类模型中，首先分别挖掘影像的空间信息和光谱信息，然后再将两种信息融合起来[39]。通常来说，在分类任务中，信息融合主要是将不同的信息整合到一起，去除冗余，以提高分类精度。常见的信息融合主要有三种方式：数据融合、决策融合和特征融合。

数据融合主要在数据输入阶段对多种数据源进行直接整合，例如将多组不同来源的原始数据组合在一起，再交由模型处理。这种方法尽管能够保留数据的完整性，但会显著增加计算量，并可能引入冗余信息。决策融合则是在模型输出阶段进行结果整合，通过集成多个模型的预测结果（例如投票机制或加权平均）来提升分类性能，虽然能够增强模型的鲁棒性，但对模型的独立性能依赖较大，且无法深入挖掘特征内部的相关性。相比于数据融合和决策融合来说，特征融合能大幅度提高计算性能，减少计算量，同时获得辨别性更强的特征，去除冗余信息，提高网络的稳定性。目前，大多数特征融合的方式主要是进行特征的级联操作和相加操作。这两种操作虽然也能实现令人满意的效果，但是忽略了两种特征之间的相关性，仍然存在不完美的地方。尤其对于高光谱影像来讲，高光谱影像的空间信息和光谱信息之间存在着一定的关联性，如果把空间特征和光谱特征暴力地级联或者相加在一起，不仅会造成信息的冗余，还会增加计算量，同时丢掉了空间特征和光谱特征之间的信息交流。因此，应在空间信息和光谱信息之间建立信息流，让两种信息中的关键部分保留下来，同时减少冗余信息。

6.5　基于 3D 八度卷积和空谱注意力的高光谱影像分类

基于 3D 八度卷积和空谱注意力的高光谱影像分类框架示意图如图 6.5 所示，其主要包含三个部分，分别为 3D Octave 卷积模型（3D Octave Convolution Model，3D-OCM），空间-光谱注意力模型（Spatial-Spectral Attention Model，SSAM）和空间-光谱信息互补模型（Spatial-Spectral Information Complement Model，SSICM）。首先，将 3D Octave 卷积模型应用到高光谱影像中，用于提取影像的空间光谱特征 $\boldsymbol{F}^o$。通过将 Octave 卷积和 3D 卷积巧妙地结合起来，可以同时获得高光谱影像的空间信息和光谱信息。其次，为了增强空间光谱特征 $\boldsymbol{F}^o$ 的可辨别性，引入空间-光谱注意力模型。在空间-光谱注意力模型中，利用空间注意力机制和光谱注意力机制，可以充分挖掘出特征 $\boldsymbol{F}^o$ 中的重要区域。通过这个模型，可以获得两种注意力特征图 $\boldsymbol{A}^{\text{spe}}$ 和 $\boldsymbol{A}^{\text{spa}}$，并且它们能够带来深层次的语义信息。最后，考虑到注意力特征图 $\boldsymbol{A}^{\text{spe}}$ 和 $\boldsymbol{A}^{\text{spa}}$ 中包含的信息是不同且互补的，使它们通过一个空间-光谱信息互补模型，以相互学习的方式整合特征 $\boldsymbol{A}^{\text{spe}}$ 和 $\boldsymbol{A}^{\text{spe}}$ 对于最后影像分类任务所作的贡献。通过空间-光谱信息互补模型，注意力特征图 $\boldsymbol{A}^{\text{spe}}$ 和 $\boldsymbol{A}^{\text{spe}}$ 内部的重要信息被学习和保留下来，其中的冗余信息被删除掉。另外，对于网络的输入，并非是单个的像素点，而是以像素点为中心选取一个 Patch 块作为网络的输入。

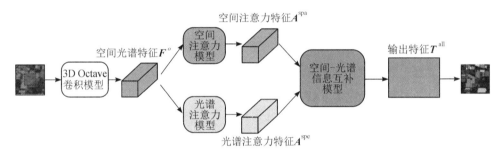

图 6.5　基于 3D Octave 卷积和空谱注意力的高光谱影像分类框架示意图

6.5.1　3D 八度卷积模型

基于 3D Octave 卷积操作，本章所提模型中设计了 3D Octave 卷积模型，其流程图如图 6.6 所示。在 3D Octave 卷积模型中，主要包括四个 3D Octave 卷积层，一个最大池化操作（pool）和一个上采样操作（upsample）。在该模型中，假设输入网络中的原始高光谱影像仅仅是一个高频影像，因此在第一个 3D Octave 卷积层中，只有高频数据 $\boldsymbol{X}^{\text{H}}$ 被输入该模型之中。在经过两个 3D Octave 卷积层之后，对获得的高频特征 $\boldsymbol{F}_2^{\text{H}}$ 使用池化操作，使其大小和低频特征 $\boldsymbol{F}_2^{\text{L}}$ 保持同一维度。然后，将经过池化操作的结果与低频特征 $\boldsymbol{F}_2^{\text{L}}$ 相加到一起，获得池化层的特征 $\boldsymbol{F}^{\text{pool}}$，并将其输入到第三个 3D Octave 卷积层中。这个池化层可以在保留影像重要特征的同时减少高光谱影像的特征维度，进而降低计算量。像第一个 3D Octave 卷积层中所输入的数据一样，$\boldsymbol{F}^{\text{pool}}$ 作为第三个 3D Octave 卷积层的输入，也被认为是高频特征。由于整个模块输入的是具有局部细节信息的高频特征，因此本模型希望获得的特征 $\boldsymbol{F}^o$ 也是高频特征。为此，为了保证信息的完整性，需要将经过第四个 3D Octave 卷积层所获得的低频特征 $\boldsymbol{F}_4^{\mathrm{L}}$ 融入高频特征 $\boldsymbol{F}_4^{\mathrm{H}}$ 中，即对低频特征 $\boldsymbol{F}_4^{\mathrm{L}}$ 进行上采样操作，使其达到与 $\boldsymbol{F}_4^{\mathrm{H}}$ 相同的维度，并将二者相加到一起。

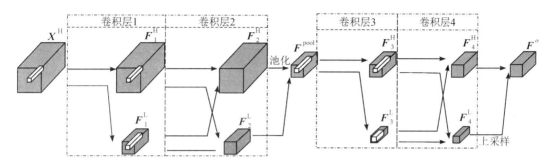

图 6.6　3D Octave 卷积模型流程图

6.5.2　空间-光谱注意力模型

虽然 3D Octave 卷积模型可以同时捕捉高光谱影像的空间-光谱特征，但是学习到的特征辨别性仍然有待于提高。为此，本模型引入空间-光谱注意力模型，分别从空间维度和光谱维度来学习影像的深层信息。空间-光谱注意力模型由空间注意力模型和光谱注意力模型两部分组成。通过空间注意力模型，网络可以捕捉到特征图中任意两个位置之间的空间依存关系以及整个高光谱影像的空间上下文关系；而通过光谱注意力模型，网络可以捕捉到特征图中任意两个光谱波段之间的光谱上下文关系，以及强调重要的光谱波段。

1）空间注意力模型（Spatial Attention Model，SPAM）

空间注意力模型框架示意图如图 6.7 所示。$\boldsymbol{F}^o \in \mathbb{R}^{h \times w \times c}$ 代表空间注意力模型的输入特征，h、w 和 c 代表特征 $\boldsymbol{F}^o$ 的高度、宽度和波段长度。首先，使用一个卷积操作对特征 $\boldsymbol{F}^o$ 进行卷积，获得细化的特征 $\boldsymbol{F}^{\mathrm{spaC}} \in \mathbb{R}^{h \times w \times c}$；再将特征 $\boldsymbol{F}^{\mathrm{spaC}}$ 进行变形拉伸操作，获得新的特征 $\boldsymbol{F}^{\mathrm{spaS}} \in \mathbb{R}^{n \times c}$ 且 $n = w \times h$。其次，将特征 $\boldsymbol{F}^{\mathrm{spaS}}$ 进行转置，获得转置后的特征 $\boldsymbol{F}^{\mathrm{spaT}}$。

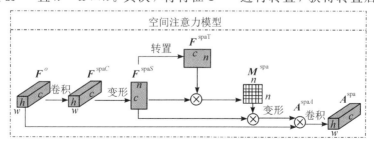

图 6.7　空间注意力模型框架示意图

接下来，在特征 $\boldsymbol{F}^{\mathrm{spaS}}$ 和 $\boldsymbol{F}^{\mathrm{spaT}}$ 之间做一个矩阵相乘计算，并对计算结果进行一个 Softmax 操作，以获得空间注意力图 $\boldsymbol{M}^{\mathrm{spa}} \in \mathbb{R}^{n \times n}$。空间注意力图 $\boldsymbol{M}^{\mathrm{spa}}$ 的计算如式(6.4)所示：

$$\boldsymbol{M}_{ji}^{\mathrm{spa}} = \frac{\exp(\boldsymbol{F}_i^{\mathrm{spaS}} \otimes \boldsymbol{F}_j^{\mathrm{spaT}})}{\sum\limits_{i=1}^{n} \exp(\boldsymbol{F}_i^{\mathrm{spaS}} \otimes \boldsymbol{F}_j^{\mathrm{spaT}})} \tag{6.4}$$

式中，$\boldsymbol{M}_{ji}^{\mathrm{spa}}$ 表示特征图中第 i 个和第 j 个位置的空间关系，$\otimes$ 表示矩阵相乘的操作。紧接着，在空间注意力特征图 $\boldsymbol{M}^{\mathrm{spa}}$ 和特征 $\boldsymbol{F}^{\mathrm{spaS}}$ 之间再做一次矩阵相乘计算，并且将结果变形回 $\mathbb{R}^{h \times w \times c}$ 形式。最后，将矩阵变形后的结果与原始的高光谱影像特征 $\boldsymbol{F}^{o}$ 相加到一起，获得输出的影像特征 $\boldsymbol{A}^{\mathrm{spaA}} \in \mathbb{R}^{h \times w \times c}$。$\boldsymbol{A}^{\mathrm{spaA}}$ 的计算如式(6.5)所示：

$$\boldsymbol{A}^{\mathrm{spaA}} = \mathrm{reshape}(\boldsymbol{M}^{\mathrm{spa}} \otimes \boldsymbol{F}^{\mathrm{spaS}}) + \boldsymbol{F}^{o} \tag{6.5}$$

式中，reshape(·) 表示的是影像变形操作。输出的影像特征 $\boldsymbol{A}^{\mathrm{spaA}}$ 包含了高光谱影像中所有位置的空间特征，并对重要的空间区域进行了强化。为了增强特征 $\boldsymbol{A}^{\mathrm{spaA}}$ 的非线性表示，本模型还利用卷积核大小为 1×1 的卷积操作对特征 $\boldsymbol{A}^{\mathrm{spaA}}$ 进行卷积，以获得空间注意力模型的最终输出特征 $\boldsymbol{A}^{\mathrm{spaA}}$。

2）光谱注意力模型（Spectral Attention Model，SPEM）

光谱注意力模型框架示意图如图 6.8 所示。同空间注意力模型一样，光谱注意力模型的输入也是 $\boldsymbol{F}^{o}$。首先，将特征 $\boldsymbol{F}^{o}$ 变形为 $\boldsymbol{F}^{\mathrm{speS}} \in \mathbb{R}^{n \times c}$，再对变形特征 $\boldsymbol{F}^{\mathrm{speS}}$ 进行转置获得转置特征 $\boldsymbol{F}^{\mathrm{speT}}$。其次，在变形特征 $\boldsymbol{F}^{\mathrm{speS}}$ 和转置特征 $\boldsymbol{F}^{\mathrm{speT}}$ 之间进行矩阵相乘计算，并对计算结果使用 Softmax 函数进行归一化处理，获得光谱注意力图 $\boldsymbol{M}^{\mathrm{spe}} \in \mathbb{R}^{c \times c}$。光谱注意力图 $\boldsymbol{M}^{\mathrm{spe}}$ 的计算如式(6.6)所示：

$$\boldsymbol{M}_{ji}^{\mathrm{spe}} = \frac{\exp(\boldsymbol{F}_i^{\mathrm{speT}} \otimes \boldsymbol{F}_j^{\mathrm{speS}})}{\sum\limits_{i=1}^{c} \exp(\boldsymbol{F}_i^{\mathrm{speT}} \otimes \boldsymbol{F}_j^{\mathrm{speS}})} \tag{6.6}$$

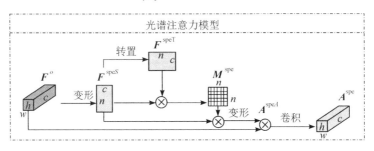

图 6.8　光谱注意力模型框架示意图

式中，M_{ji}^{spe} 表示第 i 个光谱波段和第 j 个光谱波段之间的光谱关系。接下来，在光谱注意力图 M^{spe} 与变形特征 F^{speS} 之间再次进行矩阵相乘计算，并且将相乘的结果变形为 $\mathbb{R}^{h \times w \times c}$ 形状。最后，将变形后的结果与原始的高光谱特征 F^{o} 相加在一起，获得光谱注意力特征 $A^{\text{speA}} \in \mathbb{R}^{h \times w \times c}$。光谱注意力特征 A^{speA} 计算如式（6.7）所示：

$$A^{\text{speA}} = \text{reshape}(M^{\text{spe}} \otimes F^{\text{speS}}) + F^{o} \tag{6.7}$$

光谱注意力特征 A^{speA} 包含了高光谱影像中所有光谱波段之间的关系，并将有用的光谱波段强调出来。同样，为了增强特征 A^{speA} 的非线性表示，本模型仍然利用卷积核大小为 1×1 的卷积操作对特征 A^{speA} 进行卷积，获得光谱注意力模型的最终输出特征 A^{spe}。

6.5.3　空间-光谱信息互补模型

与单独将空间特征或光谱特征应用于高光谱影像分类任务相比，利用融合的空间-光谱特征可以获得较高的精度[39]。在本模型中，设计了一种空间-光谱信息互补模型，在空间特征和光谱特征之间建立信息流，以便在空间特征和光谱特征之间传输重要信息，充分提高两种特征对于最后分类任务的贡献。而在两种特征之间建立信息流的关键，就在于建立一个信息互补矩阵。通过这个信息互补矩阵，空间特征中也能加入重要的光谱信息，光谱特征中也能加入重要的空间信息。

为了充分说明在空间特征和光谱特征中的信息流向，利用图 6.9 对空间-光谱信息互补模型进行解释。首先，将光谱注意力特征 A^{spe} 和空间注意力特征 A^{spa} 分别变形为 $A^{\text{speW}} \in \mathbb{R}^{n \times c}$ 和 $A^{\text{spaW}} \in \mathbb{R}^{n \times c}$。其次，将特征 A^{speW} 和 A^{spaW} 分别进行转置得到特征 A^{speT} 和 A^{spaT}。接下来，利用变形的特征和转置的特征就可以在空间特征和光谱特征之间建立信息流，信息传递的计算过程如式（6.8）和式（6.9）所示：

$$C_{\text{spa} \rightarrow \text{spe}} = \left[\text{Softmax}(A^{\text{speW}} \otimes A^{\text{spaT}})\right] \otimes A^{\text{spaW}} \tag{6.8}$$

$$C_{\text{spe} \rightarrow \text{spa}} = \left[\text{Softmax}(A^{\text{spaW}} \otimes A^{\text{speT}})\right] \otimes A^{\text{speW}} \tag{6.9}$$

式中，$C_{\text{spa} \rightarrow \text{spe}}$ 表示的是空间特征流向光谱特征的信息流，$C_{\text{spe} \rightarrow \text{spa}}$ 表示的是光谱特征流向空间特征的信息流。$\text{Softmax}(A^{\text{speW}} \otimes A^{\text{spaT}})$ 的物理意义是从空间特征流向光谱特征的信息流中，能够突出空间特征中重要的空间区域的信息流权重。$\text{Softmax}(A^{\text{spaW}} \otimes A^{\text{speT}})$ 的物理意义是从光谱特征流向空间特征的信息流中，能够强调重要的光谱波段的信息流权重。通过将两种信息流权重分别与两种特征相乘，就能在两种特征之间完成重要信息的传输。最后，为了在空间特征中加入光谱信息，将 $C_{\text{spe} \rightarrow \text{spa}}$ 与特征 A^{spaW} 相加到一起，获得最终输出的空间特征 T^{spa}。通过相同的方式，同样能获得最终输出的光谱特征 T^{spe}。两种特征 T^{spa} 和 T^{spe} 的计算过程如式（6.10）和式（6.11）所示：

$$T^{\text{spa}} = C_{\text{spe} \rightarrow \text{spa}} + A^{\text{spaW}} \tag{6.10}$$

$$T^{\text{spe}} = C_{\text{spa} \to \text{spe}} + A^{\text{spe}W} \tag{6.11}$$

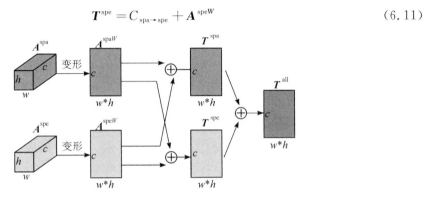

图 6.9　空间-光谱信息互补模型框架示意图

6.5.4　优化策略

为了增强特征 T^{spa} 和 T^{spe} 的表达能力，本模型分别对 T^{spa} 和 T^{spe} 使用交叉熵函数来优化网络的两个分支。同时，为了使所有的空间信息和光谱信息都对分类任务作出贡献，将特征 T^{spa} 和 T^{spe} 相加到一起得到融合后的特征 T^{all}。同样地，本模型也对融合后的特征 T^{all} 使用交叉熵损失函数来优化整个网络。由于使用三个交叉熵损失函数来共同优化网络，因此这个网络的最终损失函数为三个交叉熵之和。最后，由于融合特征 T^{all} 是由所有重要的空间位置信息和光谱波段信息组成的，因此将 T^{all} 得到的分类结果作为整个网络的最终分类结果。

6.6　实验设置及结果分析

6.6.1　实验设置

为了完成分类任务，本章所提模型随机选择少量有标记的像素点来构造训练数据，其余的有标记数据作为测试数据。对于不同的数据集，其训练集和测试集的数量在表 6.2～表 6.5 中均有体现。由于网络结构的特殊性，关于此模型进行的大部分实验的输入都是 13×13 大小的 Patch 块，如果某个实验中输入的 Patch 块大小不同，则单独说明。在本章实验中，Adam 优化器用于训练所提出的网络。此外，网络的学习率固定为 0.0001，每批次训练影像数量等于 16。对于 Indian Pines(IP)、University of Pavia(UP)、Botswana 和 Houston 数据集，网络训练迭代的次数分别设置为 300、100、200 和 300。除了上述讨论的问题外，3DOC-SSAN 模型卷积层名称与卷积核大小及数量总结在表 6.1 中。

表 6.1　3DOC-SSAN 模型卷积层名称与卷积核大小及数量

模　　型	卷积层名称	卷积核大小及数量
3D Octave 卷积模型	卷积层 1	(5，3，3)，24
	卷积层 2	(5，3，3)，48
	卷积层 3	(5，3，3)，24
	卷积层 4	(5，3，3)，1
空间-光谱注意力模型	空间卷积层 1	(3，3)，200
	空间卷积层 2	(1，1)，200
	光谱卷积层	(1，1)，200

6.6.2　结果分析

为了验证基于 3D Ocatve 卷积和空间-光谱注意力的高光谱影像分类模型的有效性,本章选择了不同的模型进行比较,包括传统的机器学习模型和基于深度学习的模型。传统的机器学习模型是支撑向量机(SVM)[21]和含有 200 棵树的决策森林(RF-200)[22]。基于深度学习的模型有 Conv-Deconv-Net[40]、2D-CNN[40]、C-2D-CNN[22]、3DCNN[24]、Spec-Atten-Net[41]。此外,本章还将 3D Octave 卷积换成 2D Octave 卷积进行了实验,称为基于 2D Octave 卷积和空间-光谱注意力的高光谱影像分类模型(2DOC-SSAN),并记录了该实验的结果。为了公平起见,所有的实验都是在相同的条件下进行的,包括参数设置和数据预处理。

此外,为了更全面地评估模型性能,本章在提供分类指标结果的基础上,增加了方差作为模型预测稳定性的参考指标。方差的大小可以反映模型对不同输入数据或实验条件的适应性:方差越小,说明模型的预测结果在多次实验中波动较小,具有较高的稳定性;方差越大,则可能表明模型对输入数据敏感,存在一定的不确定性。需要注意的是,虽然方差信息在评估模型预测结果的一致性方面具有一定的参考价值,但仅凭方差不足以全面评价模型的分类性能。因此,本章的实验结果分析主要聚焦于高光谱影像分类的 OA、AA 和 Kappa 系数核心指标,而未对方差进行进一步分析,以保证对实验结果的解读更具针对性和实践意义。

1. Indian Pines(IP)数据集的对比实验分析

在 IP 数据集上统计的不同对比模型的可视化结果如图 6.10 所示,图中(a)到(j)分别为真实地面标签、SVM、RF-200、Conv-Deconv-Net、2D-CNN、C-2DCNN、3D-CNN、

Spec-Atten-Net、2DOC-SSAN、3DOC-SSAN 的可视化结果图，数值分类结果如表 6.2 所示。从图 6.10 中可以很容易地发现，利用 3DOC-SSAN 模型得到的分类效果图比对比试验更加清晰；分类结果不仅在区域一致性上得到了很好的保持，同时位于不同区域之间的边界像素点也被很好地分类。从数值化的结果上来看，该模型从总体方面取得了最佳的性能。与其他模型相比，本章的模型在评价指标 OA 上分别提高了 13.89%（SVM）、11.66%（RF-200）、3.80%（Conv-Deconv-Net）、2.12%（2D-CNN）、2.90%（C-2D-CNN）、5.72%（3D-CNN）、0.64%（Spec-Atten-Net）、0.25%（2DOC-SSAN）；AA 值分别提升了 6.98%（SVM）、6.81%（RF-200）、1.81%（ConvDeconv-Net）、1.62%（2D-CNN）、1.35%（C-2D-CNN）、2.57%（3D-CNN）、0.34%（SpecAtten-Net）、0.12%（2DOC-SSAN）；Kappa 系数分别增强了 16.04%（SVM）、13.42%（RF-200）、4.41%（Conv-Deconv-Net）、2.48%（2D-CNN）、3.36%（C-2D-CNN）、6.62%（3D-CNN）、0.84%（Spec-Atten-Net）、0.40%（2DOC-SSAN）。这些令人满意的结果表明，本章所提出的 3D-OCM、SSAM 和 SSICM 模型都能充分捕获光谱信息和空间信息。

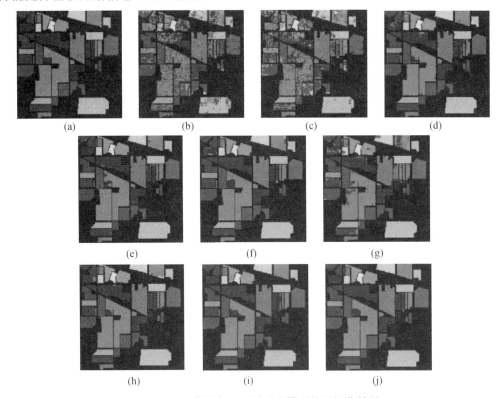

图 6.10 IP 数据集上不同对比模型的可视化结果

表 6.2　不同对比模型在 IP 数据集上的实验数据表(%)

类标	SVM	RF-200	Conv-Deconv-Net	2D-CNN	C-2D-CNN	3D-CNN	Spec-Atten-Net	2DOC-SSAN	3DOC-SSAN
1	100.00±0.00	100.00±0.00	100.00±0.00	93.75±0.74	100.00±0.00	98.75±0.56	100.00±0.00	100.00±0.00	100.00±0.00
2	69.92±0.57	75.85±0.62	92.35±1.54	94.60±0.81	95.46±0.36	89.32±0.71	97.28±0.26	97.18±0.29	98.72±0.16
3	88.65±2.51	92.31±2.34	96.97±2.49	99.40±0.46	98.62±0.89	95.18±1.34	99.29±0.60	99.38±0.40	99.47±0.40
4	97.81±0.91	97.37±0.83	99.69±1.34	99.69±0.29	99.85±0.11	99.71±0.19	99.78±0.17	99.85±0.14	99.85±0.14
5	94.83±2.97	97.71±1.36	98.38±1.20	99.70±0.24	99.76±0.20	99.28±0.51	99.70±0.21	99.70±0.27	99.76±0.23
6	98.79±0.31	99.35±0.24	98.83±0.72	99.65±0.32	99.35±0.45	98.93±0.86	99.65±0.25	99.76±0.22	99.76±0.23
7	100.00±0.00	95.00±2.76	100.00±0.00	98.93±0.27	100.00±0.00	100.00±0.00	100.00±0.00	100.00±0.00	100.00±0.00
8	100.00±0.00	100.00±0.00	100.00±0.00	99.89±0.15	100.00±0.00	100.00±0.00	100.00±0.00	100.00±0.00	100.00±0.00
9	100.00±0.00	96.00±2.46	100.00±0.00	100.00±0.00	100.00±0.00	100.00±0.00	100.00±0.00	100.00±0.00	100.00±0.00
10	84.87±5.47	92.99±4.76	93.29±2.57	95.26±2.34	97.81±1.29	93.53±2.76	98.56±1.63	98.66±1.24	98.79±1.02
11	78.75±2.05	80.00±1.96	92.60±1.34	95.53±1.34	92.32±1.21	88.30±2.43	97.54±1.21	98.45±0.79	98.91±0.66
12	90.98±6.47	93.95±3.76	96.69±2.93	98.32±1.47	98.28±1.36	98.67±1.05	98.78±1.14	98.60±1.29	98.81±1.08
13	100.00±0.00	99.27±0.82	100.00±0.00	100.00±0.00	100.00±0.00	100.00±0.00	100.00±0.00	100.00±0.00	100.00±0.00
14	96.56±0.96	97.56±0.85	98.69±0.24	99.19±0.36	97.55±0.47	98.17±0.51	99.21±0.62	99.96±0.12	99.63±0.33
15	79.76±3.91	66.36±4.25	97.14±1.07	92.86±2.34	92.09±1.58	92.62±3.62	98.39±1.53	99.17±0.35	98.89±1.02
16	100.00±0.00	100.00±0.00	99.07±0.65	100.00±0.00	100.00±0.00	99.07±0.68	99.07±0.73	100.00±0.00	100.00±0.00
OA	85.25±0.59	87.48±0.67	95.34±0.49	97.02±0.43	96.24±0.38	93.42±0.55	98.50±0.26	98.89±0.19	99.14±0.16
AA	92.56±0.98	92.73±1.16	97.73±0.85	97.92±0.74	98.19±0.68	96.97±1.02	99.20±0.54	99.42±0.36	99.54±0.29
K	82.96±0.87	85.58±1.04	94.59±0.76	96.52±0.68	95.64±0.65	92.38±0.97	98.16±0.49	98.60±0.29	99.00±0.26

此外,通过观察不同的类别,很明显就能发现,在大多数情况下,本章模型优于其他对比模型。3DOC-SSAN 模型可以在一些难以识别的类别中获得更好的结果,比如第 3 类。对于这个地物覆盖类别,所有对比模型中最高的性能是由 2D-CNN 获得的(99.40%),然而 3DOC-SSAN 模型可以达到 99.47% 的性能。需要讨论的另一点,即 2DOC-SSAN 和 3DOC-SSAN 之间的比较,这两种模型之间唯一的区别是在 Octave 卷积模型中使用的卷积操作;与专注于从特征图的单一通道中探索信息的 2D 卷积相比,3D 卷积可以同时从特征图的多个通道中挖掘出丰富的知识,借助这一特点使 3D 卷积更适合于从高光谱影像中提取特征,分类结果也证明了这一点。前面讨论的结果表明,3DOC-SSAN 网络对 IP 数据集是有效的。

2. University of Pavia(UP)数据集的对比实验分析

在 UP 数据集上统计的不同对比模型的可视化结果如图 6.11 所示,图中(a)到(j)分别为样本标签、SVM、RF-200、Conv-Deconv-Net、2D-CNN、C-2DCNN、3D-CNN、Spec-Atten-Net、2DOC-SSAN、3DOC-SSAN 的可视化结果图，数值分类结果如表 6.3 所示。通过图 6.11 可以看出，利用 3DOC-SSAN 模型得到的分类图与影像的真实类别标签是最接近的，影像中几乎所有的样本都可以被正确地预测出来，而且不同类别之间的边界都是非常清晰的。从表 6.3 中也可以发现，该模型的表现在所有的对比模型中也是最强的，OA、AA 和 Kappa 的值分别达到了 99.87％、99.85％和 99.82％，远远高于其他模型。与其他模型相比，本章提出的模型在 UP 数据集上评价指标 OA 分别提高了 7.41％（SVM）、4.26％（RF-200）、1.06％（Conv-Deconv-Net）、0.45％（2D-CNN）、0.19％（C-2D-CNN）、0.21％（3D-CNN）、0.12％（Spec-Atten-Net）、0.05％（2DOC-SSAN）；AA 值分别提升了 6.28％（SVM）、2.79％（RF-200）、0.92％（Conv-Deconv-Net）、0.48％（2D-CNN）、0.23％（C-2D-CNN）、0.28％（3D-CNN）、0.08％（Spec-Atten-Net），不同于其他对比方案，2DOC-SSAN 在这个数据集上同样表现优异，其分类结果的 AA 值与 3DOC-SSAN 相同；Kappa 系数分别增强了 9.9％（SVM）、5.76％（RF-200）、1.44％（Conv-Deconv-Net）、0.48％（2D-CNN）、0.24％（C-2D-CNN）、0.28％（3D-CNN）、0.17％（Spec-Atten-Net）、0.01％（2DOC-SSAN）。

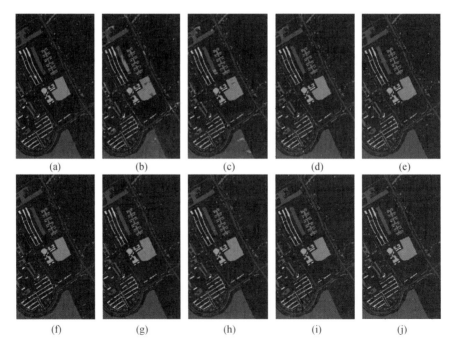

图 6.11　UP 数据集上不同对比模型的可视化结果

表 6.3　不同对比模型在 UP 数据集上的实验数据表(%)

类标	SVM	RF-200	Conv-Deconv-Net	2D-CNN	C-2D-CNN	3D-CNN	Spec-Atten-Net	2DOC-SSAN	3DOC-SSAN
1	89.23±1.74	96.04±1.28	97.92±0.69	99.34±0.43	99.31±0.47	99.27±0.36	99.66±0.25	99.70±0.23	**99.82±0.14**
2	92.87±0.23	93.79±0.26	99.02±0.20	99.56±0.18	99.85±0.12	99.84±0.12	99.76±0.19	99.84±0.08	**99.93±0.05**
3	83.57±1.36	92.42±1.75	98.28±1.23	98.83±0.97	98.71±0.86	99.28±0.98	99.69±0.41	**99.73±0.20**	99.58±0.36
4	98.46±0.34	99.29±0.45	99.20±0.52	98.97±0.81	99.71±0.29	99.75±0.22	99.78±0.18	99.74±0.24	**99.81±0.19**
5	99.96±0.12	99.93±0.14	100.00±0.00	99.64±0.27	100.00±0.00	100.00±0.00	99.82±0.16	99.90±0.06	**100.00±0.00**
6	90.16±0.58	96.62±0.47	98.72±0.94	99.82±0.23	99.84±0.17	99.87±0.10	99.98±0.02	99.97±0.03	**100.00±0.00**
7	92.73±1.24	97.28±0.98	98.83±1.12	99.15±0.63	99.54±0.44	98.79±0.83	99.75±0.16	**99.85±0.10**	99.76±0.21
8	95.52±1.36	98.21±0.62	98.86±0.83	99.05±0.75	99.60±0.31	99.36±0.53	99.54±0.29	**99.95±0.03**	99.80±0.16
9	99.61±0.27	100.00±0.00	99.58±0.13	100.00±0.00	100.00±0.00	99.97±0.02	100.00±0.00	**100.00±0.00**	100.00±0.00
OA	92.46±0.94	95.61±0.87	98.81±0.42	99.42±0.39	99.68±0.24	99.66±0.30	99.75±0.17	99.82±0.14	**99.87±0.08**
AA	93.57±1.35	97.06±0.68	98.93±0.67	99.37±0.54	99.62±0.26	99.57±0.23	99.77±0.20	**99.85±0.18**	99.85±0.15
K	89.92±1.27	94.06±0.95	98.38±0.5	99.34±0.44	99.58±0.39	99.54±0.42	99.65±0.28	99.81±0.16	**99.82±0.16**

这些实验结果表明,本章设计的网络可以捕获到更多的具有辨别性的特征。

对于 UP 数据集中的某些类别,如第 5 类和第 6 类,本章的模型可以达到 100% 的分类精度;对于分类精度未达到 100% 的那些类别,通过 3DOC-SSAN 得到的分类精度也可以达到较高水平。此外,对于地物覆盖类别的第 3 类,应用了注意力机制的网络,即 Spec-Atten-Net、2DOC-SSAN 和 3DOC-SSAN 的分类精度都超过了 99%,明显优于其他没有应用注意力机制的网络,这成功地证明了注意力机制在特征学习中起着积极的作用。从上述讨论可以看出,3DOC-SSAN 模型在 UP 数据集上是有效的。

3. Botswana 数据集的对比实验分析

在 Botswana 数据集上统计的不同对比模型的可视化结果图如图 6.12 所示,图中(a)到(j)分别为样本标签 SVM、RF-200、Conv-Deconv-Net、2D-CNN、C-2D-CNN、3D-CNN、Spec-Atten-Net、2DOC-SSAN、3DOC-SSAN 的可视化结果图,数值分类结果如表 6.4 所示。从图中可以发现,本章提出的模型可以生成清晰的分类结果图。通过表 6.4 可知,本模型的 OA 值、AA 值、Kappa 系数都高于其他对比的模型。从数值上来看,相比于其他对比模型,OA 值分别提高了 4.44%(SVM)、4.31%(RF-200)、1.39%(Conv-Deconv-Net)、1.32%(2D-CNN)、1.13%(C-2D-CNN)、2.48%(3D-CNN)、0.69%(Spec-Atten-Net)、0.32%(2DOC-SSAN);AA 值分别提升了 5.66%(SVM)、3.42%(RF-200)、1.45%(Conv-Deconv-Net)、1.76%(2D-CNN)、0.99%(C-2DCNN)、2.22%(3D-CNN)、0.69%

(Spec-Atten-Net)、0.32%(2DOC-SSAN);Kappa 系数分别增强了 5.21%(SVM)、4.59% (RF-200)、1.51%(Conv-Deconv-Net)、1.43%(2D-CNN)、1.23%(C-2D-CNN)、2.69% (3D-CNN)、0.75%(Spec-Atten-Net)、0.34%(2DOC-SSAN)。

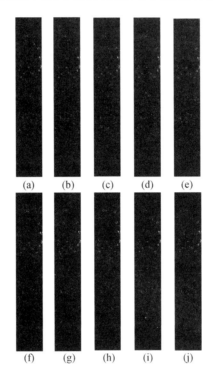

图 6.12 Botswana 数据集上不同算法的可视化结果

表 6.4 不同对比模型在 Botswana 数据集上的实验数据表(%)

类标	SVM	RF-200	Conv-Deconv-Net	2D-CNN	C-2D-CNN	3D-CNN	Spec-Atten-Net	2DOC-SSAN	3DOC-SSAN
1	99.50±0.32	100.00±0.00	99.50±0.36	98.79±0.89	100.00±0.00	99.92±0.12	99.83±0.16	**100.00±0.00**	100.00±0.00
2	98.87±1.04	100.00±0.00	99.15±0.75	98.91±0.56	100.00±0.00	99.15±0.43	98.59±0.39	**100.00±0.00**	100.00±0.00
3	96.29±1.40	96.20±1.59	99.82±0.15	99.04±0.82	100.00±0.00	97.20±1.29	99.55±0.38	**100.00±0.00**	100.00±0.00
4	79.78±3.47	97.84±1.45	99.34±0.51	99.24±0.73	99.56±0.44	99.46±0.62	99.62±0.06	**99.67±0.16**	99.60±0.36
5	78.42±4.69	84.77±3.95	90.79±1.37	94.27±1.25	91.05±1.93	85.52±3.67	93.30±1.29	96.40±2.41	**98.86±1.05**
6	90.63±0.34	86.94±1.39	96.40±1.07	91.64±0.55	94.39±0.37	93.55±0.86	96.65±0.38	97.24±0.63	**98.87±0.21**
7	100.00±0.00	99.65±0.34	99.74±0.25	99.35±0.41	100.00±0.00	99.83±0.16	100.00±0.00	**100.00±0.00**	100.00±0.00
8	95.03±2.92	99.77±0.36	100.00±0.00	98.87±1.04	100.00±0.00	99.77±0.24	99.88±0.06	**100.00±0.00**	100.00±0.00

续表

类标	SVM	RF-200	Conv-Deconv-Net	2D-CNN	C-2D-CNN	3D-CNN	Spec-Atten-Net	2DOC-SSAN	3DOC-SSAN
9	90.85±1.45	86.72±3.94	98.52±1.16	98.24±1.07	97.89±0.62	97.54±1.33	99.65±0.43	99.79±0.16	**99.83±0.05**
10	100.00±0.00	98.99±0.34	100.00±0.00	98.62±0.59	100.00±0.00	100.00±0.00	99.91±0.07	99.17±0.32	**100.00±0.00**
11	98.04±0.49	99.13±0.56	99.49±0.24	97.45±1.34	**99.78±0.15**	97.16±0.98	99.49±0.09	**99.78±0.13**	99.36±0.41
12	96.16±1.24	100.00±0.00	95.49±0.87	98.89±0.89	100.00±0.00	97.02±1.48	100.00±0.00	**100.00±0.00**	100.00±0.00
13	93.70±0.52	98.57±0.92	98.81±1.04	98.74±0.76	100.00±0.00	99.58±0.37	100.00±0.00	**100.00±0.00**	100.00±0.00
14	100.00±0.00	100.00±0.00	99.08±0.75	99.83±0.12	100.00±0.00	99.69±0.04	100.00±0.00	**100.00±0.00**	100.00±0.00
OA	95.22±1.09	95.35±0.94	98.27±0.71	98.34±0.69	98.53±0.35	97.18±0.41	98.97±0.36	99.34±0.32	**99.66±0.19**
AA	94.09±1.58	96.33±1.23	98.30±0.92	97.99±0.85	98.76±0.56	97.53±0.78	99.06±0.44	99.43±0.40	**99.75±0.28**
K	94.42±1.49	95.04±1.36	98.12±0.82	98.20±0.84	98.40±0.63	96.94±0.67	98.88±0.58	99.29±0.36	**99.63±0.33**

通过观察可以发现，3DOC-SSAN 模型在大多数地物覆盖物类别中都取得了最佳的性能，对于其中的 9 种地物类别 1、2、3、7、8、10、12、13 和 14，该方法都达到了 100% 的分类精度；对于剩下的 5 种地物类别，该模型的分类精度也都超过了 98.85%。在 Botswana 数据集中，有标签的像素点数量很少，但是这个数据集中的像素点又非常多，这就造成了有些类别的标签样本分布过于分散的现象，比如类别第 5 类。换句话说，即中心像素周围有许多个干扰像素，这会对分类结果产生负面影响。幸运的是，3DOC-SSAN 模型在这些类别上仍然能够发挥稳定的作用。以地物类别 5 为例，在所有对比模型中，分类精度最高的是 96.40%（2DOC-SSAN），然而 3DOC-SSAN 可以达到 98.86% 的性能。上述结果表明，3DOC-SSAN 网络对 Botswana 数据集也是有效的。

4. Houston 数据集的对比实验分析

在 Houston 数据集上统计的不同对比模型的可视化结果如图 6.13 所示，图中(a)到(j)分别为数据标签、SVM、RF-200、Conv-Deconv-Net、2D-CNN、C-2D-CNN、3D-CNN、Spec-Atten-Net、2DOC-SSAN、3DOC-SSAN 的可视化结果图，数值分类结果如表 6.5 所示。Houston 数据集与其他数据集不同，这个数据集的训练集和测试集是独立分开的，不需要再单独来划分数据集，只需要将独立的训练集和测试集分别用于网络的训练和测试即可。通过图 6.13 可以看出，由 3DOC-SSAN 获取的分类图最接近原始影像。对于原始影像中的模糊部分，该模型也可以准确地预测大部分的类别。从数值结果来看，相比于其他对比模型，OA 值分别提高了 20.68%（SVM）、13.16%（RF-200）、9.02%（Conv-Deconv-Net）、7.09%（2D-CNN）、2.32%（C-2D-CNN）、7.86%（3D-CNN）、8.08%（Spec-Atten-Net）、2.33%（2DOC-SSAN）；AA 值分别提升了 22.11%（SVM）、14.98%（RF-200）、10.97%

（Conv-Deconv-Net）、8.37％（2D-CNN）、3.33％（C-2D-CNN）、11.28％（3D-CNN）、9.41％（Spec-Atten-Net）、3.03％（2DOC-SSAN）；Kappa 系数分别增长了 22.27％（SVM）、13.18％（RF-200）、9.45％（Conv-Deconv-Net）、7.58％（2D-CNN）、3.45％（C-2D-CNN）、8.87％（3D-CNN）、8.65％（Spec-Atten-Net）、1.84％（2DOC-SSAN）。

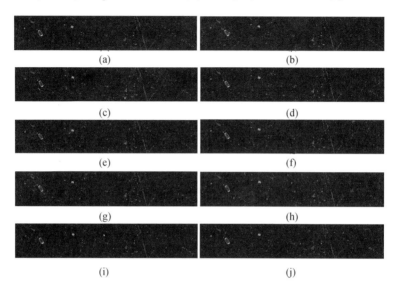

图 6.13 Houston 数据集上不同模型的可视化结果

表 6.5 不同对比模型在 Houston 数据集上的实验数据表（％）

类标	SVM	RF-200	Conv-Deconv-Net	2D-CNN	C-2D-CNN	3D-CNN	Spec-Atten-Net	2DOC-SSAN	3DOC-SSAN
1	80.53±3.89	80.98±2.45	78.79±3.71	82.52±1.76	82.52±1.02	80.24±2.54	81.86±1.32	82.63±1.21	**82.91±1.04**
2	76.22±1.24	79.61±1.29	80.64±1.51	83.08±1.07	85.15±0.86	74.81±1.46	81.01±0.72	84.58±0.84	**85.15±0.50**
3	50.69±3.91	55.45±5.78	63.34±3.82	64.75±3.29	90.09±1.24	58.01±2.86	61.38±2.67	93.37±1.31	**96.41±0.69**
4	82.67±1.29	85.05±0.92	89.40±0.81	79.73±0.84	92.99±0.65	91.75±0.58	89.67±0.55	88.45±0.41	**93.03±0.32**
5	93.75±1.74	97.62±0.81	96.49±0.92	99.71±0.21	100.00±0.00	92.61±1.87	96.21±0.95	**100.00±0.00**	100.00±0.00
6	69.23±3.47	80.50±1.27	81.12±1.14	93.06±0.52	95.21±0.31	93.00±0.49	84.92±1.03	89.03±0.98	**95.58±0.21**
7	80.95±0.46	76.66±0.87	85.36±0.57	83.02±0.39	82.28±0.36	85.64±0.31	81.25±0.89	81.91±0.53	**85.59±0.46**
8	37.13±8.93	44.26±7.38	69.89±3.92	74.45±3.81	65.05±1.49	55.56±3.60	66.57±1.63	76.79±0.56	**79.54±0.40**
9	78.56±0.91	80.72±0.72	81.21±0.69	83.57±0.85	85.55±0.55	84.71±0.64	84.14±0.60	81.30±0.39	**85.85±0.33**
10	40.51±1.85	39.34±2.03	58.38±1.47	56.08±1.58	56.27±0.81	43.14±5.95	53.86±4.87	59.83±1.32	**66.20±2.63**
11	48.39±3.73	65.18±1.28	60.92±1.03	72.58±1.93	91.36±1.40	76.03±2.89	70.88±1.65	89.26±1.69	**89.72±0.83**

续表

类标	SVM	RF-200	Conv-Deconv-Net	2D-CNN	C-2D-CNN	3D-CNN	Spec-Atten-Net	2DOC-SSAN	3DOC-SSAN
12	76.17±2.99	76.57±2.73	92.22±1.04	91.64±1.47	85.59±1.93	81.75±0.82	90.68±0.37	93.08±0.68	**95.01±0.31**
13	70.52±1.64	85.71±2.83	88.77±0.58	84.91±1.29	90.17±0.37	90.52±0.46	80.35±1.25	85.61±1.41	**90.75±1.34**
14	72.06±2.34	89.50±1.34	80.97±1.84	89.87±1.23	95.95±0.86	79.76±2.31	98.78±0.45	**100.00±0.00**	100.00±0.00
15	57.24±3.20	84.35±1.53	74.21±2.88	81.82±1.55	96.09±0.59	89.47±1.07	83.51±1.92	94.87±0.98	**96.53±0.37**
OA	66.91±2.66	74.43±1.34	78.57±1.16	80.50±0.84	85.27±0.74	79.73±1.26	79.51±1.08	85.26±0.92	**87.59±0.49**
AA	67.64±2.74	74.77±1.43	78.78±1.09	81.38±0.92	86.42±0.76	78.47±1.33	80.34±1.00	86.72±0.83	**89.75±0.52**
Kappa	64.22±2.49	73.31±1.27	77.04±1.25	78.91±0.77	83.04±0.69	77.62±1.40	77.84±0.98	84.65±0.85	**86.49±0.55**

对于大多数类别，本章所设计的模型都取得了很好的分类性能。例如，在地物类别 5 和 14 上，3DOC-SSAN 的准确率达到了 100%。然而，由于本数据集的训练集和测试集是分开定义的，这极大增加了分类的难度，因此某些类别的分类结果并不令人满意，如 8 和 10。即使是这样，本章模型在所有的对比模型中仍然获得了最好的性能。以地物类别 8 为例，在所有被比较的模型中，最高性能为 76.79%（2DOC-SSAN），但是 3DOC-SSAN 模型仍然可以达到 79.54% 的性能。上述结果证明 3DOC-SSAN 网络对 Houston 数据集是有效的。

6.7　本 章 小 结

本章主要讨论了基于 3D Ocatve 卷积和空间光谱注意力的端到端的高光谱影像分类模型。首先，本模型使用基于四个 Octave 卷积层组成的 Octave 卷积模型处理空间信息，用于融合高频信息和低频信息，减少网络的参数量；然后，再将 Octave 卷积扩展到 3D 版本，设计 3D Octave 卷积模型（3DOC-SSAN），将 Octave 卷积和 3D 卷积的优点结合使用，在提取空间信息的同时也关注到了光谱信息，同时获得空间特征和光谱特征。由于高光谱影像的特点，本章模型从空间和光谱两个维度建立注意力机制，用于突出显著的空间区域和特殊的光谱波段，改善特征的识别能力；最后，为了保证信息的完整性，该模型还设计了信息互补模型，建立信息流以传输空间特征和光谱特征之间的交互信息，去除冗余信息，保留不同特征中的重要部分。用四个常见的高光谱数据集进行实验，表明 3DOC-SSAN 模型可以获得良好的效果。然而，由于 3D 卷积在网络中的使用，本章模型的训练时间相对较长，因此下一步的工作主要集中在减少训练时间的同时，保证 HSI 分类任务的分类精度。

第 7 章
基于多尺度表征与光谱注意力的深度学习

7.1　引　言

深度学习虽然给高光谱领域带来了机遇，但同时也增加了一系列的挑战[42]，存在很多值得改进的地方。首先，虽然基于深度学习的分类模型在高光谱影像分类领域取得了很大的成功，但大多数模型通常只在影像空间的单一特征尺度上进行信息挖掘；然而，高光谱影像的空间内容复杂，仅依赖单一尺度的特征挖掘难以全面捕获影像中多层次、多尺度的空间信息，这种局限性可能导致某些重要信息被忽略，从而影响分类的全面性和准确性。其次，在对于分类任务同样重要的光谱特征中，并不是所有的光谱波段对于分类任务具有相同的贡献；但是，有些模型却近似地认为每个波段的贡献都一样，这导致能起到积极作用的光谱波段受到抑制，而起消极作用的某些光谱波段被突出。

为了克服上述限制，本章提出了一种新的高光谱影像地物分类模型，称为基于多尺度空间特征和光谱注意力特征的分类模型（hyperspectral image classification based on Multiscale Spatial and Spectral Feature Network，MSSFN）。在该模型中，首先利用一个简单的卷积神经网络来探索高光谱影像的空间-光谱特征。然后设计一个双通道网络模块分别针对空间特征和光谱特征进行特征学习，其中一个通道设计为多尺度空间特征模块，主要用于捕捉影像的多尺度空间特征，挖掘不同区域内重要的空间信息；另一个通道设计为光谱注意力特征模块，目的是突出对于分类任务有重大帮助的光谱波段。最后，为了降低网络的计算复杂度并细化提取的特征，该模型设计另外一个简单的卷积神经网络来提取影像的深层语义特征，并利用此特征进行最后的影像分类任务。

7.2　多尺度机制

从广义来讲，尺度可以分为空间尺度、时间尺度和语义尺度。尺度概念是计算机视觉和影像处理领域的重要概念，在遥感影像领域之中，遥感尺度主要关注的是影像的分辨率测量尺度，即能够区分目标的可分辨像元[43]。遥感影像数据的来源不同，在时间尺度和空间尺度上，都会存在很大的差距。在某一个影像尺度下搭建的网络模型、总结的规律，在其他的特征尺度下就可能不适合。因此，要根据不同的影像处理任务的特性，适当地选择最佳的影像尺度，使得所选尺度能够最大程度地反映目标物的特征。而语义尺度指的是在分类过程中对影像特征从细粒度到粗粒度的语义抽象程度。对于高光谱影像，每个像元包含丰富的光谱信息和空间信息，但不同地表覆盖物的语义尺度需求可能不同。例如，一些小型地表覆盖物(如建筑物或道路)需要细粒度的低语义尺度特征来捕获其局部信息，而一些大型地表覆盖物(如植被覆盖区域或水体)则需要更高语义尺度的特征来描述其整体分布和类别属性。因此，在高光谱影像分类中，合理选择和融合不同语义尺度的特征，既能挖掘地表覆盖物的细节信息，又能结合全局的上下文信息，进而提升分类的精度和鲁棒性。遥感影像的多尺度特征，即在不同尺度下对遥感影像进行特征提取，然后再将同一影像不同尺度下的特征融合到一起，组成影像的多尺度特征。在高光谱影像处理领域中，挖掘高光谱影像的多尺度特征主要是基于高光谱影像内容复杂，影像内不同目标物的形状、大小等差异巨大，在同一个尺度下，不容易分辨出所有的地物类别，即不能挖掘出有代表性的特征。比如，类别 A 在某个尺度下能清晰地被识别出来，但类别 S 却在另外一个尺度下才能被识别，因此，学习高光谱影像的多尺度特征具有重要的意义。在提取影像多尺度特征的过程中，不仅要关注在不同尺度下提取的不同特征，更要关注影像不同尺度之间的联系，只有这样，才能将不同尺度的特征更好地组合到一起。特征金字塔结构[44]就是一种常见的用于多尺度特征提取的结构，广泛应用于遥感影像处理领域中。如图 7.1 所示，在特征金字塔框架示意图中，同一张影像在不同尺度下的特征分辨率是逐渐降低的，不同尺度的获得方式为梯度下采样方式，直到达到某个预先设定的条件下才会停止。位于特征金字塔底部的特征，是影像的高分辨率特征表示；位于特征金字塔顶层的特征，是影像的低分辨率特征表示。获得影像的多尺度信息的方式主要分为两种：一种是采用下采样的方式，不断地对影像进行压缩处理，减小特征的分辨率，比如特征金字塔结构；还有一种就是不减小影像的尺寸，但在卷积过程中使用不同大小的卷积核，设置不同大小的感受野，也能提取影像的多尺度信息。

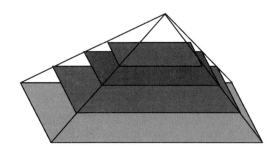

图 7.1   特征金字塔框架示意图

7.3   多尺度机制在高光谱影像中的适用性

在高光谱影像处理领域中，有多种模型可以提取影像的多尺度信息，如金字塔卷积模型和残差卷积模型等。金字塔卷积模型通过构建逐级下采样的金字塔结构，从全局到局部提取影像的多尺度特征，例如，在每一级保留不同尺度的关键信息，用于增强对空间特征的捕捉能力。而残差卷积模型则通过引入残差连接，缓解深层网络的梯度消失问题，从而提取更深层次的空间信息与光谱信息。利用多尺度特征提取模型对高光谱影像进行特征提取时，通过改变感受野区域的大小，可以采用多种技术实现这种变化，例如，使用不同尺寸的卷积核捕获影像的全局信息和局部信息，或者通过空洞卷积扩大感受野范围以增强全局特征感知能力。此外，金字塔池化模块能够通过在多个分辨率下的池化操作提取全局的上下文信息，进一步优化特征表达。

通过多尺度特征提取，网络模型能够在学习影像整体信息的同时，也学习影像的细节信息，从而使探索的影像信息更加完整，尽可能地减少噪声信息的干扰，提升模型的泛化能力，并防止过拟合问题的发生。不仅如此，将高光谱影像不同尺度下的特征融合在一起，可以通过级联、注意力机制或特征金字塔结构等方式将影像的浅层特征和深度特征有效整合起来，深度挖掘影像的空间信息和光谱信息，并加大网络模型对影像深层语义特征的关注度，从而显著提高影像特征的可辨别性。3D 卷积虽然能够同时处理空间信息和光谱信息，但其参数量大、计算复杂度高，尤其在处理高光谱数据时存在性能瓶颈。与利用 3D 卷积获得影像特征不同的是，利用多尺度机制提取特征的网络更加轻量化、参数量更少、计算复杂度更低，因此，多尺度机制在高光谱影像处理任务中具有更高的适用性和计算效率。

7.4　基于多尺度空间特征和光谱注意力特征的高光谱分类

基于多尺度空间特征和光谱注意力特征的高光谱分类模型框架示意图如图 7.2 所示，其中主要包含三个部分，分别为特征学习模型(Feature Learning Model，FLM)、多尺度空间-光谱模型(Multiscale Spatial and Spectral Model，MSSM)、特征约简模型(Feature Reduction Model，FRM)。首先，以每个像素点为中心，利用滑窗操作，选取用于网络输入的 Patch 块。在本模型中选择的 Patch 块大小为 13×13。其次，将选取的训练数据输入特征学习模型中，用于学习高光谱影像的浅层空谱特征 F^o。尽管 F^o 只是属于影像的浅层空谱特征，但是其中仍然包含了丰富的空间信息和光谱信息。接下来，为了提高特征的鲁棒性，增加特征的辨识程度，该网络又引入多尺度空间和光谱模型。该模型含有两个子模型，分别为空间 Mask 模型(Spatial Mask Model)和光谱注意力模型(Spectral Attention Model)。利用空间 Mask 模型，可以获得高光谱影像的多尺度特征 F^{spa}；利用光谱注意力模型，可以获得高光谱影像的光谱注意力特征 F^{spe}。最后，为了挖掘高光谱影像的深层语义特征，同时降低计算复杂度，该方法设计了特征约简模型，并利用其输出的特征进行最终的分类任务。

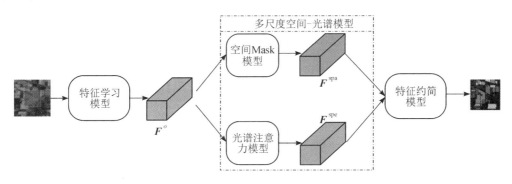

图 7.2　基于多尺度空间特征和光谱注意力特征的高光谱分类模型框架示意图

7.4.1　特征学习模型

特征学习模型框架示意图如图 7.3 所示。以 Indian Pines(IP)高光谱数据集为例，此模型首先在高光谱影像中选取 13×13 大小的 Patch 块。然后将提取的 Patch 块输入三个连续的卷积层之中。经过连续的三个卷积，最终获得高光谱影像的浅层空谱特征 $F^o \in \mathbb{R}^{13 \times 13 \times 200}$。为了保证高光谱影像的空间维度不变，避免空间信息的损失，在特征学习模块中并没有使用池化操作。另外，为了加速网络的收敛速度，保证提取特征的稳定性，在影像经过每一层卷积操作之后，都会使用一个批量归一化层（Batch Normalization，BN）[45]对获得的特征进行归一化处理。值得注意的是，在特征学习模型的三个卷积层中，卷积层 C_1 和 C_3 的卷积核大小为 3×3，而卷积层 C_2 的卷积核大小为 1×1，这样处理的目的是利用卷积层 C_2 对每个像素点的特征进行细化，保证提取的特征具有更高的辨识度。利用特征学习模型，高光谱影像的空间信息和光谱信息可以被同时挖掘出来。

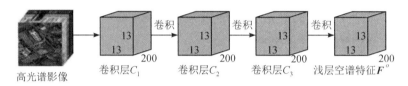

图 7.3　特征学习模型框架示意图

7.4.2　多尺度空间-光谱模型

在多尺度空间-光谱模型中，主要是针对特征学习模型中学习到的特征 $\boldsymbol{F}^o$ 进行两个方向的处理。一个是利用空间 Mask 模型挖掘高光谱影像在不同尺度下的特征表示，利用多尺度信息尽可能地提供每个类别的关键信息；另一个是利用光谱注意力模型为不同的光谱波段分配不同贡献率权重，凸显出重要光谱波段的作用。

1. 空间 Mask 模型

空间 Mask 模型框架示意图如图 7.4 所示。在空间 Mask 模型中，通过改变卷积核的大小，生成多个尺度下的 Mask 图，进而提取高光谱影像的多尺度空间信息。由于不同大小的

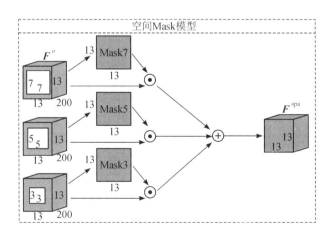

图 7.4　空间 Mask 模型框架示意图

卷积核具有不同的感受区域，因此不同尺度的空间特征包含不同的信息，不同尺度下的特征图都有不同的侧重点。

　　详细来看，在空间 Mask 模型中，设计了三个大小不同的卷积核来提取影像的多尺度信息，进而生成不同尺度下的 Mask 图。三个卷积核的大小分别为 7×7、5×5 和 3×3。首先，该模型利用 7×7 大小的卷积核对特征 $\boldsymbol{F}^{o}$ 进行卷积，然后对卷积后的结果进行归一化（BN）操作，保证特征图中的数值都在一定的范围内；此外，再利用 Softmax 函数对经过归一化的数据进行重新编码，生成在这个尺度下的 Mask 图（Mask7）。由于 Softmax 函数的作用，Mask7 不仅包含了影像中不同位置内容的空间关系，同时还对影像中重要的空间位置进行了强调。需要说明的是，在卷积过程中，只使用了一个卷积核，因此生成的 Mask7 只是一个通道数为 1 的二维影像。利用相同的方式，同样可以获得另外两个尺度下的 Mask 图（Mask5 和 Mask3）。其次，为了提取不同空间区域的重要信息，在生成的 Mask 图与特征 $\boldsymbol{F}^{o}$ 之间进行点积操作，即将 Mask 图与特征 $\boldsymbol{F}^{o}$ 相同像素点上的值进行相乘。由于 Mask 图的存在，影像中重要区域的特征值被放大，无关区域的特征值被缩小。通过这种方式，可以获得在三个尺度下的显著空间特征。最后，为了整合所有尺度的特征，将从三个尺度下学习到的特征相加到一起，得到空间 Mask 模型输出特征 $\boldsymbol{F}^{\mathrm{spa}} \in \mathbb{R}^{13 \times 13 \times 200}$。

2. 光谱注意力模型

　　本模型使用的注意力机制与第 6 章 6.5.2 小节中所使用的注意力机制完全相同，因此在这里不再介绍光谱注意力模型，只是展示光谱注意力模型框架图帮助理解即可。光谱注意力模型框架示意图如图 7.5 所示。利用光谱注意力模型，可以得到高光谱影像的光谱特征 $\boldsymbol{F}^{\mathrm{spe}} \in \mathbb{R}^{13 \times 13 \times 200}$。在光谱特征 $\boldsymbol{F}^{\mathrm{spe}}$ 中，包含重要光谱信息的光谱波段被突出，包含冗余信息的光谱波段被抑制。为了将空间特征和光谱特征结合到一起，该模型将空间特征 $\boldsymbol{F}^{\mathrm{spa}}$

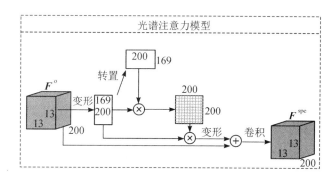

图 7.5　光谱注意力模型框架示意图

和光谱特征 $\boldsymbol{F}^{\mathrm{spe}}$ 在光谱维度上级联到一起，得到空间光谱特征 $\boldsymbol{F}^A \in \mathbb{R}^{13 \times 13 \times 400}$，并将其输入网络的最后一个模块中。

7.4.3　特征约简模型

为了挖掘高光谱影像的深层语义特征，同时尽可能地减小网络的计算量，该模型设计了特征约简模型。特征约简模型框架示意图如图 7.6 所示。与特征学习模型类似，在特征约简模型中，同样设置了三个卷积层。将经过多尺度空间-光谱模型所获得的空间光谱特征 $\boldsymbol{F}^A$ 输入特征约简模块中，经过三个卷积层来提取高光谱影像的深层语义特征，并将其送入分类中进行最后的分类任务。需要注意的是，每一个卷积层中，在特征数据经过卷积后，都会对卷积结果进行归一化（BN）和池化（pool）处理，目的是在加快网络训练的同时，减少网络参数并增强网络的泛化能力。由于加入了三个池化层，特征图的空间尺寸不断减小。在特征约简模型中，三个特征图的空间尺寸分别为 7×7、4×4 和 2×2。此外，这三个卷积层虽然采用了相同的卷积核尺寸，但是卷积核的数量各不相同，因此生成的特征图的光谱维度分别为 64、128 和 256。

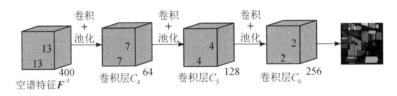

图 7.6　特征约简模型框架示意图

7.5　实验设置及结果分析

7.5.1　实验设置

对于不同的数据集，训练集和测试集的数量在表 7.1～表 7.4 中均有体现。在本章提出模型的实验中，选择 Patch 块大小为 13×13，学习率固定为 1×10^{-4}，每批次训练影像数量等于 16，在 Indian Pines(IP)、University of Pavia(UP)、Botswana 和 Houston 四个数据集上的训练迭代次数分别为 300、100、200 和 300。以 IP 数据集为例，本模型中其他参数见表 7.1。

表 7.1　基于多尺度空间特征和光谱注意力特征的高光谱分类模型参数

网络层名称	卷积核大小及数量	其　他
卷积层 C_1	(3，3)，200	批量归一化
卷积层 C_2	(1，1)，200	批量归一化
卷积层 C_3	(3，3)，200	批量归一化
卷积层 C_4	(3，3)，64	批量归一化，池化：2
卷积层 C_5	(3，3)，128	批量归一化，池化：2
卷积层 C_6	(3，3)，256	批量归一化，池化：2
卷积层 Mask7	(7，7)，1	批量归一化，Softmax
卷积层 Mask5	(5，5)，1	批量归一化，Softmax
卷积层 Mask3	(3，3)，1	批量归一化，Softmax
光谱卷积	(1，1)，200	批量归一化

7.5.2　结果分析

基于多尺度空间特征和光谱注意力特征的高光谱影像分类模型(MSSFN)所用对比实验分别为 SVM[21]、RF-200[22]、Conv-Deconv-Net[40]、2D-CNN[40]、C-2D-CNN[22]、3D-CNN[24]、Spec-Atten-Net[41]。在此基础上，将上一章所提出的基于 3D Octave 卷积和空间-光谱注意力高光谱分类模型也当作本章所提出模型的对比实验。

1. IP 数据集的对比实验分析

在 IP 数据集上统计的不同对比模型的可视化结果如图 7.7 所示，图中(a)到(j)分别为数据标签、SVM、RF-200、Conv-Deconv-Net、2D-CNN、C-2D-CNN、3D-CNN、Spec-Atten-Net、3DOC-SSAN、MSSFN 的可视化结果图，数值分类结果如表 7.2 所示。从图 7.7 中可以很容易地发现，利用基于多尺度空间特征和光谱特征的高光谱分类模型(MSSFN)获得的分类效果图更加接近真实的原始高光谱影像，位于影像中不同区域的内容都能够被很好地识别出来。从数值分析上来看，MSSFN 模型的性能在整体上优于其他对比模型，并且提升效果显著。从评价指标 OA 上来看，本章模型的 OA 指标相对于其他模型的分别提高了14.07%(SVM)、11.84%(RF-200)、3.98%(Conv-Deconv-Net)、2.30%(2D-CNN)、3.08%(C-2D-CNN)、5.90%(3D-CNN)、0.82%(Spec-Atten-Net)、0.18%(3DOC-SSAN)；在评价指标 AA 上分别提升了 7.11%(SVM)、6.94%(RF-200)、1.94%(Conv-Deconv-Net)、1.75%(2D-CNN)、1.48%(C-2DCNN)、2.70%(3D-CNN)、0.47%(Spec-Atten-Net)、0.13%(3DOC-SSAN)；在评价指标 Kappa 系数上分别增强了 16.24%

(SVM)、13.62%（RF-200）、4.61%（Conv-DeconvNet）、3.68%（2D-CNN）、3.56%（C-2D-CNN）、6.82%（3D-CNN）、1.04%（Spec-Atten-Net）、0.20%（3DOC-SSAN）。通过在这三种评价指标的提升可以看出，本章模型可以更好地捕捉影像的深层语义特征，能够更好地挖掘出影像中对分类任务更有用的信息。

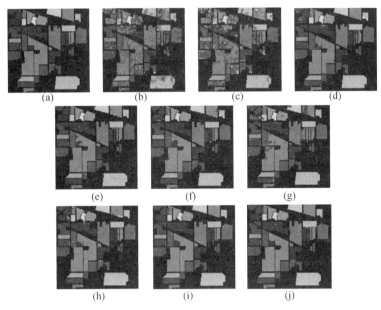

图 7.7　不同对比模型在 Indian Pines(IP)数据集上的可视化结果

表 7.2　不同对比模型在 IP 数据集上的实验数据表(%)

类标	SVM	RF-200	Conv-Deconv-Net	2D-CNN	C-2D-CNN	3D-CNN	Spec-Atten-Net	3DOC-SSAN	MSSFN
1	100.00±0.00	100.00±0.00	100.00±0.00	93.75±0.74	100.00±0.00	98.75±0.56	100.00±0.00	100±0.00	**100.00**±0.00
2	69.92±0.57	75.85±0.62	92.35±1.54	94.60±0.81	95.46±0.36	89.32±0.71	97.28±0.26	**98.72**±0.16	98.65±0.14
3	88.65±2.51	92.31±2.34	96.97±2.49	99.40±0.46	98.62±0.89	95.18±1.34	99.29±0.60	99.47±0.40	**99.70**±0.19
4	97.81±0.91	97.37±0.83	99.69±1.34	99.69±0.29	99.85±0.11	99.71±0.19	99.78±0.17	99.85±0.14	**100.00**±0.00
5	94.83±2.97	97.71±1.36	98.38±1.20	99.70±0.24	99.76±0.20	99.28±0.51	99.70±0.21	99.76±0.23	**100.00**±0.00
6	98.79±0.31	99.35±0.24	98.83±0.72	99.65±0.32	99.35±0.45	98.93±0.86	99.65±0.25	99.76±0.23	**100.00**±0.00
7	100.00±0.00	95.00±2.76	100.00±0.00	98.93±0.27	100.00±0.00	100.00±0.00	100.00±0.00	100.00±0.00	**100.00**±0.00
8	100.00±0.00	100.00±0.00	100.00±0.00	99.89±0.15	100.00±0.00	100.00±0.00	100.00±0.00	100.00±0.00	**100.00**±0.00
9	100.00±0.00	96.00±2.46	100.00±0.00	100.00±0.00	100.00±0.00	100.00±0.00	100.00±0.00	100.00±0.00	**100.00**±0.00
10	84.87±5.47	92.99±4.76	93.29±2.57	95.26±2.34	97.81±1.29	93.53±2.76	98.56±1.63	98.79±1.02	**99.76**±0.02
11	78.75±2.05	80.00±1.96	92.60±1.34	95.53±1.34	92.32±1.21	88.30±2.43	97.54±1.21	**98.91**±0.66	98.48±1.02
12	90.98±6.47	93.95±3.76	96.69±2.93	98.32±1.47	98.28±1.36	98.67±1.05	98.78±1.14	98.81±1.08	**100.00**±0.00

类标	SVM	RF-200	Conv-Deconv-Net	2D-CNN	C-2D-CNN	3D-CNN	Spec-Atten-Net	3DOC-SSAN	MSSFN
13	100.00±0.00	99.27±0.82	100.00±0.00	100.00±0.00	100.00±0.00	100.00±0.00	100.00±0.00	100.00±0.00	**100.00**±0.00
14	96.56±0.96	97.56±0.85	98.69±0.24	99.19±0.36	97.55±0.47	98.17±0.51	99.21±0.62	99.63±0.33	**99.91**±0.05
15	79.76±3.91	66.36±4.25	97.14±1.07	92.86±2.34	92.09±1.58	92.62±3.62	98.39±1.53	98.89±1.02	**99.17**±0.22
16	100.00±0.00	100.00±0.00	99.07±0.65	100.00±0.00	100.00±0.00	99.07±0.68	99.07±0.73	100.00±0.00	**100.00**±0.00
OA	85.25±0.59	87.48±0.67	95.34±0.49	97.02±0.43	96.24±0.38	93.42±0.55	98.50±0.26	99.14±0.16	**99.32**±0.41
AA	92.56±0.98	92.73±1.16	97.73±0.85	97.92±0.74	98.19±0.68	96.97±1.02	99.20±0.54	99.54±0.29	**99.67**±0.32
K	82.96±0.87	85.58±1.04	94.59±0.76	96.52±0.68	95.64±0.65	92.38±0.97	98.16±0.49	99.00±0.26	**99.20**±0.48

通过观察表 7.2 中每个类别的分类结果，发现只有在类别 2 和 11 上，MSSFN 模型没有达到最优；而在剩下的类别中，该模型的准确率都要高于其他对比模型。即使是在没有达到最优结果的两个地物类别上，该模型也和最优的结果相差甚微。整体来看，这个数据集共有 16 个地物类别，但是该模型在其中 10 个地物类别的分类准确率上都达到了 100%，这是其他对比模型远远达不到的。上述结果可以充分说明，MSSFN 模型对于 IP 数据集是非常有效的，对于不同地物类别的识别能力是比较突出的。

2. UP 数据集的对比实验分析

在 University of Pavia 数据集上统计的不同对比模型的可视化结果如图 7.8 所示，图中(a)到(j)分别为数据标签、SVM、RF-200、Conv-Deconv-Net、2D-CNN、C-2D-CNN、

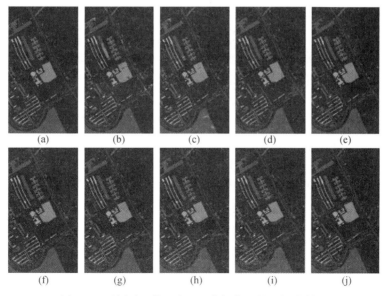

图 7.8　不同对比模型在 UP 数据集上的可视化结果

3D-CNN、Spec-Atten-Net、3DOC-SSAN、MSSFN 的可视化结果图，数值分类结果如表7.3 所示。

表 7.3　不同对比模型在 UP 数据集上的实验数据表(%)

类标	SVM	RF-200	Conv-Deconv-Net	2D-CNN	C-2D-CNN	3D-CNN	Spec-Atten-Net	3DOC-SSAN	MSSFN
1	89.23±1.74	96.04±1.28	97.92±0.69	99.34±0.43	99.31±0.47	99.27±0.36	99.66±0.25	99.82±0.14	**99.84±0.09**
2	92.87±0.23	93.79±0.26	99.02±0.20	99.56±0.18	99.85±0.12	99.84±0.12	99.76±0.19	99.93±0.05	**99.93±0.03**
3	83.57±1.36	92.42±1.75	98.28±1.23	98.83±0.97	98.71±0.86	99.28±0.98	99.69±0.41	99.58±0.36	**99.94±0.02**
4	98.46±0.34	99.29±0.45	99.20±0.52	98.97±0.81	99.71±0.29	99.75±0.22	99.78±0.20	99.81±0.19	**99.84±0.12**
5	99.96±0.12	99.93±0.14	100.00±0.00	99.64±0.27	100.00±0.00	100.00±0.00	99.82±0.16	100.00±0.00	**100.00±0.00**
6	90.16±0.58	96.62±0.47	98.72±0.94	99.82±0.23	99.84±0.17	99.87±0.10	99.98±0.02	100.00±0.00	**100.00±0.00**
7	92.73±1.24	97.28±0.98	98.83±1.12	99.15±0.63	99.54±0.44	98.79±0.83	99.75±0.16	99.76±0.21	**100.00±0.00**
8	95.52±1.36	98.21±0.62	98.86±0.83	99.05±0.75	99.60±0.31	99.36±0.53	99.54±0.29	99.80±0.16	**99.82±0.14**
9	99.61±0.27	100.00±0.00	99.58±0.13	100.00±0.00	100.00±0.00	99.97±0.02	100.00±0.00	100.00±0.00	**100.00±0.00**
OA	92.46±0.94	95.61±0.87	98.81±0.42	99.42±0.39	99.68±0.24	99.66±0.30	99.75±0.17	99.87±0.08	**99.95±0.02**
AA	93.57±1.35	97.06±0.68	98.93±0.67	99.37±0.54	99.62±0.26	99.57±0.23	99.77±0.20	99.85±0.15	**99.96±0.02**
K	89.92±1.27	94.06±0.95	98.38±0.53	99.34±0.44	99.58±0.39	99.54±0.42	99.65±0.28	99.82±0.16	**99.93±0.05**

通过图 7.8 可以看出，利用 MSSFN 模型所得到的分类效果图是非常清晰的，对于不同区域、不同类别的划分是非常明显的，不同区域之间的边界非常明了。这说明，该模型中所用到的多尺度空间 Mask 模型能够充分挖掘出影像的空间信息，在多个尺度下辨别出不同空间内容的差别。从实验数据表 7.3 中可以看出，MSSFN 模型在三个评价指标上都明显高于其他对比模型，即使是分类已经达到很好效果的 3DOC-SSAN，也要弱于此模型。其中，在 OA 上分别提高了 7.49%(SVM)、4.34%(RF-200)、1.14%(Conv-Deconv-Net)、0.53%(2D-CNN)、0.27%(C-2D-CNN)、0.29%(3D-CNN)、0.20%(Spec-Atten-Net)、0.08%(3DOC-SSAN)；在 AA 上分别提升了 6.39%(SVM)、2.90%(RF-200)、1.03%(Conv-Deconv-Net)、0.59%(2D-CNN)、0.34%(C-2D-CNN)、0.39%(3D-CNN)、0.19%(Spec-Atten-Net)、0.11%(3DOC-SSAN)；在 Kappa 系数上分别增长了 10.01%(SVM)、5.87%(RF-200)、1.55%(Conv-Deconv-Net)、0.59%(2D-CNN)、0.35%(C-2D-CNN)、0.39%(3D-CNN)、0.28%(Spec-Atten-Net)、0.11%(3DOC-SSAN)。

对于单独的地物类别来说，MSSFN 模型在所有的地物类别上的分类精度都达到了最优的结果，有四个地物类别的准确率达到了 100%，而剩下的分类精度最低也有 99.82%，这也就意味着此模型几乎可以把 UP 数据集中所有的像素点都识别出来，其原因是：本模型中所用到的光谱注意力模型能够充分挖掘每个地物类别的光谱信息，极大地增加了不同类别之间的距离。从上述的讨论中可以发现，MSSFN 模型是非常适合 UP 数据集的。

3. Botswana 数据集的对比实验分析

在 Botswana 数据集上统计的不同对比模型的可视化结果图如图 7.9 所示，图中(a)到 (j)分别为数据标签、SVM、RF-200、Conv-Deconv-Net、2D-CNN、C-2D-CNN、3D-CNN、Spec-Atten-Net、3DOC-SSAN、MSSFN 的可视化结果图，数值分类结果如表 7.4 所示。通过图 7.9 可以看出，与其他对比试验比较，使用 MSSFN 模型生成的视觉分类图更加接近真实的标签数据，能更准确地表现出不同地物类别的空间分布位置，不同地物类别之间变化明显，这说明该模型能够正确的区分不同的地物目标，深度挖掘其语义特征。从表 7.4 中的数值结果来看，MSSFN 模型的 OA、AA 和 Kappa 值均远远高于其他模型，这说明此模型的性能得到了极大的提高。对于总体准确率 OA 来说，该模型相比于对比模型分别提高了 4.60%(SVM)、4.47%(RF-200)、1.55%(Conv-Deconv-Net)、1.48%(2D-CNN)、1.29%(C-2D-CNN)、2.64%(3D-CNN)、0.85%(Spec-Atten-Net)、0.16%(3DOC-SSAN)；对于平均准确率 AA 来说，此模型相比于对比模型分别提升了 5.77%(SVM)、3.53%(RF-200)、1.56%(Conv-DeconvNet)、1.87%(2D-CNN)、1.10%(C-2D-CNN)、

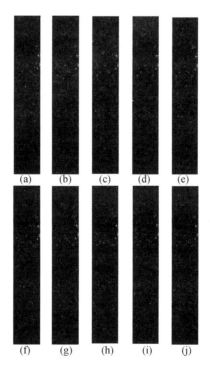

(a)　(b)　(c)　(d)　(e)

(f)　(g)　(h)　(i)　(j)

图 7.9　不同对比模型在 Botswana 数据集上的可视化结果

2.33％（3D-CNN）、0.80％（Spec-Atten-Net）、0.11％（3DOC-SSAN）；对于 Kappa 系数来说，该模型相比于对比模型分别增长了 5.32％（SVM）、4.70％（RF-200）、1.62％（Conv-Deconv-Net）、1.54％（2D-CNN）、1.34％（C-2D-CNN）、2.80％（3D-CNN）、0.86％（Spec-Atten-Net）、0.11％（3DOC-SSAN）。

表 7.4　不同对比模型在 Botswana 数据集上的实验数据表（％）

类标	SVM	RF-200	Conv-Deconv-Net	2D-CNN	C-2D-CNN	3D-CNN	Spec-Atten-Net	3DOC-SSAN	MSSFN
1	99.50±0.32	100.00±0.00	99.50±0.36	98.79±0.89	100.00±0.00	99.92±0.12	99.83±0.16	100.00±0.00	**100.00±0.00**
2	98.87±1.04	100.00±0.00	99.15±0.75	98.91±0.56	100.00±0.00	99.15±0.43	98.59±0.39	100.00±0.00	**100.00±0.00**
3	96.29±1.40	96.20±1.59	99.82±0.15	99.04±0.82	100.00±0.00	97.20±1.29	99.55±0.38	100.00±0.00	**100.00±0.00**
4	79.78±3.47	97.84±1.45	99.34±0.51	99.24±0.73	99.56±0.44	99.46±0.62	99.62±0.06	99.60±0.36	**100.00±0.00**
5	78.42±4.69	84.77±3.95	90.79±1.37	94.27±1.25	91.05±1.93	85.52±3.67	93.30±1.29	98.86±1.05	**99.21±0.35**
6	90.63±0.34	86.94±1.39	96.40±1.07	91.64±0.55	94.39±0.37	93.55±0.86	96.65±0.38	98.87±0.21	**99.37±0.19**
7	100.00±0.00	99.65±0.34	99.74±0.25	99.35±0.41	100.00±0.00	99.83±0.16	100.00±0.00	100.00±0.00	**100.00±0.00**
8	95.03±2.92	99.77±0.36	100.00±0.00	98.87±1.04	100.00±0.00	99.77±0.24	99.88±0.06	100.00±0.00	**100.00±0.00**
9	90.85±1.45	86.72±3.94	98.52±1.16	98.24±1.07	97.89±0.62	97.54±1.33	99.65±0.43	99.83±0.05	**100.00±0.00**
10	100.00±0.00	98.99±0.34	100.00±0.00	98.62±0.59	100.00±0.00	100.00±0.00	99.91±0.07	100.00±0.32	**100.00±0.00**
11	98.04±0.49	99.13±0.56	99.49±0.24	97.45±1.34	99.78±0.15	97.16±0.98	99.49±0.09	99.36±0.41	**100.00±0.00**
12	96.16±1.24	100.00±0.00	95.49±0.87	98.89±0.89	100.00±0.00	97.02±1.48	100.00±0.00	100.00±0.00	**100.00±0.00**
13	93.70±0.52	98.57±0.92	98.81±1.04	98.74±0.76	100.00±0.00	99.58±0.37	100.00±0.00	100.00±0.00	**100.00±0.00**
14	100.00±0.00	100.00±0.00	99.08±0.75	99.83±0.16	100.00±0.00	99.69±0.04	100.00±0.00	100.00±0.00	**100.00±0.00**
OA	95.22±1.09	95.35±0.94	98.27±0.71	98.34±0.69	98.53±0.35	97.18±0.41	98.97±0.36	99.66±0.19	**99.82±0.08**
AA	94.09±1.58	96.33±1.23	98.30±0.92	97.99±0.85	98.76±0.56	97.53±0.78	99.06±0.44	99.75±0.28	**99.86±0.04**
K	94.42±1.49	95.04±1.36	98.12±0.82	98.20±0.84	98.40±0.63	96.94±0.67	98.88±0.58	99.63±0.33	**99.74±0.10**

从单独的类别来看，MSSFN 模型在所有地物类别上的分类精度都超过了 99.20％，这是其他对比模型远远没有达到的。在 Botswana 数据集中，共有 14 个地物类别，此模型在所有类别中都达到了最优的结果，并且有 12 个地物类别的精度达到了 100％。这也就说明该模型具有强大的特征学习能力，能够充分探索高光谱影像的空间信息和光谱信息，并能够出色完成高光谱影像的分类任务。上述实验结果表明，MSSFN 模型在 Botswana 数据集上是非常有效的。

4. Houston 数据集的对比实验分析

在 Houston 数据集上统计的不同对比模型的可视化结果图如图 7.10 所示，图中（a）到

(j)分别为数据标签、SVM、RF-200、Conv-Deconv-Net、2D-CNN、C-2D-CNN、3D-CNN、Spec-Atten-Net、3DOC-SSAN、MSSFN 的可视化结果图，数值分类结果如表7.5所示。通过图7.10可以发现，利用 MSSFN 模型获得分类特征图与真实的标签图是最接近的。从整体来看，此模型在三个评价指标上提升都比较明显。比较来看，OA 值分别提高21.01%（SVM）、13.59%（RF-200）、9.45%（Conv-Deconv-Net）、7.52%（2D-CNN）、2.75%（C-2D-CNN）、8.29%（3D-CNN）、8.51%（Spec-Atten-Net）、0.43%（3DOC-SSAN）；AA 值分别提升了22.70%（SVM）、15.57%（RF-200）、11.56%（ConvDeconv-Net）、8.96%（2D-CNN）、3.92%（C-2D-CNN）、11.87%（3D-CNN）、10.00%（SpecAtten-Net）、0.59%（3DOC-SSAN）；Kappa 系数分别增长了22.73%（SVM）、13.64%（RF-200）、9.91%（Conv-Deconv-Net）、8.04%（2D-CNN）、3.91%（C-2D-CNN）、9.33%（3D-CNN）、9.11%（Spec-Atten-Net）、0.46%（3DOC-SSAN）。

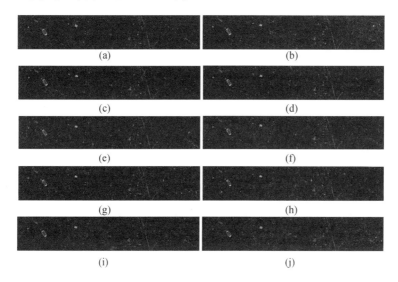

图7.10　Houston数据集上不同对比模型的可视化结果

表7.5　不同对比模型在 Houston 数据集上的实验数据表(%)

类标	SVM	RF-200	Conv-Deconv-Net	2D-CNN	C-2D-CNN	3D-CNN	Spec-Atten-Net	3DOC-SSAN	MSSFN
1	80.53±3.89	80.98±2.45	78.79±3.71	82.52±1.76	82.52±1.02	80.24±2.54	81.86±1.32	82.91±1.04	**83.07±0.97**
2	76.22±1.24	79.61±1.29	80.64±1.51	83.08±1.07	**85.15±0.86**	74.81±1.46	81.01±0.72	**85.15±0.50**	84.19±1.32
3	50.69±3.91	55.45±5.78	63.34±3.82	64.75±3.29	90.09±1.24	58.01±2.86	61.38±2.67	96.41±0.69	**96.53±0.51**
4	82.67±1.29	85.05±0.92	89.40±0.81	79.73±0.84	92.99±0.65	91.75±0.58	89.67±0.55	**93.03±0.32**	**93.03±0.17**
5	93.75±1.74	97.62±0.81	96.49±0.92	99.71±0.21	100.00±0.00	92.61±1.87	96.21±0.95	**100.00±0.00**	**100.00±0.00**

类标	SVM	RF-200	Conv-Deconv-Net	2D-CNN	C-2D-CNN	3D-CNN	Spec-Atten-Net	3DOC-SSAN	MSSFN
6	69.23±3.47	80.50±1.27	81.12±1.14	93.06±0.52	95.21±0.31	93.00±0.49	84.92±1.03	**95.58**±0.21	94.39±0.54
7	80.95±0.46	76.66±0.87	85.36±0.57	83.02±0.39	82.28±0.36	**85.64**±0.31	81.25±0.89	85.59±0.46	85.62±0.39
8	37.13±8.93	44.26±7.38	69.89±3.92	74.45±3.81	65.05±1.49	55.56±3.60	66.57±1.63	79.54±0.40	**80.31**±0.21
9	78.56±0.91	80.72±0.72	81.21±0.69	83.57±0.85	85.55±0.55	84.71±0.64	84.14±0.60	**85.85**±0.33	85.26±0.44
10	40.51±1.85	39.34±2.03	58.38±1.47	56.08±1.58	56.27±0.81	43.14±5.95	53.86±4.87	66.20±2.63	**67.38**±1.79
11	48.39±3.73	65.18±1.28	60.92±1.03	72.58±1.93	**91.36**±1.40	76.03±2.89	70.88±1.65	89.72±0.83	88.20±1.99
12	76.17±2.99	76.57±2.73	92.22±1.04	91.64±1.47	85.59±1.93	81.75±0.82	90.68±0.37	95.01±0.31	**95.46**±0.27
13	70.52±1.64	85.71±2.83	88.77±0.58	84.91±1.29	90.17±0.37	90.52±0.46	80.35±1.25	90.75±1.34	**91.24**±1.75
14	72.06±2.34	89.50±1.34	80.97±1.84	89.87±1.23	95.95±0.86	79.76±2.31	98.78±0.45	**100.00**±0.00	**100.00**±0.00
15	57.24±3.20	84.35±1.53	74.21±2.88	81.82±1.55	96.09±0.59	89.47±1.07	83.51±1.92	96.53±0.37	**96.96**±0.24
OA	66.91±2.66	74.43±1.34	78.57±1.16	80.50±0.84	85.27±0.74	79.73±1.26	79.51±1.08	87.59±0.49	**88.02**±0.54
AA	67.64±2.74	74.77±1.43	78.78±1.09	81.38±0.92	86.42±0.76	78.47±1.33	80.34±1.00	89.75±0.52	**90.34**±0.23
Kappa	64.22±2.49	73.31±1.27	77.04±1.25	78.91±0.77	83.04±0.69	77.62±1.40	77.84±0.98	86.49±0.55	**86.95**±0.28

从单独的类别来看，在 Houston 数据集的 15 个地物类别中，MSSFN 模型在其中 10 个类别上都达到了最优的分类效果，远远多于其他对比模型。尤其对于类别 13 来说，对比模型中在评价指标 OA 上的最高值为 90.75%（3DOC-SSAN）；但是，MSSFN 模型却实现了 91.24% 的分类精度，这个提升是很不容易实现的。这说明 MSSFN 模型在 Houston 数据集上能够充分挖掘影像的信息，找出为分类任务作出贡献的重要的光谱波段和空间区域。

7.6 本章小结

本章主要基于上一章提出的 3D 八度网络训练时间相对较长的问题，重新设计了一个训练时间短、参数量小的端到端的高光谱影像分类网络，在减少网络训练时间的同时保证网络的分类精度。该网络被命名为基于多尺度空间特征和光谱特征的高光谱影像地物分类模型。首先，本模型使用由卷积核大小不同的三个简单的卷积操作，即特征学习模型，对高光谱影像进行浅层特征提取，提取的特征同时包含了空间信息和光谱信息，且具有很好的表征能力。其次，将提取的空间-光谱特征输送到设计好的多尺度空间-光谱模型之中。此模型包含两个模型，分别为空间 Mask 模型和光谱注意力模型。通过空间 Mask 模型，可以提取高光谱影像的多尺度空间特征，并且突出影像中的重要空间区域；利用光谱注意力模型，具有辨别性的光谱特征能够被挖掘出来，同时重要的光谱波段也会被强调出来。然后，将多尺度空间特征和光谱注意力特征在光谱维度上级联起来并送入下一个模型中。最后，本模型再次利用由 3 个简单的卷积层组成的特征约简模型深度挖掘影像的语义信息，并将学习到的特征送入最后的分类器中。在 4 个公用数据集上的结果显示，MSSFN 模型能够达到良好的分类性能。尽管该网络能够达到极高的分类性能，但是网络训练所需要的数据都接近或超过总数据的 10%，这无疑产生了较高的成本。因此，我们进一步的工作重心是研究在极少量样本下，探索出一个适合高光谱影像分类任务的网络。

第 8 章
半监督小样本空间光谱图卷积深度学习

8.1　引　言

基于深度学习的高光谱影像地物分类模型虽然能实现理想的分类性能,但是需要大量的标注训练样本以及较大的计算资源。然而,在高光谱影像领域中,获取大量的标注训练样本是非常困难且代价高的。此外,基于卷积神经网络的分类模型中接受域受到卷积核的限制,只能是固定大小,虽然能够比较容易地捕捉到中心像素与相邻像素的关系,但是很难捕捉到中心像素与远距离像素之间的关系,即全局信息。考虑到神经网络的局限性,图卷积网络吸引了研究人员的注意。一方面,基于图卷积的分类模型可以用半监督的方式完成分类任务,与有监督方式相比,基于图的半监督分类模型可以有效地减轻标注训练样本的工作量负担;另一方面,由于图的结构,像素之间的局部关系与全局关系都可以被获得。然而,如果把高光谱影像中每一个像素点都当作图的一个节点来处理,那么构造的邻接矩阵很大,无法用有限的计算资源进行处理;其次,很多图卷积的邻接矩阵是固定不变的,即静态图,这也极大地限制了图卷积在高光谱影像分类任务上的应用。

针对上述问题,本章提出一种新的基于图卷积的高光谱分类模型,称为基于空间-光谱图卷积的半监督高光谱影像分类模型(Semi-supervised Hyperspectral Image Classification Based on Spatial and Spectral Graph Convolution Network,SSGCN)。在此分类模型中,首先,使用简单线性迭代聚类(Simple Linear Iterative Clustering,SLIC)模型将原始的高光谱影像划分为多个均匀区域,即超像素块。其次,对每个超像素块,都使用图卷积操作探索影像局部的空间特征和光谱特征,构建多个光谱图卷积模型。接下来,设计空间图卷积模型,将每个区域的特征当作图卷积的一个节点,挖掘影像的全局信息。最后,设计一种区域特征和像素级特征的特征转换方式,并利用生成的像素级特征对高光谱影像进行分类。

8.2 简单线性迭代聚类算法

SLIC 模型[46]，即简单线性迭代聚类，属于一种超像素分割模型，通常应用在影像预处理步骤中。超像素概念 2003 年被提出，定义为具有相似纹理、颜色、亮度等特征的相邻像素连接在一起，合并成具有一定视觉意义的不规则像素块。基于超像素概念而发展起来的超像素分割模型，主要是利用相邻像素点之间特征的相似性，将像素点进行分组，形成区域性划分，即超像素块。用少量的超像素块代替大量的像素点来对影像进行表征，这在很大程度上能够降低影像后续处理的复杂度，通常作为影像处理的预处理步骤。

SLIC 模型思想简单、实现方便，在 2010 年被设计出来，通过像素之间的颜色相似性与邻近性来实现聚类的目的。SLIC 主要是将彩色影像转化为 CIELAB 颜色空间和 XY 坐标下的 5 维特征向量，然后对 5 维特征向量构造距离度量标准，对影像像素进行局部聚类的过程。其具体方法如下：

（1）通过对影像像素进行抽样，初始化 K 个聚类中心，然后以步长 S 进行滑动，将影像分为 K 个网格，每个网格的中心就是聚类中心。

（2）初始化每个像素点的标签为 -1，每个像素点与聚类中心的距离为无穷大。

（3）在该聚类中心相邻的 8 个像素点中，找到最小梯度方向，并将该点设为新的聚类中心，直至聚类中心不再变化。

（4）对每个聚类中心点，考虑以该点为中心，边长为 $2S$ 的正方形区域内的所有像素点，计算每个点与聚类中心的距离。距离公式如式（8.1）所示

$$d_{lab} = abs(l_i - l_k) + abs(a_i - a_k) + abs(b_i - b_k) d_{xy}$$
$$= abs(x_i - x_k) + abs(y_i - y_k)$$
$$dist = d_{lab} + k \times d_{xy} \tag{8.1}$$

（5）对 K 个聚类中心点进行更新，找到所有标签 label 值为 K 的点，求其平均值，得到新的聚类中心。

（6）计算剩余误差，通过迭代上述步骤，直至误差满足条件为止。

（7）后处理步骤，用连通性将独立点归至超像素。

利用 SLIC 超像素分割模型生成的超像素块紧凑整齐，邻域特征比较容易表达，这样基于像素的模型可以比较容易地改造为基于超像素的模型。同时，SLIC 不仅在彩色影像上发挥作用，而且在单通道灰度图像上同样可以获得较好的分割效果。SLIC 操作简便，参数量很少，使用时一般只需要手动设置好需要分割的超像素块的数量即可。利用 SLIC 得到的分割效果图如图 8.1 所示。

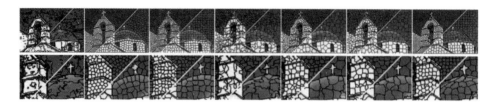

图 8.1　SLIC 分割效果图

8.3　图卷积网络

卷积神经网络虽然可以在很多任务中取得较好的效果，但是它只适用于具有规则结构的欧氏空间的数据。现实生活中，其实有很多数据的结构都是不规则的，典型的就是图结构（或称拓扑结构），如社交网络、化学分子结构、知识图谱等；即使是语言，实际上其内部也是复杂的树形结构，这也是一种图结构；而像图片，在对其进行解译的时候，人们关注的实际上只是二维图片上的部分关键点，这些点组成的也是一个图结构。将影像中的某个区域当作一个节点（Node），计算不同区域之间的距离关系，即用于连接不同节点的边（Edge），就构成了图论中的图，它是一种非结构化数据，图结构模型如图 8.2 所示。

图 8.2　图结构模型

图的结构非常不规则，图上每个节点周围的数据结构可能是互不相同的，因此图结构并不具备平移不变性。对于卷积神经网络，主要是通过卷积、池化等操作来提取影像的特征；而对于图结构，通常来说是通过图卷积的方式进行特征提取。图卷积网络实际上跟卷积神经网络的作用是一样的，都是一个特征提取器，只不过它的对象是图数据。利用图卷积直接在图上进行操作，旨在通过从图形节点的邻域中聚合信息来提取高级特征，利用图数据进行节点分类、图分类、边预测等工作。图卷积网络结构示意图如图 8.3 所示，与卷积神经网络类似，图卷积网络的结构也是一层一层堆叠起来的。然而，像图中展示的那样，图卷积网络是以一整幅图作为网络输入的。在图卷积层 1 中，对所有的图节点都进行一次图卷积操作，并利用得到的结果对节点的特征进行更新，然后使用 ReLU 激活函数进行非线性激活；利用相同的操作可以堆叠多个图卷积层，直到可以挖掘出影像的代表性特征。

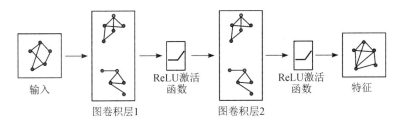

ReLU激活
函数　　　　ReLU激活
函数

输入　　　图卷积层1　　　图卷积层2　　　特征

图 8.3　图卷积网络结构示意图

　　图卷积神经网络主要有两类，一类是基于空域的图卷积，另一类则是基于频域的图卷积。基于空域的图卷积与普通卷积结构十分类似，就是用相应顶点连接的邻域来提取特征，其核心在于聚合邻域结点的信息；而基于频域的图卷积则是先在图上进行信号处理的变换，如傅里叶变换或者拉普拉斯变换，进而进行图的卷积，从而提取图的特征。

　　在图卷积之中，拉普拉斯变换和傅里叶变换起到了非常重要的作用，借助于图的拉普拉斯矩阵的特征值和特征向量，能够让图卷积网络快速准确地挖掘到影像中丰富的信息。假设给定一个图 $\mathcal{G}=(\mathcal{V},\varepsilon,\boldsymbol{A})$，其中 $\mathcal{V}$ 和 ε 表示图的节点集合和边集合，$\boldsymbol{A}$ 表示图 $\mathcal{G}$ 的邻接矩阵，它能表示出图中任意两个节点之间的邻接关系。邻接矩阵 $\boldsymbol{A}$ 中任一元素 $\boldsymbol{A}_{ij}$ 的都可以用高斯核函数（gaussian kernel function，GKF）获得，其计算如式（8.2）所示：

$$\boldsymbol{A}_{ij}=\mathrm{e}^{-\frac{\|x_i-x_j\|^2}{2\sigma^2}} \tag{8.2}$$

式中，$\boldsymbol{A}_{ij}$ 表示第 i 个节点和第 j 个节点之间的相似性关系；σ 是一个矩阵度量参数，目的是控制高斯核函数的宽度；x_i 表示第 i 个节点的特征表示，x_j 表示第 j 个节点的特征表示。首先，为了在图 $\mathcal{G}$ 中嵌入节点特征，需要在图上定义一个光谱滤波，它表示信号 x 与 $g_\theta=\mathrm{diag}(\boldsymbol{\theta})$ 在 Fourier 域中的乘积。

$$g_\theta * x = U g_\theta U^\mathrm{T} x \tag{8.3}$$

式中，U 是由归一化图拉普拉斯矩阵 L 的特征向量组成的矩阵。

$$L = I - D^{-\frac{1}{2}} A D^{-\frac{1}{2}} = U \boldsymbol{\Lambda} U^\mathrm{T} \tag{8.4}$$

式中，$\boldsymbol{\Lambda}$ 是一个由拉普拉斯矩阵 L 的特征值组成的对角矩阵；D 是邻接矩阵 A 的度矩阵，并且其对角线元素 $D_{ii}=\sum_j \boldsymbol{A}_{ij}$；$I$ 是一个大小适中的单位矩阵；g_θ 可以理解为 L 的特征值函数。为了减少式（8.3）中特征向量分解的计算损耗，Hammond 等人[47]以切比雪夫多项式 $T_k(x)$ 为依据，设计出一个 K 项截断展开式，使其近似等于 $g_\theta(\boldsymbol{\Lambda})$，其近似表达式为

$$g_{\theta'}(\boldsymbol{\Lambda}) \approx \sum_{k=0}^{K} \boldsymbol{\theta}'_k T_k(\widetilde{\boldsymbol{\Lambda}}) \tag{8.5}$$

$\boldsymbol{\theta}'$ 是切比雪夫系数向量，$\widetilde{\boldsymbol{\Lambda}}=(2/\lambda_{\max})\boldsymbol{\Lambda}-I$，其中 $\lambda_{\max}$ 是 L 最大特征值，切比雪夫多项式 $T_k(x)$ 被定义为

$$T_k(\boldsymbol{x}) = 2\boldsymbol{x}T_{k-1}(\boldsymbol{x}) - T_{k-2}(\boldsymbol{x}) \tag{8.6}$$

$T_0(\boldsymbol{x}) = 1$，$T_1(\boldsymbol{x}) = \dot{\boldsymbol{x}}$。由此，可以近似完成在信号 $\boldsymbol{x}$ 的卷积操作：

$$g_{\theta'} * \boldsymbol{x} \approx \sum_{k=0}^{K} \boldsymbol{\theta}'_k T_k(\widetilde{\boldsymbol{L}})\boldsymbol{x} \tag{8.7}$$

$\widetilde{\boldsymbol{L}} = (2/\lambda_{max})\boldsymbol{L} - \boldsymbol{I}$ 是具有尺度的拉普拉斯矩阵。上述式(8.7)通过 $(\boldsymbol{U}\boldsymbol{\Lambda}\boldsymbol{U}^{\mathrm{T}})^k = \boldsymbol{U}\boldsymbol{\Lambda}^k\boldsymbol{U}^{\mathrm{T}}$ 很容易就能被验证。

基于式(8.7)，能够实现图卷积操作，而堆叠多个图卷积层，就能搭建一个图卷积神经网络。通过这种方法，可以利用相同配置的多个图卷积层来导出不同的卷积滤波函数。利用线性公式，Welling 等人进一步逼近 λ_{max} 的值，使其无限接近于 2，即 $\lambda_{max} \approx 2$。考虑到网络参数可以在训练过程中适应这种规模的变化，式(8.7)可以变形为

$$g_{\theta'} * \boldsymbol{x} \approx \boldsymbol{\theta}'_0\boldsymbol{x} + \boldsymbol{\theta}'_1(\boldsymbol{L} - \boldsymbol{I})\boldsymbol{x} = \boldsymbol{\theta}'_0\boldsymbol{x} - \boldsymbol{\theta}'_1\boldsymbol{D}^{-\frac{1}{2}}\boldsymbol{A}\boldsymbol{D}^{-\frac{1}{2}}\boldsymbol{x} \tag{8.8}$$

$\boldsymbol{\theta}'_0$ 和 $\boldsymbol{\theta}'_1$ 是两个自由参数。由于减少参数的数量有利于解决过拟合问题，因此式(8.8)可以进一步写为

$$g_{\theta} * \boldsymbol{x} \approx \boldsymbol{\theta}\left(\boldsymbol{I} + \boldsymbol{D}^{-\frac{1}{2}}\boldsymbol{A}\boldsymbol{D}^{-\frac{1}{2}}\right)\boldsymbol{x} \tag{8.9}$$

式中，$\boldsymbol{\theta} = \boldsymbol{\theta}'_0 = -\boldsymbol{\theta}'_1$。由于 $\boldsymbol{I} + \boldsymbol{D}^{-\frac{1}{2}}\boldsymbol{A}\boldsymbol{D}^{-\frac{1}{2}}$ 在 0~2 的范围内均有特征值，因此反复应用此算子将导致网络中的数值产生不稳定情况，甚至发生消失梯度现象。为了解决这个问题，Welling 等人加入一个计算技巧，即 $\boldsymbol{I} + \boldsymbol{D}^{-\frac{1}{2}}\boldsymbol{A}\boldsymbol{D}^{-\frac{1}{2}} \rightarrow \widetilde{\boldsymbol{D}}^{-\frac{1}{2}}\widetilde{\boldsymbol{A}}\widetilde{\boldsymbol{D}}^{-\frac{1}{2}}$，且 $\widetilde{\boldsymbol{A}} = \boldsymbol{A} + \boldsymbol{I}$，$\widetilde{\boldsymbol{D}}_{ii} = \sum_j \widetilde{\boldsymbol{A}}_{ij}$，因此图卷积网络中的卷积运算可以表示为

$$\boldsymbol{H}^{(l)} = \sigma\left(\widetilde{\boldsymbol{D}}^{-\frac{1}{2}}\widetilde{\boldsymbol{A}}\boldsymbol{D}^{-\frac{1}{2}}\boldsymbol{H}^{(l-1)}\boldsymbol{W}^{(l)}\right) \tag{8.10}$$

式中，$\boldsymbol{H}^{(l)}$ 表示第 l 个图卷积层的输出矩阵，$\sigma(\cdot)$ 表示激活函数（即 softplus($\cdot$)函数），$\boldsymbol{W}^{(l)}$ 表示第 l 层中可训练的参数矩阵。

8.4 基于空间-光谱图卷积的半监督高光谱影像分类模型

基于空间-光谱图卷积的半监督高光谱影像分类模型框架示意图如图 8.4 所示，其中主要包含三个部分，分别为光谱图模型（Spectral Graph Model，SpeGM）、空间图模型（Spatial Graph Model，SpaGM）和特征转换模型（Feature Transform Model，FTM）。利用 SLIC 超像素分割模型对原始的高光谱影像进行分割处理，得到原始的区域分割图（Initial Region Map，IRM），再将 IRM 作用到高光谱影像上，将高光谱影像分割成多个超像素块。

将分割得到的多个超像素块送入光谱图模型中,用于提取高光谱影像的光谱特征;同时,由于图卷积的特殊性,因此也能够获得高光谱局部区域的空间特征。利用光谱图模型,该网络可以挖掘出影像的光谱信息和局部空间信息。将光谱图模型的多个输出特征转化为向量表示,并输入到空间图模型中。通过空间图模型,高光谱影像中距离较远的像素点之间的关系也能被挖掘出来,即全局空间信息。由于空间图模型输出的特征仅代表着区域级特征,无法完成最终的分类任务,因此本章设计了一种特征转换模型,用来将区域级特征转换为像素级特征,并利用像素级特征进行最终的分类任务。需要说明的是,本模型是一个端到端的分类网络,网络的输入为整张高光谱影像,关注到了所有像素点的信息;同时,网络进行训练时只使用极少量的有标签样本,因此本模型属于一种半监督的分类模型。

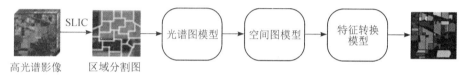

图 8.4 基于空间-光谱图卷积的半监督高光谱影像分类框架示意图

8.4.1 光谱图模型

光谱图模型框架示意图如图 8.5 所示。首先,利用 SLIC 模型将原始的高光谱影像生成 n 个超像素块,基于超像素分割理论,可以近似地认为同一个超像素块内所有的像素点都属于一个地物类别。然后,在每一个超像素块中,分别构建图卷积模型,一共可以构建 n 个

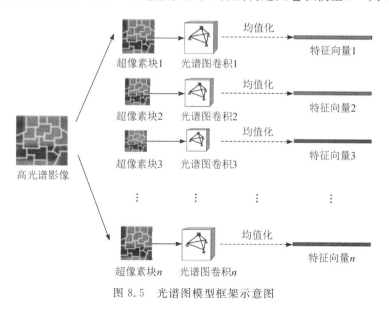

图 8.5 光谱图模型框架示意图

小的光谱图卷积。在每个光谱图卷积中，以超像素块中的每个像素点当作图的一个节点，计算同一个超像素块内所有像素点之间的关系，其邻接矩阵如式(8.11)所示：

$$A_{ij} = e^{-\gamma \parallel x_i - x_j \parallel^2} \tag{8.11}$$

式中，γ 为一个超参数，在本章的实验中将其设置为 0.1，$\parallel \cdot \parallel$ 表示欧氏距离，x_i 表示超像素块内的第 i 个光谱向量。图卷积的运算如式(8.10)所示，激活函数选择的是 softplus(•)函数。另外，需要说明的是，本模型设计的每个光谱图卷积模块中都包含两层图卷积操作，并且在两层图卷积中，其邻接矩阵都是固定不变的。

由于将超像素块中每个像素点的光谱向量当作图的节点来构建图模型，而图卷积又时刻更新节点的特征表示，因此在此模块中，实际上是对高光谱影像的光谱向量不断进行学习更新，不断挖掘高光谱影像的光谱信息。同时，由于图卷积中邻接矩阵表示的是不同节点之间的关系，也就是不同像素点之间的关系，因此在更新像素点光谱向量的同时，该模块也考虑了超像素块内的空间信息，即影像的局部空间信息。在对每个超像素块都进行光谱图卷积后，可以得到 n 个包含光谱信息和局部空间信息的特征图。然后，在每个特征图中，对每个波段上所有像素点的像素值取均值。通过这个操作，可以得到 n 个表示超像素块特征的特征向量，每个特征向量的维度等于高光谱影像的光谱维度，每个特征向量都包含相对应的超像素块的光谱信息和局部空间信息。

8.4.2 空间图模型

空间图模型框架示意图如图 8.6 所示。对于空间图模型来说，主要目的是捕捉不同超像素块之间的关系，即影像的全局空间信息。首先，对于从光谱图模型获得的 n 个特征向量来说，每个特征向量都代表的是一个超像素块。然后将每个超像素块的特征向量当作空间图的一个节点，搭建空间图模型。空间图卷积如式(8.10)所示，邻接矩阵计算如式(8.12)所示：

$$A_{ij} = \begin{cases} e^{-\gamma \parallel r_i - r_j \parallel^2} & , r_i \text{ 与 } r_j \text{ 相邻} \\ 0 & , \text{其他情况} \end{cases} \tag{8.12}$$

式中，r_i 代表第 i 个超像素块。若两个超像素块相邻，则计算它们之间的邻接关系值；其他情况下不计算。与光谱图模型一样，空间图模型也设置两个图卷积层；但不同的是，空间图模型的邻接矩阵不是固定的，每次训练时都会根据更新的特征向量重新计算邻接矩阵。换句话说，空间图模型中构造的是动态图卷积模型。借助空间图模型，可以挖掘出像素之间的长距离关系，实时捕捉影像的全局空间信息，并输出 n 个区域特征向量，每个区域特征向量都代表一个超像素块。

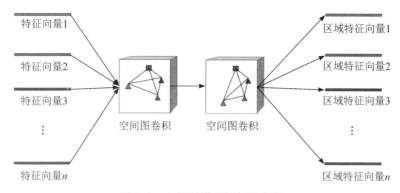

图 8.6 空间图模型框架示意图

8.4.3 特征转换模型

基于空间图模型输出的特征是区域级特征，代表了每个超像素块的信息，无法完成基于像素点的分类任务，因此需要将区域级特征转换为像素级特征。为此本模型设计了一个特征转换模型，用于得到像素级特征并进行最后的任务分类。

首先，定义一个可学习的分配矩阵 $V \in \mathbb{R}^{n \times c}$，一个转换矩阵 P，c 表示高光谱影像的光谱维度，n 表示超像素块的数量。分配矩阵 V 中的每一列 $v_i \in \mathbb{R}^c$ 表示第 i 个超像素块的锚点向量，换句话说，v_i 可以当作是第 i 个超像素块的抽象化向量表示。然后，将转换矩阵 $P \in \mathbb{R}^{N \times n}$ 通过下式计算得到：

$$P_{ij} = \begin{cases} e^{-\gamma \|z_i - v_j\|^2} & , v_j \in \widetilde{Q}(z_i) \\ 0 & , 其他情况 \end{cases} \tag{8.13}$$

N 表示高光谱影像中所有像素点的数量，z_i 表示高光谱影像未输入到网络之前第 i 像素点的原始像素值，$\widetilde{Q}(z_i)$ 表示第 i 个像素点所处的超像素块及其相邻的超像素块的锚点向量的集合。通过转换矩阵 P 可以计算出高光谱影像中任一像素点与它所处的超像素块及其相邻像素块之间的关系，这就为高光谱影像的区域级特征和像素级特征之间的特征转换搭建好了桥梁。基于转换矩阵 $P \in \mathbb{R}^{N \times n}$，结合空间图模型中输出的 n 个区域级特征堆叠到一起所获得的特征 $F \in \mathbb{R}^{n \times c}$，可以获得网络最后输出的特征 $O \in \mathbb{R}^{N \times c}$，其计算公式为

$$O = P \times F \tag{8.14}$$

然而，在网络训练过程中，如果随机初始化 V，那么所构造的转换矩阵 P 十分不稳定，导致影像的信息不能被充分挖掘出来，因此本模型设计了一个小的技巧，即将每个超像素块的锚点向量初始化为这个超像素块的均值向量，在提高网络精度的同时极大地加快了网络训练的速度。通过特征转换模型，可以将区域级特征转换为像素级特征，然后选择有限的有标签训练样本训练网络，完成最后的任务分类。

8.5 实验设置及结果分析

8.5.1 实验设置

为了完成分类任务，本章模型分别在 Indian Pines(IP)、University of Pavia(UP)和 Salinas 三个数据集上随机选择 4%、0.6% 和 0.8% 的标签样本作为训练集，余下的标签样本作为测试集。在三个数据集上每类样本的训练数量、测试数量如表 8.1～表 8.3 所示。此外，由于网络是一整张图作为输入的，因此不需要划分影像块和训练批次的大小。在三个数据集上，网络训练的迭代次数分别为 2500 代，学习率为 0.001。由于用到了 SLIC 超像素分割模型，因此超像素块数设置为 400。

8.5.2 结果分析

为了验证基于空间–光谱图卷积的半监督高光谱影像分类模型(SSGCN)的有效性，本章选择了不同的模型进行比较。由于此模型不属于基于深度学习的分类模型，与大量基于深度学习的分类模型比较意义不大，因此只选择了 3 种基于深度学习的模型，分别是 2D-CNN[40]、3DOC-SSAN 以及 MSSFN。关于传统的机器学习的对比模型主要选择了 4 种，分别是 SVM[21]、RF-200[22]、CAD-GCN[48] 和 MDGCN[49]。

1. IP 数据集的对比实验分析

不同对比模型在 IP 数据集上的可视化结果图如图 8.7 所示。图中，(a)到(i)分别为真实标签、RF-200、SVM、3DOC-SSAN、MSSFN、2D-CNN、MDGCN、CAD-GCN、SSGCN 的可视化结果图，数值分类结果如表 8.1 所示。

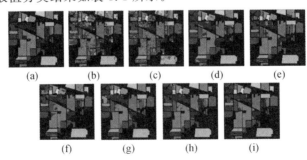

图 8.7 不同对比模型在 IP 数据集上的可视化结果图

表 8.1　不同对比模型在 IP 数据集上的实验数据(%)

		对 比 模 型							
		RF-200	SVM	3DOC-SSAN	MSSFN	2D-CNN	MDGCN	CAD-GCN	SSGCN
类标	1	93.48±1.58	97.83±2.54	100.00±0.00	100.00±0.47	100.00±0.58	99.89±0.0.04	100.00±0.00	**100.00±0.00**
	2	36.76±4.13	67.86±7.63	75.93±1.25	71.17±1.19	80.02±1.16	80.54±0.84	**84.65±4.34**	83.27±2.96
	3	53.86±2.89	58.31±2.65	85.68±1.28	90.21±1.18	85.46±2.20	86.62±1.23	88.19±1.89	**90.81±0.97**
	4	80.59±0.86	85.65±5.58	95.90±0.96	**99.35±1.15**	**99.35±1.55**	95.48±1.43	94.31±4.75	96.27±2.71
	5	85.09±3.42	90.27±0.35	89.96±1.25	**91.51±1.31**	88.71±2.02	83.76±0.33	82.95±3.71	86.43±2.97
	6	73.56±1.89	86.85±5.30	95.57±0.66	97.85±1.38	97.33±1.48	95.29±0.57	97.94±1.78	**98.02±0.00**
	7	96.43±6.87	100.00±0.00	100.00±0.00	100.00±0.27	100.00±0.00	100.00±0.00	99.95±2.84	**100.00±0.00**
	8	87.45±1.07	89.96±2.54	100.00±0.00	100.00±0.47	100.00±0.00	100.00±0.00	100.00±0.00	**100.00±0.00**
	9	95.00±0.34	100.00±0.00	100.00±0.00	100.00±0.81	100.00±0.00	100.00±0.00	100.00±0.00	**100.00±0.00**
	10	65.74±0.46	49.18±2.23	81.95±1.32	89.17±1.84	88.48±3.27	88.02±1.02	90.34±4.03	**91.35±0.25**
	11	57.15±5.18	45.38±5.85	90.08±1.33	82.38±1.35	83.60±2.09	92.85±1.47	94.32±3.14	**94.68±1.14**
	12	50.59±3.47	56.83±4.15	89.07±0.95	84.67±1.49	76.67±1.51	**91.05±2.30**	89.41±2.54	84.26±3.91
	13	97.56±0.92	98.54±1.66	100.00±0.00	99.62±1.25	100.00±0.00	100.00±0.00	99.79±0.29	**100.00±0.00**
	14	91.30±2.45	78.74±5.90	97.33±0.37	96.52±1.38	93.43±1.39	99.12±0.05	99.36±0.54	**99.56±0.13**
	15	51.30±5.34	55.96±4.52	95.23±1.14	99.16±1.02	95.78±1.45	**99.32±0.27**	99.20±0.87	98.37±0.49
	16	100.00±0.00	98.92±2.08	100.00±0.00	99.47±0.80	100.00±0.00	95.71±0.00	98.91±1.01	**100.00±0.00**
评价指标	OA	64.46±2.10	65.22±1.23	87.94±0.42	87.96±0.32	87.98±0.62	92.47±0.38	92.13±0.78	**92.56±1.38**
	AA	75.99±1.45	78.77±0.79	95.34±0.20	94.06±0.27	93.35±0.50	95.24±0.21	95.38±0.35	**95.42±0.74**
	Kappa	60.02±2.46	61.11±1.85	86.24±0.53	86.29±0.48	86.26±0.81	91.55±0.43	91.29±0.88	**91.67±0.82**

通过对图 8.7 的观察可以发现,利用 SSGCN 模型生成的分类效果图与地面真实标签图是最接近的,而且不同地物类别之间的分界非常明显。同时,传统的分类模型 SVM 和 RF-200 有不太令人满意的结果,因为 IP 数据集的语义信息比较复杂,难以被 SVM 和 RF-200 所挖掘。对于三种基于深度学习的分类模型,它们具有相似的分类精度,结果比较令人满意。然而,由于基于深度学习的分类模型更关注局部信息,对于全局信息的考虑不够充分,因此在分类结果中存在着一些大面积的错误分类区域。对于三种基于图的分类模

型，它们的错误分类区域比基于深度学习的分类模型要小，因为它们能够通过图结构捕获更多的全局信息。同时，与 MDGCN 和 CAD-GCN 相比，SSGCN 由于解释能力更强，因此获得了最好的分类结果。

从数值结果来看，SSGCN 模型在三个评价指标上都达到了最高值，在 OA、AA 和 Kappa 系数上的值分别达到了 92.56%、95.42% 和 91.67%。从每个类别的具体分类结果来看，在 16 个地物类别中，该方法在其中的 11 个类别中都取得了最优效果，尤其是在 1、7、8、9、13、16 的分类精度都达到了 100%。与其他两种基于图结构的分类模型 MDGCN 和 CAD-GCN 相比较，SSGCN 在 OA 上的提高分别为 0.09%、0.43%；在 AA 上的提升分别为 0.18%、0.04%；在 Kappa 系数上的增强分别为 0.12%、0.38%。同时，从数值结果的方差分析，结果也处于稳定的范围。上述的结果可以证明，SSGCN 模型在 IP 数据集上是有效的。

2. UP 数据集的对比实验分析

不同对比模型在 UP 数据集上的可视化结果图如图 8.8 所示。图中，(a)到(i)分别为真实标签、RF-200、SVM、CAD-GCN、2D-CNN、3DOC-SSAN、MSSFN、MDGCN、SSGCN 的可视化结果图，数值分类结果如表 8.2 所示。

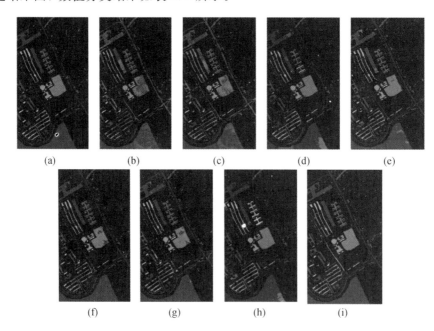

图 8.8　不同模型在 UP 数据集上的分类效果图

表 8.2　不同对比模型在 UP 数据集上的实验数据(%)

		对 比 模 型							
		RF-200	SVM	CAD-GCN	2D-CNN	3DOC-SSAN	MSSFN	MDGCN	SSGCN
类标	1	70.47±3.45	67.52±2.79	91.85±4.80	91.75±1.79	89.52±0.97	92.13±1.34	**94.27±0.37**	93.71±0.84
	2	65.25±1.43	83.26±3.14	90.56±1.97	98.57±1.02	96.89±0.24	97.76±0.54	**99.04±0.23**	96.64±0.31
	3	66.32±2.75	82.90±0.84	94.46±2.41	85.22±0.84	94.15±1.52	95.03±0.98	91.53±0.24	**96.02±0.69**
	4	75.65±3.54	86.62±1.62	82.87±3.51	94.84±1.81	94.00±1.49	**96.11±2.45**	85.38±1.55	87.98±2.59
	5	98.74±1.77	99.33±1.29	98.86±1.06	98.00±1.02	99.38±0.16	99.77±1.22	98.97±0.09	**99.78±0.21**
	6	66.61±0.54	74.07±3.11	97.01±2.89	85.27±0.42	97.39±0.00	89.79±0.23	96.31±0.50	**100.00±0.00**
	7	86.99±2.38	92.78±0.45	95.37±2.42	86.62±1.46	**97.92±0.79**	97.12±1.67	**97.92±1.04**	97.92±0.64
	8	65.94±3.94	71.46±4.59	**94.96±2.76**	92.16±2.75	85.89±2.51	93.72±3.14	94.31±1.33	94.29±2.87
	9	98.74±0.00	98.19±1.89	89.87±5.33	99.89±0.49	99.46±0.38	99.78±0.45	86.47±0.49	**99.90±0.02**
评价指标	OA	69.58±1.02	80.12±1.56	90.87±1.01	94.16±0.64	94.99±1.03	95.42±0.51	95.45±0.22	**95.51±0.34**
	AA	77.33±0.67	84.20±0.94	91.96±0.94	92.56±0.44	95.25±0.84	95.66±0.46	93.96±0.28	**95.97±1.39**
	Kappa	61.56±1.55	74.24±2.05	90.54±1.29	92.31±0.98	93.40±1.37	93.91±0.58	94.91±0.29	**95.12±0.84**

从表中可以看出，在评价指标 OA、AA、Kappa 系数上，SSGCN 模型的结果在 7 个对比模型和本节提出的模型里面都是排在第一位的。相比于其余的对比模型，该模型在 OA 上分别提高了 25.93%（RF-200）、15.39%（SVM）、4.64%（CAD-GCN）、1.35%（2D-CNN）、0.52%（3DOC-SSAN）、0.09%（MSSFN）、0.06%（MDGCN）；在 AA 上分别提升了 18.64%（RF-200）、11.77%（SVM）、4.01%（CAD-GCN）、3.35%（2D-CNN）、0.72%（3DOC-SSAN）、0.31%（MSSFN）、2.01%（MDGCN）；在 Kappa 系数上分别增强了 33.56%（RF-200）、20.88%（SVM）、4.58%（CAD-GCN）、2.81%（2D-CNN）、1.72%（3DOC-SSAN）、1.21%（MSSFN）、0.21%（MDGCN）。从单个类别的分类精度来看，SSGCN 模型对于第 1 类、第 4 类的识别能力不是很好，但是在第 9 类等 5 个类别中，此模型都达到了最优的效果。尤其是对于类别 6 来说，对比模型中能达到的最高精度为 97.39%（3DOC-SSAN），但是 SSGCN 模型却在这个类别上实现了 100% 的准确率。这主要是因为 SSGCN 网络可以同时捕获影像的短程/长程上下文关系，以便它能够更准确地区分地面对象的类别。

通过观察图 8.8 可以发现，利用 SSGCN 模型获得的分类结果图与真实标签图的差距是最小的。与两种传统模型 SVM 和 RF-200 相比,利用 SSGCN 网络生成的预测分类图有了明显的改进。同时,相比于基于深度学习的分类模型,该模型也有很大的优势,尤其体现在对大区域数据的准确分类上。这得益于 SSGCN 利用图结构收集影像长程上下文关系的强大能力。此外,与其他两种基于图的分类模型不同,SSGCN 不仅利用空间图卷积提取空间特征,还设计了光谱图卷积提取光谱特征,这更加有利于精确地区分不同类别的地面物体。

3. Salinas 数据集的对比实验分析

不同对比模型在 Salinas 数据集上的可视化结果图如图 8.9 所示。图中,(a)到(i)分别为真实标签、RF-200、SVM、MSSFN、3DOC-SSAN、2D-CNN、MDGCN、CAD-GCN、SSGCN 的可视化结果图,数值分类结果如表 8.3 所示。从表 8.3 中可以看出,SSGCN 模型在三个评价指标(OA、AA、Kappa 系数)上均获得了最高的结果,分别为 98.83%、98.97%、98.15%。在单独的地物类别 1、3、6、7 和 9 上,其分类性能均达到了 100%。不仅如此,在其余的地表覆盖物中,该模型也能获得不错的性能,比如类别 4 和 15 等。与三种基于深度学习的分类模型相比,SSGCN 在评价指标的值大小和稳定性方面都具有明显的优势,这充分显示了 SSGCN 对高光谱影像分类任务的有效性。

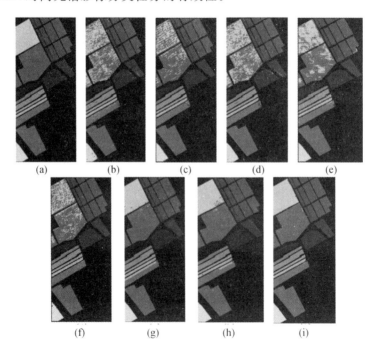

图 8.9　不同模型在 Salinas 数据集上的分类效果图

表 8.3　不同对比模型在 Salinas 数据集上的实验数据(%)

		对 比 模 型							
		RF-200	SVM	MSSFN	3DOC-SSAN	2D-CNN	MDGCN	CAD-GCN	SSGCN
类标	1	100.00±0.00	97.56±1.24	100.00±0.00	100.00±0.00	100.00±0.00	99.75±0.03	99.64±0.06	100.00±0.00
	2	94.02±1.85	98.98±0.67	71.17±1.24	75.93±2.85	80.02±1.25	100.00±0.0	100.00±0.00	99.84±0.11
	3	97.01±0.67	94.99±1.66	90.21±2.54	85.68±1.67	85.46±0.34	100.00±0.00	99.97±0.07	100.00±0.00
	4	98.21±0.37	98.57±0.13	99.35±0.54	95.90±1.91	99.05±0.57	97.49±2.16	98.46±1.48	99.41±0.23
	5	94.85±0.94	88.57±1.41	95.51±1.64	89.96±0.35	93.71±1.62	97.96±0.77	97.77±1.05	98.05±0.94
	6	99.32±0.33	99.34±0.32	97.85±0.84	95.57±1.32	97.33±1.33	99.10±1.67	99.61±0.33	100.00±0.00
	7	98.48±1.54	99.58±0.18	100.00±0.00	100.00±0.00	100.00±0.00	98.18±1.49	99.10±1.56	100.00±0.00
	8	69.67±4.75	79.28±3.45	100.00±0.00	100.00±0.00	100.00±0.00	92.78±4.61	95.80±3.17	97.14±0.37
	9	97.02±0.64	96.50±0.91	100.00±0.00	100.00±0.00	100.00±0.00	100.00±0.00	100.00±0.00	100.00±0.00
	10	77.73±1.90	89.38±1.66	89.17±0.94	81.95±1.34	88.8±2.43	98.31±1.29	98.01±1.40	91.59±0.86
	11	87.83±1.28	92.51±0.35	82.38±1.40	90.08±2.13	83.60±3.54	96.45±0.55	96.37±0.27	97.06±0.36
	12	92.99±0.87	91.87±0.60	84.67±2.31	89.07±1.65	76.67±1.64	95.01±0.78	95.99±0.78	96.25±0.91
	13	98.36±1.66	97.38±0.87	99.62±0.32	100.00±0.00	100.00±0.00	97.59±1.32	96.41±0.98	96.35±1.34
	14	91.59±0.39	93.18±1.28	96.52±1.24	97.33±0.84	93.43±1.39	95.42±1.72	94.31±1.53	95.24±0.87
	15	51.27±3.90	53.47±3.84	98.54±0.43	95.23±0.35	95.78±0.34	96.71±4.57	97.28±1.65	99.01±0.13
	16	96.18±0.49	97.95±1.34	99.47±0.67	100.00±0.00	100.00±0.00	96.18±2.92	95.76±0.57	95.37±1.87
评价指标	OA	83.67±0.91	87.00±0.71	87.90±0.68	87.94±1.51	87.98±0.91	98.03±0.87	98.14±0.54	98.33±0.34
	AA	90.28±0.87	92.39±0.46	94.06±0.59	93.54±0.83	93.35±0.84	98.21±0.30	98.78±0.22	98.97±0.27
	Kappa	81.86±1.34	85.52±0.94	86.29±0.85	86.24±1.88	86.26±1.05	96.94±0.96	98.09±0.60	98.15±0.49

　　通过观察图 8.9 可以发现，由于传统模型的特征学习能力有限，两种传统的 SVM 和 RF-200 模型不擅长对于大区域目标物的模型。对于三种基于深度学习的分类模型，虽然其分类结果图可以被认可，但仍然不令人满意。在另外两种基于图结构的分类模型 MDGCN 和 CAD-GCN 的结果中，其中很明显地出现了一些分散的误差。相比之下，SSGCN 的分类图几乎完美地符合地面真实值图。通过图形化结果展示和数值化结果分析，足以说明本章

的 SSGCN 模型在 Salinas 数据集上能够充分挖掘影像信息，为高光谱影像分类任务作出贡献。

8.6 本 章 小 结

本章主要是针对上一章中提出的高光谱影像标记样本少、使用 10% 的标签样本来训练网络成本较高的问题，提出一种用极少量样本来进行半监督影像分类模型，即基于空间-光谱图卷积的半监督高光谱影像分类模型。在该模型中，首先，使用 SLIC 超像素分割模型将原始的高光谱影像分割成多个大小不一的区域。其次，在每个超像素块区域内，以每个像素点为节点，构建一个包含两层图卷积的图结构模型，用于对节点特征进行更新。基于光谱图模型，高光谱影像的光谱信息能够被探索出来，同时由于图卷积结构中邻接矩阵包含了不同像素点之间的空间邻域关系，因此高光谱影像的局部空间关系也能够被挖掘。接下来，将光谱图模型输出的特征输送到空间图模型中，以每个超像素块的特征向量当作图的节点，计算不同超像素块之间的空间关系，即影像的长距离空间关系。通过空间图模型，高光谱影像的全局空间关系能够被深度挖掘出来。最后，由于空间图模型中节点特征表示的是不同超像素块的特征向量，代表的是区域级特征，无法选取像素点特征进行分类，因此本章设计了一种特征转换模型，用来将区域级特征转换为像素级特征，然后选取极少数量的标签样本对高光谱进行分类。在三个公共数据集上的分类结果显示，SSGCN 模型是足够有效的。此外，虽然此模型在极少量样本条件之下能够达到极佳的分类性能，但是由于其参数量的限制，该模型无法处理一些较大的数据集，这也限制了模型的进一步发展。因此，接下来的工作，就是要在极少量训练样本的条件下，保证网络分类性能的同时，尽可能地减少网络的参数量，这也是接下来工作的研究重心。

第 3 篇

高分辨率遥感影像
场景分类

第 9 章
多尺度注意力深度网络

9.1　引　言

　　近年来，伴随着卷积神经网络的飞跃式发展，计算机视觉任务的性能得到了很大的提升，提出来许多经典网络如 AlexNet[1]，这些网络在自然场景下的分类任务均取得了不错的效果。然而，由于遥感影像本身的内容复杂性，例如，目标尺寸变化巨大且种类多，因此直接通过原本卷积神经网络获得的分类结果不令人满意。归其原因是：卷积神经网络模型通常获取遥感影像的全局信息，在处理一些内容复杂的遥感影像时，因其对有用的局部信息获取不充分，往往无法很好地获取较好的分类结果。

　　为了解决上述问题，研究人员开始专注于局部特征的研究。注意力机制作为获取局部特征信息的重要模型，吸引了越来越多研究人员的注意，因此，许多基于注意力机制的模型被设计出来，并取得了不错的效果。然而，注意力本身也存在问题，如图 9.1 所示，两张影像原本的类别均为机场，但是由图可以看出，经过注意力机制突出的局部特征仅为飞机的某一个角落，对于周围同样可帮助判定为机场的目标均未获取到，这种获取特征过于局

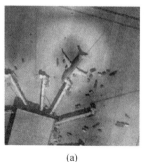 

　　　　　　　(a)　　　　　　　　　　　　　　(b)

图 9.1　注意力区域过于集中问题示例

部的现象会导致模型发生过拟合。为了解决这些问题，本章从注意力机制和卷积神经网络入手展开，将多尺度信息融入注意力机制，提出一种基于注意力机制的多尺度注意力深度网络模型，以应用于遥感影像场景分类任务。首先，介绍了所提模型的基础网络 AlexNet，包括其网络结构以及网络特色；然后，介绍了多尺度注意力机制的设计思路，包括所使用的通道注意力机制以及所设计的结构；最后，介绍了本章的实验部分，包括所使用的数据集以及具体的实验结果，又与基于注意力机制的网络进行了性能对比。

9.2　多尺度注意力机制及模型

9.2.1　通道级注意力机制

由于遥感影像本身的复杂性，如内部目标尺度变化大、目标种类多等，为了获取其中的目标级信息，提出了注意力机制。注意力机制主要是让模型学会将注意力集中到感兴趣的地方。在多种注意力模型中，比较经典的注意力机制为通道级注意力机制，类似于数字信号处理中的傅里叶变换（Fourier Transform，FT）[58]，它能够将时间域的信号转化为多种正余弦信号的线性组合。在卷积神经网络中输入一张 RGB 类型的三维数据，经过卷积的映射后会生成新的维度特征，这些特征的每一个通道，其本质类似于傅里叶变换中的频域信号。由于卷积神经网络不同，通道对遥感影像中不同目标的敏感性不同，因此，通道级注意力机制通过强调卷积网络中重要通道信号和弱化卷积网络中无用通道信号，来捕获遥感影像的目标信息。为此，本模型使用了挤压和激励（Squeeze-and-Excitation，SE）[59] 模型作为通道的注意力机制，其模型结构如图 9.2 所示。

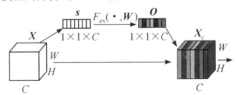

图 9.2　通道级注意力机制模型结构

通道注意力机制模型通过自适应地为不同通道特征分配权重，从输入特征图中有效提取局部信息特征。首先，为了量化特征中不同通道的贡献反应，通道注意力模块对特征进行了全局平均池化（GAP）处理，生成的通道描述符可以看作是压缩的本地描述符。压缩过程的数学表示式如式（9.1）所示：

$$s^c = \frac{1}{H \times W} \sum_{i=1}^{H} \sum_{j=1}^{W} x^c(i, j) \tag{9.1}$$

其中，s^C 代表通道信息特征 s 的第 C 层元素，x^C 代表着输入特征 x 的第 C 层元素。然后，为了构造并捕获遥感特征通道的相关性，通道信息特征 s 通过两个带有激活函数的全连接层进行通道信息的传递，其输出矩阵 o 代表卷积特征每个通道的重要性，激励的数学表达式如式（9.2）所示：

$$o = F_{ex}(\cdot, \boldsymbol{W}) = \eta(\boldsymbol{W}_2 \sigma(\boldsymbol{W}_1 s)) \tag{9.2}$$

式中，$\boldsymbol{W}_1$ 和 $\boldsymbol{W}_2$ 代表两个全连接层的参数，$\sigma(\cdot)$ 代表 RelU 激活函数，$\eta(\cdot)$ 代表 Sigmoid 激活函数。最后，SE 模块输出的特征 $\boldsymbol{X}_c \in \mathbb{R}^{H \times W \times C}$，通过式（9.3）得到，

$$\boldsymbol{X}_c = \{x_c^l = o^l \cdot x^l\}, \ l = 1, \cdots, C \tag{9.3}$$

其中，x_c^l 代表 $\boldsymbol{X}_c$ 的第 l 层特征信息，o^l 代表输出特征 o 的第 l 层特征元素，x^l 代表 SE 模块输入特征 $\boldsymbol{X}$ 的第 l 层元素。

9.2.2　多尺度注意力模型

现有的卷积神经网络虽然能够实现图片场景分类的任务，但是在学习图片语义信息时仍然存在两方面的不足：由遥感影像复杂性导致的分类信息定位不准确；包含注意力机制的卷积神经网络在训练时常常会陷入局部显著区域[60]（见图 9.1）。这两方面的不足会导致在实际场景的分类过程中存在鲁棒性差和易于产生错分的问题。本模型的目的在于针对上述已有技术存在的问题，提出一种多尺度注意力的遥感影像场景分类模型，以减小遥感影像场景分类目标陷入局部区域的概率，扩大卷积网络注意力区域，提高遥感影像的分类准确度。本模型的技术思路是：利用卷积神经网络获取图片的卷积特征，根据注意力机制原理，利用注意力机制获取利于分类的有用信息，从有用信息中提取多尺度的卷积层特征，并通过全连接层网络实现影像分类。

多尺度注意力模型的整体结构如图 9.3 所示，具体的实现步骤如下：将遥感影像数据集输入带有预训练参数的 AlexNet 网络中，作为初步特征映射，其中 AlexNet 共由 5 个卷积层 conv1、conv2、conv3、conv4、conv5 构成。为了进一步获取遥感影像特征中的目标级

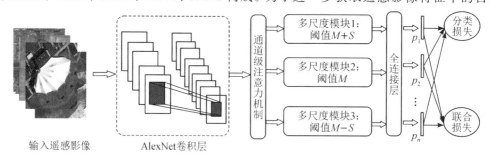

图 9.3　多尺度注意力模型的整体结构

别信息，模型采用了通道级注意力机制，用于获取遥感影像中的目标级别特征。为了解决注意力区域限入局部区域的概率，模型采用了 3 个多尺度模块，并设置 3 个不同的阈值 M、$M+S$、$M-S$，M 来自多尺度模块对特征计算的平均值，S 为尺度缩放超参数。注意力的多尺度模型结构如图 9.4 所示。

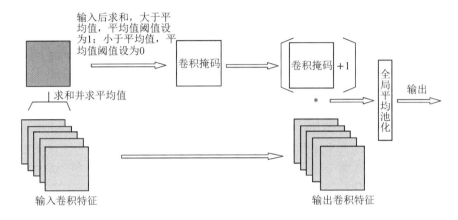

图 9.4　注意力的多尺度模型结构

多尺度机制的操作流程为：首先，对输入模型的二维卷积特征在通道维度上求平均值，根据平均值进行卷积掩码，即将二维卷积特征数据点的值与平均值进行比较，若二维卷积特征数据点的值大于平均值，则编码为 1，若二维卷积特征数据点的值小于平均值，则编码为 0，得到卷积掩码；接下来，提取卷积掩码特征，即将卷积掩码与设置的平均值阈值相乘，并对相乘后的卷积掩码数据值加 1，再与输入自注意力的多尺度模块的三维卷积特征相乘，得到掩码特征；最后，对掩码特征的前两个维度取平均，得到卷积掩码特征并输出。

由于设置了 N 个多尺度机制模型，输出的卷积特征再经过同一个全连接层以及 Softmax 函数产生 N 个 p，全连接层的卷积核大小依次为 $512×1024$、$1024×1024$、$1024×21$。

Softmax 函数数学公式如式（9.4）所示：

$$S_i = \frac{e^i}{\sum_j e^j} \tag{9.4}$$

模型的总体损失函数为

$$\mathrm{loss}_{op} = \mathrm{loss}_1 + \lambda_s \mathrm{loss}_2 + \eta \parallel \boldsymbol{W} \parallel_2^2 \tag{9.5}$$

其中，$\parallel \boldsymbol{W} \parallel_2^2$ 为卷积神经网络权重向量的 L_2 范数；λ_s、η 分别为 loss_2、$\parallel \boldsymbol{W} \parallel_2^2$ 的超参数；$\mathrm{loss}_1 = \sum_{j=1}^{M} y_j * \log(o_j)$ 表示输出分类结果与实际结果的交叉熵；loss_2 表示 N 组掩码卷积特征经过全连接层后输出分类结果与实际结果交叉熵的绝对值和，其数学表达式如式（9.6）所示。

$$loss_2 = \sum_{m=1}^{N} \sum_{n=m+1}^{N} \mid loss_m - loss_n \mid \tag{9.6}$$

其中，N 为多尺度模块数目，$loss_m$ 为训练影像库中 N_j 在第 m 卷积掩码特征下的 $loss_1$，$loss_n$ 为训练影像库中 N_j 在第 n 卷积掩码特征下的 $loss_1$。

9.3 实验设置及结果分析

9.3.1 实验设置

在本章中，实验平台为 HP-Z840-Workstation with Xeon(R) CPU E5-2630、GeForce TITAN XP、64G RAM，并在 Ubuntu[61] 系统下、TensorFlow 运行平台上，完成本章提出的模型以及现有遥感影像场景分类模型仿真。AlexNet 的特征提取部门选用了其在 ImageNet 上的预训练参数。仿真参数设置如下：迭代轮次 P 为 100 次，学习率为 0.00001，$\eta = 0.0001$，每次输入图片数 G 为 64，衰减率 β 为 0.9，多尺度模块共取三组，将训练数据随机旋转，增强为原来数据数目的四倍。训练顺序为在每一次的迭代训练中，对类标判别器及分类差值优化器共同训练。

9.3.2 结果分析

为了验证模型的性能，本章分别将提出的模型 MANet 与以下 6 种遥感影像场景分类模型进行了对比。

（1）基于卷积特征的分类模型 AlexNet：AlexNet 模型通过引入多层卷积和池化操作，逐步提取影像的层次化特征，充分挖掘遥感影像中的空间和语义信息，有效完成遥感影像分类任务。

（2）基于互补特征的遥感影像分类模型 DMTM：DMTM 模型考虑到低级特征和高级特征之间差异性，设计了一种能够融合多种特征的分类模型，有效地提高了分类精度。

（3）基于多尺度的遥感影像场景分类模型 MCNN：MCNN[52] 模型考虑到了遥感影像尺度变化大的特征，提出了一种由固定尺度网络和可变尺度网络相结合的模型，并设计了相似度量层用于平衡两种网络，有效地提升了模型的鲁棒性。

（4）基于多堆叠协方差池化的遥感影像场景分类模型 MSCP：MSCP[54] 模型考虑到遥感影像的复杂特征，将预训练网络的多层卷积特征进行融合，并计算其协方差矩阵，提高了分类特征的表征能力。

（5）基于判别相关分析特征的遥感影像场景分类模型 DCA：DCA[63] 模型使用了预训练的 VGG16 网络，采用判别相关分析方法对获取特征融合后再进行分类，有效地提升了分类的性能。

（6）基于同构异构特征的遥感影像场景分类模型 SHHTFM：SHHTFM[64] 模型使用了同构异构特征提取方法，从遥感影像中获取其中的关键信息，有效地提高了模型的分类精度。

1. UCM 数据集的结果

对于 UCM 数据集，本章随机选择了其中 80% 的影像作为训练数据集，剩余的 20% 作为测试数据集。超参数 λ_s 和多尺度缩放系数 S 分别设置为 0.6 和 0.5。模型的 OA 结果数据汇总在表 9.1 中。通过结果可以发现，所有模型的分类效果都不错，基于卷积神经网络的模型明显优于基于机器学习的分类模型。从整体的分类结果来看，多尺度注意力模型的分类效果更好。与其他对比模型相对比，多尺度注意力模型的 OA 性能提高了 13.18%（AlexNet）、5.89%（DMTM）、2.15%（MCNN）、0.99%（DCA 和 MSCP）和 0.48%（SHHTFM）。其中的原因可以归为三点：凭借与通道和空间的注意力机制，模型也可以充分获取遥感影像中的局部特征信息；建立的多尺度注意力机制能帮助 MANet 扩大注意力机制的视野，这有利于进一步地突出目标级信息；设计的多分类损失函数，能够将多尺度注意力机制的视野尽可能地突出在同一区域，这有利于模型分类的稳定性。

表 9.1　MANet 和其他对比模型在 UCM 数据集上的分类性能

模　　型		OA(8∶2)
对比模型	AlexNet	85.63±0.24
	DMTM	92.92±1.23
	MCNN	96.66±0.90
	MSCP	97.82±0.18
	DCA	97.82±0.12
	SHHTFM	98.33±0.98
本章模型	MANet	**98.81±0.16**

多尺度注意力模型对之前注意力区域过于集中这一问题的处理效果，如图 9.5 所示。其中，图 9.5(a) 和图 9.5(b) 分别对应注意力机制在遥感影像中产生的注意力区域集中问题

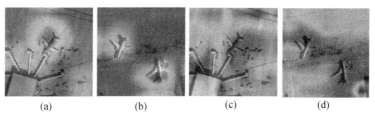

　　(a)　　　　　　　(b)　　　　　　　(c)　　　　　　　(d)

图 9.5　MANet 在 UCM 数据集上的分类热力图

示例图，图 9.5(c)和图 9.5(d)分别对应经过多尺度注意力模型所产生的分类热力图。

由图可知，经过多尺度注意力模型所产生的热力图，其注意力覆盖区域覆盖面更广，更能表示机场的元素区域，有效地避免了注意力区域集中的问题。

2. 在 AID 数据集上的实验结果

对于 AID 数据集，为了验证多尺度注意力模型在 AID 数据集上的效果，本章采用了两种训练值比例。第一种训练数据与测试数据比例为 2∶8，超参数 λ_s 和多尺度缩放系数 S 分别设置为 0.7 和 0.6。第二种训练数据与测试数据比例为 5∶5，超参数 λ_s 和多尺度缩放系数 S 分别设置为 0.8 和 0.6。模型的 OA 结果数据汇总在表 9.2 中。得到的结果类似于在 UCM 数据集上的结果，多尺度注意力模型的性能在所有模型中是最好的。当以 20% 的遥感数据进行模型训练时，多尺度注意力模型分别取得了 3.28%（AlexNet）、2.13%（DMTM）、1.27%（MCNN）、2.33%（MSCP）、1.37%（DCA）和 0.61%（SHHTFM）的准确率提升。当以 50% 的遥感数据进行模型训练时，多尺度注意力模型分别取得了 2.25%（AlexNet）、1.6%（DMTM）、1.07%（MCNN）、0.51%（MSCP）、1.0%（DCA）和 0.61%（SHHTFM）的准确率提升。一方面，机器学习的方法由于模型限制，所提取的特征难以对复杂的遥感影像进行分类。另一方面，AID 数据的语义分布相较于 UCM 数据集，其影像数目和尺寸均有较大的提升，通道注意力机制所得到的不适合的显著性特征会影响遥感影像数据集的关系，从而对分类结果产生负面影响。

表 9.2　MANet 在 AID 数据集上的分类性能

模　　型		训练数据占比	
		20%	50%
对比模型	AlexNet	88.04±0.24	90.62±0.10
	DMTM	89.19±0.21	91.27±0.30
	MCNN	90.05±0.16	91.80±0.22
	MSCP	88.99±0.38	92.36±0.21
	DCA	89.95±0.33	91.87±0.30
	SHHTFM	90.71±0.3	92.26±0.24
本节模型	MANet	**91.32±0.19**	**92.87±0.13**

3. 在 NWPU 数据集上的实验结果

对于 NWPU 数据集，为了验证多尺度注意力模型在 NWPU 数据集上的效果，本章采用了两种训练数据与测试数据比例。第一种训练数据与测试数据比例为 1∶9，且超参数 λ_s

和多尺度缩放系数 S 分别设置为 0.8 和 0.5。第二种训练数据与测试数据比例为 2∶8，模型的参数 p_1、p_2 分别设置为 1.0 和 0.8，且超参数 λ、和多尺度缩放系数 S 分别设置为 0.8 和 0.6。模型的 OA 结果数据汇总在表 9.3 中。

表 9.3　MANet 在 NWPU 数据集上的分类性能

模　　　型		训练数据占比	
		10%	20%
对比模型	AlexNet	76.69±0.21	79.85±0.13
	DMTM	87.48±0.21	89.87±0.30
	MCNN	88.38±0.13	90.24±0.18
	MSCP	81.70±0.23	85.58±0.16
	DCA	88.95±0.19	90.87±0.16
	SHHTFM	89.92±0.63	90.26±0.52
本节模型	MANet	**90.63±0.62**	**91.31±0.50**

当以 10% 的遥感数据进行模型训练时，多尺度注意力模型分别取得了 13.94%（AlexNet）、3.15%（DMTM）、2.25%（MCNN）、8.93%（MSCP）、1.68%（DCA）和 0.71%（SHHTFM）的准确率提升。当以 20% 的遥感数据进行模型训练时，多尺度注意力模型分别取得了 11.46%（AlexNet）、1.44%（DMTM）、1.07%（MCNN）、5.73%（MSCP）、0.44%（DCA）和 1.05%（SHHTFM）的准确率提升。一方面，机器学习的方法由于模型限制，所提取的特征难以对复杂的遥感影像进行分类；另一方面，NWPU 数据的语义分布相较于 UCM 数据集和 AID 数据集，其影像数目和尺寸均有进一步的提升，因此多尺度注意力模型的性能展示出更好的优越性。

9.4　本 章 小 结

本章首先引出了注意力区域过于集中的问题，并分析了其发生的原因，随后针对卷积神经网络因注意区域过于集中导致模型的鲁棒性不强、泛化能力欠缺等问题，设计了多尺度的注意力模型，并改进了模型的目标函数，有效地解决了注意力区域过于集中的问题，并提高了模型的泛化能力。在遥感影像场景分类任务中的三个经典数据集上进行实验，对比了其他遥感影像的分类模型，本章提出的模型在分类精度上有明显的提高。

第 10 章
孪生深度网络

10.1 引　言

　　遥感影像场景分类在遥感技术中有着举足轻重的地位，其工作目的是将语义信息分配给地面覆盖物。近期，由于卷积神经网络在特征表达上展现出卓越的性能，越来越多基于卷积神经网络的遥感影像场景分类模型被提出。尽管这些模型取得了突破性的进展，但其性能仍然有提升的空间。对于遥感影像场景分类任务，除了全局特征信息以外，局部特征信息也同样重要。得益于卷积神经网络的层次结构和非线性拟合能力，现有的网络结构擅于捕获遥感影像的全局特征，却忽略了遥感影像的局部特征。一个好的分类模型，相同类别的数据映射距离应该尽可能拉近，不同类别的映射距离应尽可能拉远。考虑到以上限制，本章设计了一种新的卷积神经网络模型，名为注意力统一模型。本模型采用基于 VGG16 的双支结构，通过输入基于空间旋转生成的影像对，有效捕获遥感影像中的全局特征；本模型引入了不同的注意力机制，用来全面地获取图像的局部特征；考虑到空间旋转以及影像相似性对分类结果的影响，本章设计了注意力统一模型用于统一显著区域，并从相同的或不同的语义信息中拉近或拉远遥感影像对；为了验证本模型的有效性，三种流行的遥感影像数据集被用于验证模型，结果表明本章所提模型可以实现更好的性能。

10.2 孪生网络特征提取

10.2.1 孪生网络概述

　　孪生网络[65]顾名思义，是指由两个子网络组成的新型网络结构，也可以理解为"连体结构的网络"。其具体的实现方式不局限于单一的卷积神经网络,可以是由 RNN[66]、LSTM[67][65][50][68] 或者其他分类模型组成的,唯一限制为两个子网络的权重参数是共享的。

　　孪生网络最早于 2005 年被 Chopra S 等人[65][50][68] 提出,并用于解决人脸识别问题。传统的机器学习分类方法(支持向量机分类[50]和随机森林分类[68])在进行有监督分类时,往往需要先给出待分类的影像类别。然而,在人脸识别或者人脸验证的实验中,需要分类的样本数目常常达到上万级别,传统的机器学习分类模型通常无法处理如此数量级的数目。为了解决这些问题,孪生网络采用了一种基于距离的模型,即计算已知类别样本和待分类样本的相似度距离。Chopra S 等人所提出的孪生网络模型,首先从已参与训练的数据提取特征信息,将其作为匹配标准信息,然后与待分类的影像信息进行匹配,选择距离最近的作为所属类别。该方法很好地解决了分类样本数目巨大的问题。

10.2.2　孪生网络结构

　　孪生网络的模型结构如图 10.1 所示。

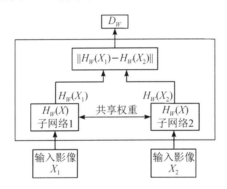

图 10.1　孪生网络的模型结构

　　孪生网络的主要结构可分为两个结构相同且权重参数共享的子网络:子网络 1 和子网络 2。在孪生网络的结构中,首先将两个输入影像 X_1 和 X_2 分别输入子网络 1 和子网络 2,用于提取基本神经网络特征,然后通过距离度量的计算方法计算影像 X_1 和 X_2 的空间特征距离,用以评估其相似程度,从而进一步判断其是否属于同一类别。其中,输入影像 X_1 和 X_2 之间的距离设为 D_w,其数学计算如式(10.1)所示:

$$D_w(X_1, X_2) = \| H_w(X_1) - H_w(X_2) \| \tag{10.1}$$

式中,$H_w(X_1)$ 和 $H_w(X_2)$ 分别表示影像 X_1 和影像 X_2 经过孪生网络映射后的特征。孪生网络的训练方式不同于普通卷积神经网络。孪生网络的输入为影像对,其数学表示为 tuple$(X_1, X_2, p)(X_1, X_2, p)$,$p$ 代表影像对是否属于同一类别。当 $p=0$ 时,输入影像 X_1 和 X_2 为不同类别样本;当 $p=1$ 时,输入影像 X_1 和 X_2 为相同类别样本。其优化目的是：当二者为相同类别时，$H_w(X_1)$ 和 $H_w(X_2)$ 的距离映射应该尽可能拉近；当二者为不同类别时，$H_w(X_1)$ 和 $H_w(X_2)$ 的距离映射应该尽可能拉远。由此，孪生网络的损失函数可以表示为

$$\text{Loss}(X_1，X_2) = (1-p)L_1 + p \cdot L_2 \tag{10.2}$$

其中，L_1 和 L_2 分别表示 $p=0$ 和 $p=1$ 时的分类损失。

10.3   注意力统一机制模型

注意力统一机制的模型结构如图 10.2 所示。由图可知，注意力统一机制方法共包含 4 个部分：① 特征映射；② 并行注意力机制；③ 注意力统一机制；④ 分类机制。接下来将从这 4 个部分依次介绍。

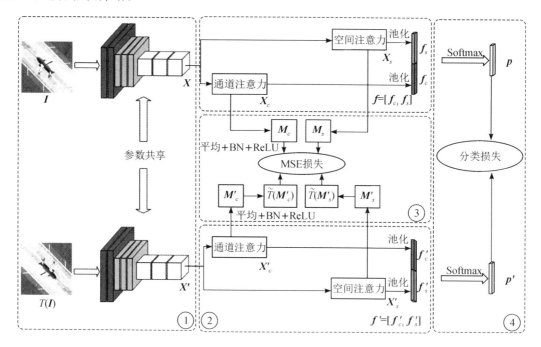

图 10.2　注意力统一机制的模型结构

10.3.1　特征映射

本模型选用了 VGG16 从遥感影像中获取基本的卷积特征，并使用了基于 ImageNet 的预训练参数用于加速训练并对抗过拟合。注意，输入网络的组成形式类似于孪生网络的双

输入形式,是由两个参数共享的 VGG16 组成的。输入影像 I 和 $T(I)$ 经过特征映射后得到对应的卷积特征 $X \in \mathbb{R}^{H \times W \times C}$ 和 $X' \in \mathbb{R}^{H \times W \times C}$,其中,$C$、$H$、$W$ 分别代表了卷积特征的通道数、高和宽。选用 VGG16 作为特征提取器的目的主要有以下几点:

(1) 考虑到遥感影像复杂的内容,模型需要一个强大的非线性学习能力卷积神经网络,同时考虑到模型在特征提取时的复杂度问题,其模型规模应尽可能的轻量。VGG16 恰好满足了这些要求。

(2) 相较于一些较为轻量的网络,如 LeNet 和 AlexNet,VGG16 拥有更多的非线性层,同时也拥有更多的 3×3 卷积核,因此,VGG16 能够获取不用分辨率的对象目标。

(3) 相较于某些笨重的模型,如 GoogleNet[32] 和 ResNet101[2],优化遥感影像场景分类任务下的 VGG16 同样可行。

考虑到以上几点,VGG16 用于作为特征的初步映射模型。遥感影像经过 VGG16 后产生了从全局角度获取的卷积特征。然而,对遥感影像场景分类同样重要的局部特征信息却被忽略掉了。为了解决这些问题,我们在模型中使用了注意力机制,进一步考虑到遥感影像复杂的内容,设计出并行注意力机制模型,用于获取局部特征信息。由于以下的操作对 X 和 X' 是相同的,因此使用单独的 X 用于介绍并行注意力机制的操作。

10.3.2　并行注意力机制

并行注意力机制共包含两部分,通道注意力机制和空间注意力机制。通道注意力在第 3 章中已经介绍,此处不再赘述。接下来描述空间注意力机制。空间注意力的目的是在空间域中,将输入特征 X 转化为特殊空间,并在该空间中突出图像的重要目标区域。对于从卷积特征模型输出的特征 X,其中每一个特征向量 $f_X^{(i,j)} \in \mathbb{R}^{1 \times 1 \times C}$ 均对应着输入遥感影像中一块 32×32×3 的空间区域。为了明确不同空间区域对获取遥感影像中目标信息的贡献,空间注意力机制在空间域设置了一组可训练权重。空间注意力机制的模型结构如图 10.3 所示。

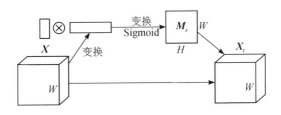

图 10.3　空间注意力机制的模型结构

首先,为了将输入特征 X 转化到空间域,空间注意力模块将输入特征 X 重塑为 $X_t \in \mathbb{R}^{C \times W \times H}$。其次,为了突出卷积特征 X 内的重要特征向量(即凸显注意力区域),并在空间域上分析特征向量之间的依存关系，空间注意力机制将 $\boldsymbol{X}_t$ 输入了多个非线性层并且重塑其数据结构。其数学计算过程如式（10.3）所示：

$$M_s = f_m(\sigma(\eta(\mathrm{Re}(\boldsymbol{W}_t \boldsymbol{X}_t)))) \tag{10.3}$$

式中：$\boldsymbol{W}_t \in \mathbb{R}^{1 \times C}$ 是转移矩阵；$\mathrm{Re}(\cdot)$ 表示特征重塑过程；$\sigma(\cdot)$ 和 $\eta(\cdot)$ 分别代表 RelU 函数和 Sigmoid 函数；$f_m(\cdot)$ 代表了非线性层，其主要作用是将特征图 $\boldsymbol{M}_s$ 均匀地放缩到 $[0,1]$；$\boldsymbol{M}_s \in \mathbb{R}^{W \times H}$ 是输入特征 $\boldsymbol{X}$ 的权重系数，其反映了遥感影像空间注意力区域的重要性分布。最后，空间注意力机制的输出 $\boldsymbol{X}_s \in \mathbb{R}^{H \times W \times C}$ 可通过式（10.4）获得。

$$x_s^{(i,j)} = x^{(i,j)} \cdot M_s^{(i,j)} \tag{10.4}$$

式中：$x^{(i,j)}$ 代表了对应着尺度大小为 $1 \times 1 \times C$ 的特征向量，该向量位于输入特征 $\boldsymbol{X}$ 空间位置的 (i,j) 坐标，$M_s^{(i,j)}$ 代表位于 M_s 的 (i,j) 坐标的特征值。

为了融合不同注意力机制特征并获得完整的本地特征信息，首先对通道和空间特征使用批量正则化和全局平均池化处理，得到通道注意力特征 $f_c \in \mathbb{R}^{1 \times 1 \times C}$ 和空间注意力特征 $f_s \in \mathbb{R}^{1 \times 1 \times C}$，然后将 f_s 和 f_c 进行拼接，得到最终的遥感影像表征特征 $f \in \mathbb{R}^{1 \times 1 \times 2C}$。

10.3.3　注意力统一机制

利用上述模块的操作，获得了对应着输入遥感数据对 $\boldsymbol{I}$ 和 $T(\boldsymbol{I})$ 的特征 f 和 f'，其分别代表着包含全局信息和局部信息的表征特征。由于输入影像对是经过简单空间旋转构造而来的，因此这对影像必然是属于同一语义类别的，理想情况下这两个深层的特征应当符合同一分布。尽管如此，这对特征会由于注意力机制不统一的问题而对彼此分类结果产生负面影响。

影像的详细描述如图 10.4 所示。

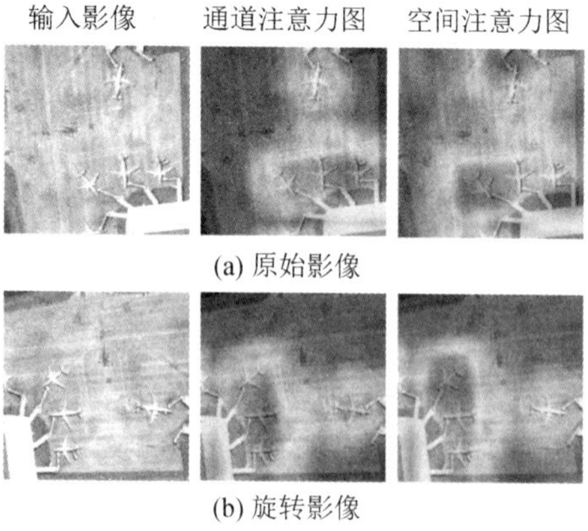

输入影像　　通道注意力图　　空间注意力图

(a) 原始影像

(b) 旋转影像

图 10.4　视觉注意不一致问题示例

图中第一列为输入影像，图中第二列为通道注意力的热力图，图中第三列为空间注意力的热力图。图 10.4(a)为原始影像及其热力图。图 10.4(b)为旋转影像(90°)及其热力图。影像 T_1 是对影像 I 进行空间旋转获得的，因此两个影像的关注区域可能不同。以图 10.4(b)中旋转影像及其热力图为例，当原始影像旋转 90°时，关注区域也会对应地发生变化。对于原始的遥感影像 10.4(a)，通道注意力区域和空间注意力区域都集中在影像右侧。对于旋转的遥感影像 10.4(b)，通道注意力区域和空间注意力区域都集中在底部。同样，其关注区域内的对象也略有不同。例如，休息室的桥梁可以在旋转的场景中被突出，但是在原始影像中，休息室的桥梁却无法被注意力机制提取。为了克服上述问题，设计出注意力统一机制。一方面，提出的模型能够保持遥感影像注意力区域的一致性；另一方面，注意力统一机制能够扩大遥感影像类间距离和缩小遥感影像类内距离。

对于通道注意力机制，为了减少通道注意力特征 X_c 和 X'_c 之间的差距，其中 X_c 和 X'_c 分别对应着输入遥感影像对 I 和 $T(I)$，本章首先通过对 X_c 和 X'_c 依次进行平均，批量正则化和 ReLU 激活函数获得了通道注意力特征图 $M_c \in \mathbb{R}^{W \times H}$ 和 $M'_c \in \mathbb{R}^{W \times H}$。其详细过程如下：首先，对注意力特征在通道维度上取平均值，并采用 BN 和 ReLU 运算用于强调、突出注意力区域。然后，根据输入影像对的角度差异，对得到通道注意力区域 $M'_c \in \mathbb{R}^{W \times H}$ 进行了相同角度的旋转而得到 $\widetilde{T}(M'_c)$，此时 M_c 和 $\widetilde{T}(M'_c)$ 的角度差为零，$\widetilde{T}(\cdot)$ 代表 $T(\cdot)$ 的逆操作。此外，本模型仍然假设特征图的内容不会随着 $\widetilde{T}(\cdot)$ 操作而改变。接下来，模型使用均方误差损失来约束 M_c 和 $\widetilde{T}(M'_c)$。对于空间注意力机制，得到了空间注意力区域 M_s 和 M'_s，然后与对通道注意力机制的操作类似，本模型同样对 M'_s 进行旋转得到 $\widetilde{T}(M'_s)$。最后，使用 MSE 损失函数去减少空间注意力特征的差距。总的来说，注意力统一机制的损失函数如式(10.5)所示：

$$\begin{cases} J_{\text{different}} = \dfrac{1}{2HW} \sum_{i=1}^{H} \sum_{i'=1}^{W} \left[g_{ii'}(m_c, m'_c) + g_{ii'}(m_s, m'_s) \right] \\ g_{ii'}(m_c, m'_c) = \| (m_c)_{ii'} - [\widetilde{T}(m'_c)]_{ii'} \|_2^2 \\ g_{ii'}(m_s, m'_s) = \| (m_s)_{ii'} - [\widetilde{T}(m'_s)]_{ii'} \|_2^2 \end{cases} \tag{10.5}$$

式中：$(m_c)_{ii'}$ 和 $[\widetilde{T}(m'_c)]_{ii'}$ 表示通道注意力区域 M_c 和 $\widetilde{T}(M'_c)$ 在坐标 (i, i') 的值，$(m_s)_{ii'}$ 和 $[\widetilde{T}(m'_s)]_{ii'}$ 表示空间注意力区域 M_s 和 $\widetilde{T}(M'_s)$ 在坐标 (i, i') 的值。

10.3.4　分类机制

分类模型的主要目标是根据输入的遥感影像对 I 和 $T(I)$ 的深度表示 f 和 f'，并获取它们的语义标签。添加了两个全连接层和一个 Softmax 函数将 f 和 f' 转化为两个预测分类结果 p 和 p'，同时，选择交叉熵损失函数用于评价预测类别。然而，由于注意力统一模型的特殊机制，模型的训练过程和测试过程是不同的。在训练过程中，当模型输出预测值 p 和 p' 时，将通过以下损失函数进行优化，其数学表达为

$$L = J_i + J_{i'} + \lambda J_{\text{different}} \tag{10.6}$$

式中，J_i 和 $J_{i'}$ 分别表示特征映射模块的两个交叉熵损失函数，$J_{\text{different}}$ 表示来自注意力统一机制的损失函数，λ 是用于调整 $J_{\text{different}}$ 损失贡献的超参数。在测试阶段，直接对模型的两个预测分类结果 p 和 p' 进行合并，其运算过程如式(10.7)所示：

$$P = \frac{p + p'}{2} \tag{10.7}$$

10.4　实验设置及结果分析

10.4.1　实验设置

在本章中，我们在 HP-Z840-Workstation with Xeon(R)CPU E5-2630、NVIDIA GTX TITAN Xp、128G RAM 平台上完成了以下的实验。注意力统一模型的特征映射部分使用了在 ImageNet 参与预训练的参数，其他的权重系数的初始化符合标准差为 0.1 的正态分布。为了训练注意力统一模型，选择 Adam[70] 优化模型，并将学习率设置为 0.001，权重衰减设为 0.0001。整个模型的训练在 Pytorch 平台[71]上完成，由于特征映射模块的输入结构，本章所提模型将输入的遥感影像放缩为 224×224 大小的影像。其中，影像的旋转角度 θ 和损失超参数 λ 会影响模型的性能。这里使用了 5 倍的交叉验证模型[72]来获取不同数据集的最佳参数配置。为了评估模型的性能，选用了两个应用广泛的评价指标，如整体精度和混淆矩阵。

10.4.2　结果分析

为了验证模型的性能，本模型分别对比了以下五种遥感影像场景分类模型：

(1) 分辨性卷积神经网络(DCNN)：DCNN[73][53][51] 模型考虑到了遥感影像类内多样性和类间相似性的问题，开发了一种新的目标函数用于替代常见的交叉熵损失。

(2) 特征融合网络(FACNN)：FACNN[53] 对卷积神经网络的特征编码和特征融合方案进行了充分的研究，并且通过端到端的方式输出分类结果。

(3) 基于孪生网络的分类模型(S-CNN)：S-CNN[51] 是一种基于多分支结构的网络模型，该模型采用了孪生网络的形式对遥感影像进行特征提取，并设计了距离损失函数，用于提升模型的分类效果。

(4) 全局-局部注意力网络(GLANet)：GLANet[51] 模型将 VGG16 的全连接层换成了

注意力模型，以此来探索遥感影像的全局信息和局部信息，此外，该模型还采用了两个辅助损失函数用于完成场景分类任务。

（5）残差注意力网络模型（RAN）：为了凸显出遥感影像中有用的局部信息，RAN[55]将残差单元和注意力机制相结合，其分类结果有较大的提升。

1. 在 UCM 数据集上的实验结果

对于 UCM 数据集，随机选择了其中 80% 的影像作为训练数据集，剩余 20% 的影像作为测试训练集。模型训练参数 θ 和 λ 分别设置为 $180°$ 和 0.7。模型的 OA 结果数据汇总在表 10.1 中。通过结果可以发现，所有的分类模型效果都不错，注意力统一模型（ACNet）的分类效果最好；与其他对比模型相对比，注意力统一模型的 OA 性能提高了 0.95%（D-CNN，S-CNN 和 RAN）、0.71%（FACNN）和 0.47%（GLANet）。其中的原因可以归为以下三点：

（1）由于双网络的结构特征，注意力统一模型在学习到全局特征信息的同时，也获取了遥感影像之间的相似性特征。

（2）凭借与通道和空间的注意力机制，模型也可以充分获取遥感影像中的局部特征信息。

（3）建立的注意力统一机制能够帮助 ACNet 统一遥感影像中的重要区域，这有利于进一步地突出目标级信息。

表 10.1　ACNet 和其他对比模型在 UCM 数据集上的分类性能（%）

模　　型		OA(8∶2)
对比模型	D-CNN	98.81 ± 0.30
	FACNN	99.05 ± 0.24
	S-CNN	98.81 ± 0.16
	GLANet	99.29 ± 0.24
	RAN	98.81 ± 0.30
本章模型	ACNet	**99.76 ± 0.10**

2. 在 AID 数据集上的实验结果

为了验证注意力统一模型在 AID 数据集上的效果，本模型采用了两种训练数据与测试数据比例。第一种训练数据与测试数据比例为 $2∶8$，且模型的参数 θ 和 λ 分别设置为 $180°$ 和 0.8；第二种训练数据与测试数据比例为 $5∶5$，且模型的参数 θ 和 λ 分别设置为 $90°$ 和 0.8。模型的 OA 结果数据汇总在表 10.2 中，得到的结果类似于在 UCM 数据集上的结果，注意力统一模型的性能在所有模型中是最好的。当以 20% 的遥感数据进行模型训练时，注意力统一模型分别取得了 1.28%（D-CNN）、0.85%（FACNN）、0.95%（S-CNN）、1.53%（GLANet）和 1.15%（RAN）的准确率提升；当以 50% 的遥感数据进行模型训练时，注意力统一模型分别取得了 0.76％（D-CNN）、0.28％（FACNN）、0.14％（S-CNN）、1.22％（GLANet）和 1.72％（RAN）的准确率提升。与从 UCM 数据集得到的结果不同，相较于其他模型，注意力模型的分类方法在性能上有所下降。其主要原因有两点：一方面，AID 的数据集大小为 600×600，比 UCM 的数据集的尺度大很多，GLANet 和 RAN 可能无法通过注意力机制从复杂的内容中获取重要的信息区域；另一方面，AID 数据的语义分布相较于 UCM 数据集更加复杂，注意力机制所得不适合的显著性特征会影响遥感影像数据集的关系，从而对分类结果产生负面影响。

表 10.2　ACNet 和其他对比模型在 AID 数据集上的分类性能(％)

模　　型		训练数据占比	
		20％	50％
对比模型	D-CNN	92.05±0.16	94.62±0.10
	FACNN	92.48±0.21	95.10±0.11
	S-CNN	92.38±0.13	95.24±0.18
	GLANet	91.80±0.28	94.16±0.19
	RAN	92.18±0.42	93.66±0.28
本章模型	ACNet	**93.33±0.29**	**95.38±0.29**

3. 在 NWPU 数据集上的实验结果

NWPU 数据集在三种数据集中规模最大，因此，将模型的训练数据占比分别设置为 10％和 20％，剩余的 90％和 80％用作测试训练集。当训练数据占比为 10％时，θ 和 λ 分别设置为 90°和 0.7；当训练数据占比为 20％时，θ 和 λ 分别设置为 180°和 0.7。模型的 OA 结果数据汇总在表 10.3 中，可知注意力统一模型表现出的分类性能是最好的。

表 10.3　ACNet 和其他对比模型在 NWPU 数据集上的分类性能(％)

模　　型		训练数据占比	
		10％	20％
对比模型	D-CNN	89.09±0.50	91.68±0.22
	FACNN	90.87±0.66	91.38±0.21
	S-CNN	88.05±0.78	90.99±0.16
	GLANet	89.50±0.26	91.50±0.17
	RAN	88.79±0.53	91.40±0.30
本章模型	ACNet	**91.09±0.13**	**92.42±0.16**

相较于其他模型，当以 10％的遥感数据进行模型训练时，注意力统一模型分别取得了 2.00％（D-CNN）、0.22％（FACNN）、3.04％（S-CNN）、1.59％（GLANet）和 2.3％（RAN）的准确率提升；当以 20％的遥感数据进行模型训练时，注意力统一模型分别取得了 0.74％（D-CNN）、1.04％（FACNN）、1.43％（S-CNN）、0.92％（GLANet）和 1.02％（RAN）的准确率提升。以上结果表明，注意力统一模型对类别多样且复杂的数据集依然有效。

10.5　本 章 小 结

　　本章提出了一种新型的基于注意力机制的双输入网络模型。模型共包含四个部分，包括特征映射、并行注意力机制、注意力统一机制和分类机制。输入网络的影像对（由空间旋转得到）经过特征提取部分获得其全局信息，然后通过两种注意力机制获取来自遥感影像的局部信息。为了消除空间旋转对注意力显著区域所造成的影响，设计出注意力统一机制，该机制加强了局部信息的表征能力。最后对全局特征和局部特征进行融合输入分类模型得到最终的分类结果。实验结果表面，注意力统一模型（ACNet）针对遥感影像场景分类任务是有效的。

第 11 章
双通道多尺度学习表征

11.1 引 言

近几年来，CNN 模型在自然影像处理领域取得了巨大的成功，例如，AlexNet 在 2012 年的 ImageNet 大赛上，在包含有 1000 种类别的共 120 万张高分辨率图片的分类任务中，在测试集上的 top-1 和 top-5 错误率为 37.5％和 17.0％(top-5 错误率：即对 1 张影像预测 5 个类别，只要有 1 个类别和人工标注类别相同就算对，否则算错。同理，top-1 对 1 张影像只预测 1 个类别)，远高于第二名 47.1％(top-1)和 28.2％(top-5)。随后，有很多的模型借助于 CNN 的优势在 ImageNet 大赛上取得了非常优秀的成绩。相比于传统的特征提取用于分类的模型，CNN 模型借助于堆叠式的非线性映射能力，能够从影像中获得富含高层语义信息的特征。目前，也有很多种 CNN 模型已被广泛用于遥感影像场景分类任务中。

本章基于 AlexNet 网络，提出基于双通道多尺度特征学习网络用来捕捉遥感影像的局部特征和全局特征，并采用全连接网络学习如何融合特征以此提高影像特征的鲁棒性，进而提高分类任务的精度。在本章中首先对 AlexNet 网络结构进行了详细的描述，其次详细介绍了基于双通道多尺度特征学习网络的结构以及模型细节，最后在实验验证部分简单介绍了三种遥感影像数据集，并对该模型的性能进行对比实验验证。

11.2 基于双通道多尺度特征学习网络的遥感影像分类模型

高分辨率遥感影像由于影像内所包含的目标物的大小多变、种类繁杂，因此对场景分类任务造成了很大的困难。本章提出基于双通道多尺度特征学习网络的遥感影像分类模型，该网络能够从局部和全局两种不同的维度捕捉遥感影像复杂的内容，并将局部特征和全局特征融合，利用局部特征和全局的互补信息提高表征特征的鲁棒性，进而提高遥感影像分类模型的精度。

　　本模型的主要思想可以理解为让网络学习如何融合局部特征和全局特征，以充分利用局部和全局的互补信息。这一思想可以表述为如下公式：

$$F = MVF_l \tag{11.1}$$

其中，F_l 表示 CNN 获得的特征；V 表示局部结构映射，用于提取重要的局部信息；M 表示全局结构映射，即将重要的局部信息通过全局的结构映射关系进行编码整合得到影像的表征信息。基于上述理论，在本章中提出了多通路网络（Multi-branch Networks，M-Net），其示意图如图 11.1 所示。由图可知，M-Net 包含两个分支，即局部分支和全局分支。局部分支旨在捕捉丰富的细节特征信息，并进行局部结构映射以提取重要局部特征；全局分支的目的是将得到的重要局部特征通过全局结构信息映射为最终的特征。

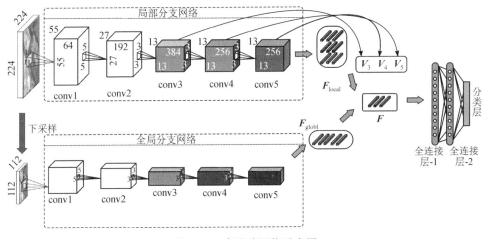

图 11.1　多通路网络示意图

　　在详细介绍本模型前，本节对于一些基本的数学符号定义作了详细说明。假设现有 N 个遥感影像数据 $\{(x_i, y_i) | i = 1, \cdots, N\}$，其中 x_i 表示第 i 个影像，$y_i \in \mathbb{R}^C$ 代表第 i 个影像的语义类别，C 表示数据库共包含的类别个数。为了简便起见，采用矩阵形式表示，即 $X \in \mathbb{R}^{N \times H \times W}$，$Y \in \mathbb{R}^{N \times C}$，$H \times W$ 表示影像大小。

11.2.1　局部分支网络

　　局部分支网络的核心目的是从遥感影像中学习重要的局部特征。具体来说，该网络包含两个主要步骤。首先，为了对影像内部所包含复杂多样的目标物体提取目标级特征，构建了一个完备的局部特征 F_{local}；其次，生成局部映射矩阵 V，用来对完备的局部特征进行映射编码以获取重要的局部特征。

　　（1）提取完备的局部特征 F_{local}：本节选用 AlexNet 网络结构作为局部分支网络的基础

结构。考虑到遥感影像目标物体分辨率复杂、种类多样的特点，首先选用 AlexNet 的第三层、第四层、第五层卷积特征做进一步的处理，这些特征分别表示为 $\mathrm{conv}3\in\mathbb{R}^{H'\times W'\times c^3}$、$\mathrm{conv}4\in\mathbb{R}^{H'\times W'\times c^4}$ 和 $\mathrm{conv}5\in\mathbb{R}^{H'\times W'\times c^5}$。其次分别采用 C 个 $1\times1\times C^3$、$1\times1\times C^4$ 和 $1\times1\times C^5$ 的卷积分别卷积 $\mathrm{conv}3$、$\mathrm{conv}4$ 和 $\mathrm{conv}5$，整合这些特征中通道之间的信息得到 $\boldsymbol{F}_{\mathrm{conv}3}$、$\boldsymbol{F}_{\mathrm{conv}4}$ 和 $\boldsymbol{F}_{\mathrm{conv}5}$。最后利用 ReLU 激活函数增加整合后特征的非线性能力。以上的步骤可以用如下公式表示：

$$\boldsymbol{F}_{\mathrm{conv}3}=\mathrm{ReLU}\{\mathcal{O}_{1\times1}(\mathrm{conv}3)\} \tag{11.2}$$

$$\boldsymbol{F}_{\mathrm{conv}5}=\mathrm{ReLU}\{\mathcal{O}_{1\times1}(\mathrm{conv}5)\} \tag{11.3}$$

$$\boldsymbol{F}_{\mathrm{conv}5}=\mathrm{ReLU}\{\mathcal{O}_{1\times1}(\mathrm{conv}5)\} \tag{11.4}$$

式中，$\boldsymbol{F}_{\mathrm{conv}3/4/5}\in\mathbb{R}^{H'\times W'\times C}$，$\mathcal{O}_{1\times1}$ 表示 1×1 卷积。最终将三种特征在通道方向上拼接到一起，即 $\boldsymbol{F}_{\mathrm{concat}}=[\boldsymbol{F}_{\mathrm{conv}3};\boldsymbol{F}_{\mathrm{conv}4};\boldsymbol{F}_{\mathrm{conv}5}]$，尺寸为 $H'\times W'\times(3C)$，并将它们拉伸成矩阵特征 $\boldsymbol{F}_{\mathrm{local}}\in\mathbb{R}^{(H'W')\times(3C)}$。事实上，$\boldsymbol{F}_{\mathrm{local}}$ 中的每一行代表了 $\boldsymbol{F}_{\mathrm{concat}}$ 中一个通道的整个特征。

（2）学习特征映射矩阵 $\boldsymbol{V}$：学习特征映射矩阵 $\boldsymbol{V}$ 的核心目的在于能对 $\boldsymbol{F}_l$ 中重要的特征进行选择。首先，通过嵌入在卷积特征 $\mathrm{conv}3$、$\mathrm{conv}4$ 和 $\mathrm{conv}5$ 之上的 $1\times1\times256$ 卷积以及 Sigmoid 激活函数得到三个卷积特征的注意力图 $S_3\in\mathbb{R}^{H'\times W'}$、$S_4\in\mathbb{R}^{H'\times W'}$ 和 $S_5\in\mathbb{R}^{H'\times W'}$。其次，将注意力图拉伸成向量形式，通过两层全连接对学习局部特征映射矩阵。该步骤可以用式（11.5）表示：

$$\boldsymbol{V}_{3/4/5}=\mathrm{Sigmoid}(f_1(S_{3/4/5})) \tag{11.5}$$

这里用到的两层全连接可简单地表示为 f_l。需要注意的是，通过全连接得到的 $\boldsymbol{V}$ 是向量形式的，为了可以和矩阵形式的特征 $\boldsymbol{F}_l\in\mathbb{R}^{(H'W')\times(3C)}$ 进行矩阵相乘，将 $\boldsymbol{V}$ 变形为矩阵形式，即 $\boldsymbol{V}\in\mathbb{R}^{n\times(H'W')}$ 并且 $n<(H'W')$。在这里选择全连接层的原因在于其可以充当一个编码器，对注意力图进行编码提取重要的信息。最后，利用学习得到的映射矩阵对特征 $\boldsymbol{F}_{\mathrm{local}}$ 进行映射，将映射后的矩阵通过加和方式融合，得到最终的重要局部特征 $\boldsymbol{F}_{\mathrm{fine}}$，这一步可以表示为

$$\boldsymbol{F}_{\mathrm{fine}}=\boldsymbol{V}_3\boldsymbol{F}_{\mathrm{local}}+\boldsymbol{V}_4\boldsymbol{F}_{\mathrm{local}}+\boldsymbol{V}_5\boldsymbol{F}_{\mathrm{local}} \tag{11.6}$$

式中，$\boldsymbol{F}_{\mathrm{fine}}$ 的尺寸为 $n\times(3C)$。

11.2.2 全局分支网络

由于遥感影像中目标物体很复杂多样，造成不同类别的场景影像可能包含相同类别的目标物体，因此对于场景分类任务而言，仅仅依靠目标级的特征是不充分的。为了克服这一问题，在本章模型中提出全局分支网络用来学习全局信息，对局部特征 $\boldsymbol{F}_{\mathrm{fine}}$ 进行整理重组得到能表征场景级的特征。

为了使得全局分支网络能从遥感影像中捕捉全局信息，首先对影像进行了下采样操作，$\boldsymbol{X}_{\mathrm{down}}$ 表示下采样后的影像，大小为 $H/2\times W/2$。然后选择另一个 AlexNet 网络作为全

局分支网络的基础网络，如图 11.1 所示。最后将最后一层卷积特征进行拉伸，得到全局特征 $\boldsymbol{F}_{\text{global}}$。与局部分支网络类似，这里也采用全连接层对全局特征进行整合编码，学习全局结构映射矩阵 $\boldsymbol{M}$。以上步骤可以简单的表示为

$$\boldsymbol{M} = \text{Sigmoid}(f_{\text{global}}(\boldsymbol{F}_{\text{global}})) \tag{11.7}$$

与局部分支网络得到的映射矩阵类似，本章同样对全连接层得到的向量形式 $\boldsymbol{M}$ 进行变形操作，得到映射矩阵 $\boldsymbol{M} \in \mathbb{R}^{m \times n}$，$f_{\text{global}}$ 表示上述的全连接层。

当全局结构映射矩阵 $\boldsymbol{M}$ 得到后，影像的特征就可以通过如下方式获得：

$$\boldsymbol{F} = \boldsymbol{M}\boldsymbol{F}_{\text{fine}} \tag{11.8}$$

式中，$\boldsymbol{F} \in \mathbb{R}^{m \times (3C)}$。

最后，在已获得遥感影像特征 $\boldsymbol{F}$ 基础上，为了能保证全局映射矩阵有效性的同时可以完成分类任务，将 $\boldsymbol{F}$ 拉伸成向量并和 $\boldsymbol{F}_{\text{global}}$ 拼接到一起，再次嵌入两层全连接，完成分类任务。通过优化交叉熵损失函数训练 M-Net，具体为

$$\mathcal{L} = -\frac{1}{N} \sum_{i}^{N} (\boldsymbol{y}_i \log(\hat{\boldsymbol{y}}_i)) \tag{11.9}$$

这里采用 $\boldsymbol{F}$ 和 $\boldsymbol{F}_{\text{global}}$ 拼接的形式作为最终的特征，有两点原因：一是 $\boldsymbol{F}_{\text{global}}$ 本质上也是对遥感影像场景级内容的一种表示；二是同时基于这两种特征分类，可以使 $\boldsymbol{F}_{\text{global}}$ 的有效性得到保证。

11.3　实验设置及结果分析

11.3.1　实验设置

本章所有仿真实验的数据集配置情况为，对于 UCM、AID 和 NWPU 数据集，分别随机从每类中选择 80%、50% 和 20% 的样本作为训练集，剩余样本作为测试集。模型性能评估采用总体精度(OA)和混淆矩阵。为了公平地验证本章所提模型的有效性，本节选择了多种对比模型来进行对比实验，具体如下：

（1）AlexNet[1]，即一种典型的 CNN 分类模型。

（2）VGG16[2]，该模型也是一种经典的 CNN 分类模型，但它的参数量比 AlexNet 高，模型复杂度较高。

（3）MCNN(Multiscale CNN[75])，该模型属于遥感影像分类领域较为典型的多尺度特征学习及分类模型，主要通过一个网络输入不同大小的遥感影像，从而捕捉多尺度特征。

（4）RAN(Attention based Residual Network[55])，该模型是利用残差单元与注意力机制结合增强遥感影像特征中对于语义信息敏感的可判别特征。

（5）D-CNN(Discriminative CNN[18])，该模型是在遥感影像的高维特征上利用度量学

习对类内、类间容易混淆的样本特征施加一定的约束,使得模型能更容易地区分这些样本,从而提高场景分类精度。

(6) M-Net-concatenate,该模型是本章模型的简化版本,即直接通过拼接融合局部特征和全局特征。采用该模型的原因是:通过对比其与 M-Net 的性能,可以直观地体现出通过映射矩阵融合局部特征和全局特征带来的优势。

为了公平地比较模型的性能,MCNN、RAN 和 D-CNN 的基础网络都选择 AlexNet 模型。所有对比模型采用同样的训练集和测试集,批大小为 128,学习率为 0.0001,最大迭代次数为 100 代,优化器为 Adam。另外,由于本章模型的模型框架虽然是基于 AlexNet 网络,但对网络的改动较大,因此在前 50 次迭代过程中,固定了 M-Net 中 AlexNet 网络的参数,只优化在 M-Net 中其他神经网络的参数,在后 50 次迭代中,优化 M-Net 中的所有参数。对于其他对比模型,由于它们不涉及对网络改动较大的问题,因此对于它们是在 100 个迭代中整体进行优化。

对于本章所提出 M-Net 模型中涉及的两个参数 n 和 m,在所有实验中 n 设置为与数据集类别个数相同的值(即对于 UCM、AID 和 NWPU 数据集,n 分别为 21、30 和 45),而 $m=n/3$。这样设置的原因在于,n 反应学习到重要局部特征的规模,而 m 是对重要局部特征进行全局性的映射,因此,为了使得尽可能准确地从影像中挖掘重要局部特征,将 n 设置为和数据集类别总个数相同,而 m 应该稍小一点,在 n 个重要的局部特征中过滤掉对场景分类影响不大的特征,强化重要的特征。

11.3.2 结果分析

不同对比模型在三种数据集上的分类总体精度(OA)汇总在表 11.1 中。通过对比实验结果,可以得到如下发现。

表 11.1　不同对比模型在三种数据集上的分类总体精度(%)

模　　　型		数　　据　　集		
		UCM	AID	NWPU
对比模型	AlexNet	94.27	89.28	81.13
	VGG16	95.95	91.02	82.19
	RAN	95.81	90.92	82.83
	D-CNN	95.73	91.49	83.01
	MCNN	96.12	91.80	83.13
	M-Net-concatenate	95.46	90.17	82.39
本章模型	M-Net	**97.38**	**92.20**	**84.25**

1. 在 UCM 数据集上的结果

对于 UCM 数据集而言，M-Net 可以取得最高的分类精度(97.38%)，分别比其他模型高 3.11%(AlexNet)、1.43%(VGG16)、1.57%(RAN)、1.65%(D-CNN)、1.26%(MCNN)。其中，对于 M-Net 和 MCNN 这两种模型都是捕捉遥感影像的多尺度特征，不同的地方在于：本章所提 M-Net 模型是利用两个模型分别捕捉不同尺度特征，而 MCNN是利用同一个共享的网络捕捉不同尺度特征；M-Net 中对局部特征进行了全局结构映射，而 MCNN 采用的是一个模型对同一幅遥感影像不同尺度特征进行分类，不同尺度特征没有融合。实验结果表明，M-Net 中利用不同模型捕捉不同尺度特征，并对局部特征进行全局结构映射是比较合适的。

2. 在 AID 数据集上的结果

对于 AID 数据集而言，M-Net 可以取得最高的分类精度(92.20%)，分别比其他模型高 2.92%(AlexNet)、1.18%(VGG16)、1.28%(RAN)、0.71%(D-CNN)、0.40%(MCNN)。实验结果表明，M-Net 可以在更大、更复杂的遥感影像分类任务中取得较好的分类精度。

3. 在 NWPU 数据集上的结果

对于 NWPU 数据集而言，M-Net 依然可以取得最高的分类精度(84.25%)，分别比其他模型高 3.12%(AlexNet)、2.06%(VGG16)、1.42%(RAN)、1.24%(D-CNN)、1.12%(MCNN)。与其他数据集上的实验结果对比，还可以发现，M-Net 无论是对于规模大、类别复杂的遥感影像分类任务，还是对于规模较小的分类任务，都能取得非常好的分类精度，这说明 M-Net 有着很强的适应性，能够在不同的场景分类任务上都取得较好的准确度。

4. 对比分析

对比 M-Net 和 M-Net-concatenate 在 UCM、AID 和 NWPU 数据集的分类精度，可以发现 M-Net 分别比 M-Net-concatenate 高 1.92%(UCM)、2.03%(AID)和 1.86%(NW-PU)。这说明采用学习映射矩阵融合局部特征和全局特征能够比直接拼接局部-全局特征学习到更有效的特征，进而提高场景分类的精度。

11.4 本 章 小 结

本章主要讨论了基于双通道多尺度特征学习的遥感影像场景分类模型。在该模型中：一方面，提出利用 AlexNet 网络和原始大小的遥感影像学习丰富的局部特征，并根据局部信息和神经网络学习局部映射矩阵，以提取重要的局部特征；另一方面，提出利用另一个

AlexNet 网络和下采样后的遥感影像学习全局特征，并利用神经网络学习全局结构映射矩阵，对重要的局部特征进行全局性的映射，从场景级表征遥感影像提高场景分类的准确率。

本章内容的主要工作点如下：

（1）针对遥感影像的场景分类任务，设计了一种基于双通道的多尺度特征学习模型，通过两个不同的网络分别捕捉遥感影像的局部特征和全局特征。局部特征和全局特征学习可以有效地克服遥感影像中物体分辨率变化大、种类繁杂等引起的场景类别易混淆的问题，增强了网络对遥感影像场景级特征的学习能力。

（2）针对局部特征和全局特征的融合，设计了一种新的融合模型。首先，通过局部特征和神经网络学习局部特征映射矩阵，以获取重要的局部特征，提高局部特征的表征能力；其次，通过全局特征和神经网络学习全局结构映射矩阵，对重要的局部特征进行全局映射，提高重要局部特征对场景级影像内容的表征能力；最后，利用全局特征和经过全局映射的重要局部特征进行遥感影像的场景分类任务，进一步提高了分类的准确率。

（3）在三种广泛采用的遥感数据集上进行了仿真实验，实验结果表明本章所提出的模型能有效地提高分类模型的准确率。虽然本章所提模型获得了较好的性能，但其有两个方面还需要进一步改进。一方面，本章所提出的 M-Net 模型采用了两个不同的 AlexNet 网络模型分别捕捉局部特征和全局特征，这无疑增加了模型的复杂度，后续可以尝试将全局特征的学习直接和局部特征的学习嵌入同一个网络中，以降低模型的复杂度；另一方面，本章所提出的局部映射矩阵和全局映射矩阵，可以在特征分解组合的理论上继续研究，从而提出更有效地映射矩阵学习模型。

第 12 章
尺度自适应卷积网络

12.1 引 言

　　遥感影像的场景解译，其核心目的在于提取场景级的表征特征。但是由于影像包含的目标物种类繁杂、分辨率变化大等特点，甚至同一类场景的影像包含其他场景下的物体，这无疑给影像的场景解译带来了很大的困难。一种有效的方式是 CNN 学习捕捉不同尺度下的特征，即多尺度特征。例如，第 3 章中所描述的从局部和全局捕捉影像特征，利用特征之间的互补信息提高特征的表征能力。也有其他很多在遥感领域的研究工作以多尺度特征完成遥感影像场景解译。例如，Alhichri 等人[76] 提出将同一幅影像下采样为不同的大小，利用不同的网络学习多个尺度的特征，最后将它们拼接到一起得到多尺度特征；Shao 等人[77] 提出利用多个不同大小的卷积获得不同尺度的特征，并且连接不同层的卷积特征获得更为完备且充分的多尺度特征；Lu 等人[78] 也提出利用 1×1、3×3 和 5×5 的不同卷积，获得不同感受视野的卷积特征，并将它们拼接到一起得到多尺度特征；Zhang 等人[79] 提出利用多个不同网络以及不同的下采样比例学习遥感影像的多尺度特征。

　　然而，通常来讲，为了捕捉不同尺度下的影像特征，往往需要对网络进行较大的改动，这无疑增加了网络的复杂度；更重要的是网络参数量也随之增加，进而导致训练难度增大。一种有效的方法是，基于现有的卷积操作，设计一种方便集成在任何网络中的卷积块，通过该卷积块挖掘影像不同尺度的特征。本章所提出的模型就是对传统卷积做了进一步的改进，可以在不额外增加参数量的情况下便捷地捕捉影像的多尺度特征。具体来讲，首先通过参数共享的卷积核进行不同空洞比例的空洞卷积（Dilated Convolution），使得网络可以在不增加参数量的情况下，捕捉不同尺度的卷积特征，在本章的模型中将这种操作命名为金字塔卷积（Pyramid Convolution）；其次为了充分利用不同尺度特征之间的互补信息，提出尺度自适应融合策略（Scale Self-adaptive Scheme），仅通过数值计算就能获得不同尺度特征的融合系数及融合特征。本章所提模型是对上一章模型在降低遥感影像多尺度特征学习模型复杂度方面的进一步改进,可以提高多尺度特征学习模型的普适性和便捷性。

本章所提出的尺度自适应卷积(Self-adaptive Pyramid Convolution,SAP-Conv)是在空洞卷积的基础上提出的,因此在本章中,首先对空洞卷积做了详细的介绍,其次对尺度自适应卷积做了详细的介绍,最后进行实验验证。

12.2 空 洞 卷 积

空洞卷积最早是在 2015 年由 Yu 等人提出的[80],主要目的在于通过对卷积核插入空洞,扩大卷积视野,从而获得不同尺度下的特征。例如,对于原始的卷积操作,假设输入特征图的大小为 $H \times W \times C$,采用 3×3 大小的卷积核,其感受视野是 3×3。为了获得不同尺度下的特征,通常做法是对上一层的特征图进行池化(例如,步长为 2、窗口大小为 2 的最大池化)得到不同大小的卷积特征图($H/2 \times W/2 \times C$),再次采用 3×3 大小的卷积核,其感受视野可以扩大为 6×6。为了获得多个不同尺度的特征,需要对输入的特征图进行多次下采样操作,这种方法虽然能从不同的尺度学习影像特征,但是存在的问题也不能忽视,即下采样操作会带来信息的损失。特别是高层卷积特征富含语义信息,如果对其采用多次下采样,带来的信息损失会更多。空洞卷积就是为了克服这一问题所提出来的,即通过在卷积核中插入空洞,从而扩大卷积核的感受视野,避免对输入的特征图进行下采样扩大卷积视野带来的信息损失。如图 12.1 所示,假设输入特征图的大小为 11×11,卷积核大小为 3×3,其具体实现过程如下。

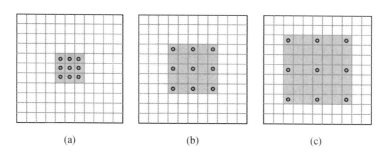

(a)　　　　　　　　(b)　　　　　　　　(c)

图 12.1　空洞卷积示意图

(1) 对输入 11×11 的特征图做大小为 3×3、空洞比例为 1 的卷积,感受野为 3×3(见图 12.1(a)),实际上该操作和传统卷积操作一样,没有区别。

(2) 对输入 11×11 的特征图做大小为 3×3、空洞比例为 2 的卷积,也就是隔一个像素与卷积核点乘相加作为中心像素的特征值,感受野为 5×5(见图 12.1(b))。

(3) 对输入 11×11 的特征图做大小为 3×3、空洞比例为 3 的卷积,也就是隔两个像素与卷积核点乘相加作为中心像素的特征值，感受野为 7×7(见图 12.1(c))。

整个感受野的变化如图 12.1 中灰色区域所示。可以看到，网络无须借助池化层也能增大后续网络的感受野。

12.3　尺度自适应卷积

本章提出了一种名为尺度自适应卷积(SAP-Conv)的模型，该模型的主要目的是对遥感影像中复杂的内容分布捕捉不同尺度的特征。此外，该 SAP-Conv 可以便捷地嵌入在任何已有的 CNN 模型中，以极低的代价获得影像丰富的多尺度信息。SAP-Conv 结构图如图 12.2 所示，主要包含两部分，即金字塔卷积和尺度自适应融合策略。金字塔卷积的目是通过同一个卷积核学习多尺度的特征。然后，利用尺度自适应融合策略整合不同尺度特征，达到信息互补的效果。接下来分别进行详细说明。

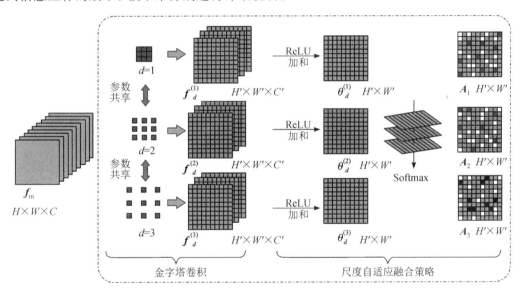

图 12.2　SAP-Conv 结构图

12.3.1　金字塔卷积

假定传统卷积的输入数据用 $x \in \mathbb{R}^{H \times W \times C}$ 表示，其中 $H \times W$ 表示影像的大小，C 表示通道个数。卷积核用 $w \in \mathbb{R}^{C' \times s \times s \times C}$ 表示，其中 C' 表示卷积核的个数，$s \times s \times C$ 表示卷积核的大小。传统的卷积操作可以表述为

$$f = x \otimes w \tag{12.1}$$

式中，f 表示卷积得到的特征图，$\otimes$ 表示卷积。

金字塔卷积是基于空洞卷积构造的，空洞卷积表示为

$$f_d = x_d \otimes w \tag{12.2}$$

式中，d 表示空洞比例。事实上，$d=1$ 的空洞卷积就是标准的卷积；当 $d>1$ 时，空洞卷积的感受视野就比 $s \times s$ 大。同时还需要注意一点，对于上述 $d>1$ 的空洞卷积，其参数量和 $d=1$ 的空洞卷积是一样的。基于这种特点，本章所提出的金字塔卷积可以表示为

$$f_d^{(i)} = x_{d=i} \otimes w \quad i = [1, 2, 3, \cdots, D] \tag{12.3}$$

式中，D 是超参数，表示尺度级别。另外，不同空洞比例的空洞卷积都是先对输入的特征图进行填充操作（padding），使得每个 $f_d^{(i)}$ 的大小都为 $H' \times W' \times C'$。采用这种方式的原因在于可以使得输入特征图的某个区域的不同尺度的特征在 $f_d^{(i)}$ 的位置都是相同的。由于在上述过程中使用的是同一个卷积核 w 进行不同空洞比例的卷积，因此金字塔卷积的参数量并不会随着 D 的增加而增多。

12.3.2　尺度自适应融合策略

在得到不同尺度的特征 $f_d^{(i)}$ 后，下一步即为融合多个不同尺度的特征，利用不同尺度特征之间的信息互补增强融合后特征的表征能力。通常的做法是直接加和融合，即

$$f_{\text{sum}} = \frac{1}{D} \sum_{i=1}^{D} f_d^{(i)} \tag{12.4}$$

式中，$f_{\text{sum}} \in \mathbb{R}^{H' \times W' \times C'}$。但是，简单的加和融合会造成 $f_d^{(i)}$ 对于 f_{sum} 的贡献度一致，考虑到遥感影像内部可能存在显著的目标尺度变化，直接对多尺度特征进行简单加和会限制其对不同大小物体的表征能力。简单来说，感受视野小的卷积操作更适合学习尺寸较小的重要物体特征，而感受视野大的卷积操作则更适合捕捉尺度较大的目标特征。因此，如何在多尺度特征融合过程中合理分配特征权重以适应不同物体的大小，是提高遥感影像分类性能的关键。另一种融合方法就是拼接融合，即

$$f_{\text{concat}} = [f_d^{(1)}, f_d^{(2)}, \cdots, f_d^{(D)}] \tag{12.5}$$

式中，$f_{\text{concat}} \in \mathbb{R}^{H' \times W' \times (DC')}$。考虑到本章所提出的模型是为了捕捉不同尺度的特征，因此一般情况下 $D>1$，这就造成特征 f_{concat} 的维度会增加 D 倍，使得不同尺度的特征很难在不改变已有 CNN 的结构下使用该拼接融合方法。

为了克服上述问题，在本章模型中提出了尺度自适应融合策略，用来整合不同尺度的特征。该策略的核心思想是：融合后的特征在每个位置 $p(j, k)$ 都有一个独立的融合相关系数，用于表示不同尺度特征对最终特征的贡献程度，并据此实现不同尺度的特征 $f_d^{(i)}$ 加权融合，从而优化特征表达能力。基于此种假设，得到如下公式：

$$\boldsymbol{f}_{\text{self}}(j, k) = \sum_{i=1}^{D} \alpha_i(j, k) \boldsymbol{f}_d^{(i)}$$

$$\text{s.t.} \sum_{i=1}^{D} \alpha_i(j, k) = 1, 0 \leqslant \alpha_i(j, k) \leqslant 1(j, k) \tag{12.6}$$

式中，$\boldsymbol{f}_{\text{self}}(j, k)$ 表示尺度自适应策略融合后在 $p(j, k)$ 位置处的特征，$(j, k) \in (H', W')$，另外融合相关系数 $\alpha_i(j, k)$ 表示 $\boldsymbol{f}_d^{(i)}(j, k)$ 的特征对 $\boldsymbol{f}_{\text{self}}(j, k)$ 的贡献程度。

计算融合相关系数 $\alpha_i(j, k)$，包括以下三个步骤。

(1) 利用 ReLU 激活函数增加不同尺度特征 $\boldsymbol{f}_d^{(i)}$ 的非线性，即

$$\boldsymbol{g}_d^{(i)} = \text{ReLU}(\boldsymbol{f}_d^{(i)}) \tag{12.7}$$

式中，$\boldsymbol{g}_d^{(i)} \in \mathbb{R}^{H' \times W' \times C'}$。

(2) 对于每一个 $\boldsymbol{g}_d^{(i)}$，沿着通道方向各自将它们加和以获得每个位置的所有信息，表述如下：

$$\boldsymbol{\theta}_d^{(i)} = \sum_{c=1}^{C'} \boldsymbol{g}_d^{(i)} \tag{12.8}$$

式中，$\boldsymbol{\theta}_d^{(i)} \in \mathbb{R}^{H' \times W'}$。由于加和会使得 $\boldsymbol{\theta}_d^{(i)}$ 中的数值变化很大，因此这里选择归一化操作，也就是将它们的值规范为 0～1 之间，去消除这种影响。

(3) 对于融合后特征的每个位置 $p(j, k)$，采用 Softmax 函数对重要尺度的特征进行强化，弱化其他尺度特征，即

$$\alpha_i(j, k) = \frac{e^{\boldsymbol{\theta}_d^{(i)}(j, k)}}{\sum_{n=1}^{D} e^{\boldsymbol{\theta}_d^{(n)}(j, k)}} \tag{12.9}$$

式中，$j = 1, \cdots, H'$；$k = 1, \cdots, W'$。为了方便表述，将 $\alpha_i(j, k)$ 堆叠到一起，得到 $\boldsymbol{A}_i \in \mathbb{R}^{H' \times W'}$。联想到 $\boldsymbol{A}_i$ 可以反映 $\boldsymbol{f}_d^{(i)}$ 每个位置信息的不同贡献，$\boldsymbol{A}_i$ 也可以称为尺度注意力图。

最终，多个不同尺度特征 $\boldsymbol{f}_d^{(i)}$ 可以利用尺度注意力图 $\boldsymbol{A}_i$ 按如下方式融合：

$$\boldsymbol{f} = \sum_{i=1}^{D} \boldsymbol{A}_i \odot \boldsymbol{f}_d^{(i)} \tag{12.10}$$

式中，$\boldsymbol{f} \in \mathbb{R}^{H' \times W' \times C'}$；$\odot$ 表示点积，即点对点相乘。随后，与传统的 CNN 结构类似，$\boldsymbol{f}$ 可以经过激活、池化等操作。

12.3.3 增强型尺度自适应卷积模型

在上一小节中对尺度自适应策略做了详细的描述，然而，其中还有一个问题需要进一

步研究和探索。在尺度自适应策略中，为了有效地对比不同的特征，$\boldsymbol{\theta}_d^{(i)}$ 被归一化到了 $(0,1)$ 之间。然而，这种方式会产生一个问题，即 Softmax 函数在 $(0,1)$ 的范围内无法充分加强重要特征。例如，假设 $D=3$，$\boldsymbol{\theta}_d^{(1)}(j,k)=1$，$\boldsymbol{\theta}_d^{(2)}(j,k)=0.01$，$\boldsymbol{\theta}_d^{(3)}(j,k)=0.01$，那么融合相关系数的计算结果为 $\alpha_1(j,k)\approx0.5737$、$\alpha_2(j,k)\approx0.2132$、$\alpha_3(j,k)\approx0.2132$。理想情况下 $\boldsymbol{\theta}_d^{(1)}(j,k)=1$ 对应的融合相关系数 $\alpha_1(j,k)$ 能够尽可能大一点，并且 $\alpha_2(j,k)$ 和 $\alpha_3(j,k)$ 尽量小一点。

为了克服这一问题，提出如下增强策略：

$$\boldsymbol{\sigma}_d^{(i)}=\frac{1}{-\mathrm{lb}\boldsymbol{\theta}_d^{(i)}} \tag{12.11}$$

$$\alpha_i(j,k)=\frac{\mathrm{e}^{\boldsymbol{\sigma}_d^{(i)}(j,k)}}{\displaystyle\sum_{n=1}^{D}\mathrm{e}^{\boldsymbol{\sigma}_d^{(n)}(j,k)}} \tag{12.12}$$

利用这种增强策略，假设 $D=3$，$\boldsymbol{\theta}_d^{(1)}(j,k)=1$，$\boldsymbol{\theta}_d^{(2)}(j,k)=0.01$，$\boldsymbol{\theta}_d^{(3)}(j,k)=0.01$，可得到融合相关系数 $\alpha_1(j,k)\approx1$、$\alpha_2(j,k)\approx0$、$\alpha_3(j,k)\approx0$。上述结果表明最为重要的特征 $\boldsymbol{f}_d^{(1)}(j,k)$ 可以对融合后的特征产生最大的贡献。

12.4　实验设置及结果分析

12.4.1　实验设置

首先需要说明的是，对于增强型尺度自适应卷积本章简单地记为 SAP-Conv，而对于最初的尺度自适应卷积记为 SAP-Conv-org。本章所有仿真实验的数据集配置情况是：对于 UCM 数据集、AID 数据集和 NWPU 数据集，分别随机从每类中选择 80%、50% 和 20% 的样本作为训练集，剩余样本作为测试集。为了验证本章所提卷积的广泛适用性，首先选取多种经典的网络结构（包括 AlexNet、VGG16、ResNet18、ResNet34、ResNet50）作为基础分类模型，其次对这些网络的最后一个卷积层替换为增强型尺度自适应卷积（SAP-Conv），分别记为 AlexNet-SAP-Conv、VGG16-SAP-Conv、ResNet18-SAP-Conv、ResNet34-SAP-Conv、ResNet50-SAP-Conv。上述这些模型的训练过程中，统一设置批大小为 128，学习率为 0.0001，最大迭代次数为 100，网络参数初始化采用预训练参数，优化器为 Adam。另外还需注意的是，SAP-Conv 中的尺度参数 D 统一设置为 3。对于结果的评价指标，选择总体精度（OA）和混淆矩阵对实验结果进行详细分析，验证尺度自适应卷积的有效性。

另外，为了广泛地验证本章所提模型的性能，在对比实验中还选择了三种针对遥感影像的分类模型。

（1）RAN(Attention based Residual Network)[55]，该模型是利用残差模块与注意力机制结合来增强遥感影像特征中对于语义信息敏感的可判别特征。在本章实验中，RAN 的基础网络选择 VGG16。

（2）D-CNN(Discriminative CNN)[73]，该模型是采用度量学习对遥感影像的表征特征施加一定的规范，使得模型可以一定程度上缓解遥感影像场景分类中类内多样性、类间相似性的干扰。在本章实验中，D-CNN 的基础网络选择 VGG16。

（3）M-Net，即基于双通道多尺度特征学习的遥感影像分类算法。

对于这三种对比模型，本章也采用同样的训练集、测试集，以及相同的训练参数设置和网络初始化方法。

12.4.2　结果分析

不同对比模型在三种数据集上的分类总体精度(OA)汇总在表 12.1 中。通过对比实验结果，可以得到如下发现。

表 12.1　水同对比模型在三种数据集上的分类总体精度　　　单位：%

模型	数据集		
	UCM	AID	NWPU
AlexNet	94.27	89.28	81.13
VGG16	95.95	91.02	82.19
ResNet18	97.61	93.24	90.79
ResNet34	97.38	93.06	89.67
ResNet50	98.11	93.30	90.12
RAN	96.81	91.66	83.40
D-CNN	97.11	92.32	84.68
M-Net	97.34	92.20	84.25
AlexNet-SAP-Conv	95.95	91.08	83.52
VGG16-SAP-Conv	98.09	92.42	85.48
ResNet18-SAP-Conv	98.12	93.84	**91.58**
ResNet34-SAP-Conv	98.03	93.70	90.46
ResNet50-SAP-Conv	**98.80**	**94.06**	90.79

（1）对比 AlexNet、VGG16、ResNet18、ResNet34、ResNet50 和 AlexNet-SAP-Conv、VGG16-SAP-Conv、ResNet18-SAP-Conv、ResNet34-SAP-Conv、ResNet50-SAP-Conv 分类结果，可以发现自适应尺度卷积 SAP-Conv 可以提高不同模型的分类精度。具体而言，对于 UCM 数据集，嵌入 SAP-Conv 的网络分别可以提高 1.68%（AlexNet）、2.14%（VGG16）、0.51%（ResNet18）、0.65%（ResNet34）和 0.69%（ResNet50）的分类精度；对于 AID 数据集，嵌入 SAP-Conv 的网络分别可以提高 1.8%（AlexNet）、1.4%（VGG16）、0.6%（ResNet18）、0.64%（ResNet34）和 0.76%（ResNet50）的分类精度；对于 NWPU 数据集，嵌入 SAP-Conv 的网络分别可以提高 2.39%（AlexNet）、3.29%（VGG16）、0.79%（ResNet18）、0.79%（ResNet34）和 0.67%（ResNet50）的分类精度。实验结果表明本章所提出的尺度自适应卷积 SAP-Conv 适用性较强，可以便捷地提高已有模型对遥感影像的特征学习能力。

（2）尺度自适应 SAP-Conv 对 AlexNet 和 VGG16 的性能提高较为明显（UCM 数据集上分别提升 1.68% 和 2.14%），对于 ResNet 18/34/50 的性能提高较小（UCM 数据集上分别提升 0.51%、0.65% 和 0.69%）。这是因为 AlexNet 和 VGG16 网络仅是通过卷积、池化、激活的交替堆叠构造的，而 ResNet 18/34/50 网络中包含有残差模块，残差模块会将不同层的卷积特征连接到一起。因此，某种意义上残差模块通过不同层特征的融合也可以捕捉到遥感影像不同尺度的特征。但是由于 SAP-Conv 模块中包含尺度自适应的融合机制，能够最大化不同尺度之间的信息互补，所以 SAP-Conv 对 Resnet 18/34/50 依然可以提高特征的表征能力，从而提高分类精度。

（3）对比 VGG16-SAP-Conv、D-CNN 和 RAN 的实验结果，可以发现在相同的基础网络（VGG16）下，尺度自适应卷积 SAP-Conv 在遥感影像的特征学习上更佳。具体而言，对于 UCM 数据集，嵌入 SAP-Conv 的网络分别可以提高 1.28%（RAN）、0.98%（D-CNN）的分类精度；对于 AID 数据集，嵌入 SAP-Conv 的网络分别可以提高 0.76%（RAN）、0.1%（D-CNN）的分类精度；对于 NWPU 数据集，嵌入 SAP-Conv 的网络分别可以提高 2.08%（RAN）、0.8%（D-CNN）的分类精度。原因在于 D-CNN 通过对特征进行度量学习克服遥感影像的类内多样性、类间相似性的干扰，而 RAN 通过注意力机制增强特征中的可判别特征，本章所提的 SAP-Conv 通过学习多尺度特征以及利用自适应融合策略最大化地利用不同尺度特征。另外，还可以发现：M-Net 模型虽然基础网络模型为 AlexNet，但是得益于有效的局部特征和全局特征学习模型，对于 UCM、AID 和 NWPU 数据集，M-Net 均可以获得比基于 VGG16 网络的 D-CNN、RAN 更好的分类准确率，这也说明了 M-Net 的有效性。

除了以上的数字统计结果外，本节还绘制了 VGG16-SAP-Conv 自适应尺度卷积中的三个尺度注意力图，通过观察尺度注意力图可以直观地看到网络对小、大目标不同尺度的关注程度。在 UCM 数据集上随机选取了四张影像，通过在该数据集上训练好的

VGG16-SAP-Conv 模型，得到不同影像的三种尺度注意力图，如图 12.3 所示，其中尺度注意力图颜色的亮暗表示网络对该区域的关注程度。通过观察这些尺度注意力图可以发现：对于小物体的特征学习，主要依靠尺寸较小的卷积核（即就是在 SAP-Conv 中的空洞比例为 1 的空洞卷积），如图中对于储物仓的影像，尺度注意力图 A1 会集中关注在储物罐上；对于尺寸较大物体的特征学习，主要依靠尺寸较大的卷积核（即在 SAP-Conv 中的空洞比例为 2 或 3 的空洞卷积），如图中对于建筑物的影像，尺度注意力图 A3 会集中关注在建筑物体上。

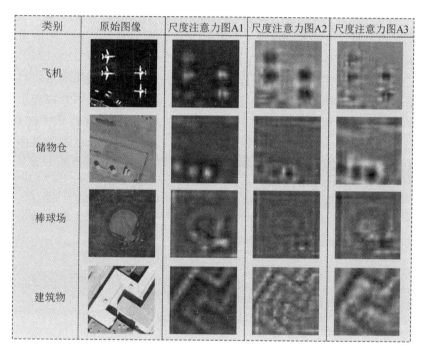

图 12.3　尺度自适应卷积中不同尺度的注意力图

12.5　本 章 小 结

　　本章主要讨论基于尺度自适应卷积的遥感影像场景分类模型。在尺度自适应卷积中，利用参数共享、空洞比例不同的空洞卷积捕捉遥感影像不同尺度的特征，有效地克服了遥感影像中物体分辨率变化大、种类繁杂的干扰，从而增强了影像特征的表征能力。再结合自适应尺度融合策略，仅通过对不同尺度的信息分析、计算获得不同尺度的注意力图，通过注意力图融合不同尺度特征，最大化不同特征之间的信息互补，进一步增强特征的表征能力。

本章的主要工作点如下：

（1）针对遥感影像的分类任务，设计了一种基于空洞卷积的金字塔卷积，通过参数共享的卷积核插入不同比例的空洞，捕捉遥感影像不同尺度的特征。金字塔卷积能在一定程度上克服遥感影像中由于物体分辨率变化大、种类繁杂引起的类别混淆问题，通过不同尺度的特征学习，增强网络对复杂遥感影像的感知能力。

（2）针对不同尺度的特征融合，设计了一种尺度自适应融合策略，该策略通过分析、计算不同尺度特征中所蕴含的丰富信息，获得不同尺度特征的融合相关系数。通过融合相关系数融合不同尺度特征，一方面可以最大化特征之间的信息互补，另一方面可以使得融合后的特征具有更强的适用性。

在三种广泛采用的遥感数据集上进行了仿真实验，实验结果表明本章所提出的尺度自适应卷积可以较好地提高已有模型在遥感影像分类任务上的性能。本章模型由于是基于空洞卷积构造的，因此空洞卷积中的问题也会影响本章模型，即空洞卷积中的棋盘格效应。简单理解就是空洞卷积本身的特点，导致卷积会过多地关注到输入数据的某些类似棋盘格分布的区域上，导致其他区域的信息被弱化。后续可以在改进这一问题方面入手，研究如何进一步提高尺度自适应卷积的性能。

第 13 章
融合全局信息和局部信息的 Transformer

13.1 引 言

随着遥感技术的迅速发展，各种遥感探测器已用于观测地球，遥感影像的数量和空间分辨率不断提高。随着卷积神经网络的快速发展，很多著名的卷积网络被提出，例如前几章介绍的 AlexNet 和 VGG16；然而，由于遥感影像内容的复杂性，传统的卷积神经网络通常无法取得令人满意的分类结果。为了进一步提升卷积网络的性能，研究人员提出了许多基于卷积神经网络的模型（MILNet[57] 和 GLANet），这些模型使用了多个小卷积核堆叠的方式来提取遥感影像的特征。为了从包含多个目标的遥感影像中捕获其中重要的特征，越来越多的卷积核被应用于卷积网络中，这无疑增加了模型的运算量以及发生过拟合情况的风险。

考虑到以上问题，本章提出了一种基于 Transformer 的遥感影像场景分类模型，此模型在自然语言处理中使用较为广泛。不像标准的卷积神经网络依赖卷积层去获取影像特征，Transformer 模型使用了多头注意力机制以捕获影像像素块之间的上下文关系。首先，待分类的遥感影像被分割为小块，经过特征映射转化为特征嵌入序列。其次，为了保留影像像素块之间的位置信息，每一个特征嵌入序列都进行了位置编码，并嵌入其中。然后，将这些带有位置编码的特征嵌入序列输入多头的注意力机制，以生成分类特征表示。在分类阶段，通常是将第一段空序列输入 Softmax 直接用于分类，然而这种特征通常仅包含着遥感影像的全局信息，缺少对遥感影像场景分类同样重要的局部信息。考虑到遥感影像的局部信息，本章对原本的 Transformer 模型进行了改进，引入了局部特征信息共同参与分类，并设计了联合损失函数，增强了模型的分类性能。与最先进的模型相比，在不同遥感影像数据集上进行的实验证明了该模型的有效性。具体而言，改进版的 Transformer 在 UCM 数据集、AID 数据集（2：8 和 5：5）和 NWPU 数据集（1：9 和 2：8）的平均准确率分别约为 99.05％、92.78％、95.45％、91.53％和 92.95％。

13.2 基于全局信息和局部信息的 Transformer 分类模型

基于全局信息和局部信息的 Transformer 模型（Global-Local Transformer，GLTransformer）结构如图 13.1 所示，整个模型由特征映射模块、特征编码模块和分类模块组成。下来详细描述这三个模块。

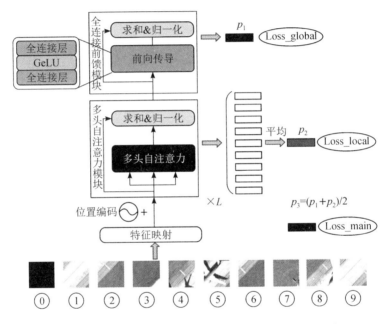

图 13.1　基于全局信息和局部信息的 Transformer 模型结构图

13.2.1　特征映射模快

传统的 Transformer 模型的输入通常是带有位置编码信息的一维特征序列。由于遥感影像的数据类型为三维的 RGB 信息，为了将三维影像转化为 Transformer 的输入形式，本章首先将遥感影像 $x \in \mathbb{R}^{H \times W \times C}$ 转化为一批二维的遥感影像块 $x_p \in \mathbb{R}^{N \times (P^2 \cdot C)}$。其中，$(H, W)$ 分别为遥感原图像的长度和宽度，(P, P) 表示分割后每一个遥感影像块的长度和宽度，$N = HW/P^2$ 表示输入 Transformer 的有效序列长度。由于 Transformer 模型中所有的影像宽度都是固定的，因此可训练的特征性映射层将每个遥感影像块映射到一维特征。特征映射的部分是由一个 $H \times W \times C$ 大小的卷积核实现的，其中 C 表示映射到一维特征的维数。经过特征映射后，为了保留原本遥感影像块的位置信息，该模型使用了位置编码，其数学描述如式(13.1)所示：

$$\begin{cases} PE_{(\text{pos}, 2i)} = \sin\left(\dfrac{\text{pos}}{10\ 000^{2i/d_{\text{model}}}}\right) \\ PE_{(\text{pos}, 2i+1)} = \cos\left(\dfrac{\text{pos}}{10\ 000^{2i/d_{\text{model}}}}\right) \end{cases} \tag{13.1}$$

式中，pos 代表位置，i 代表特征维度。因此，位置编码的每个维度特征均有正余弦曲线，正余弦的波长为 2π 至 $1000 \times 2\pi$ 的几何级数。该位置编码对于任何固定偏移量 k，$PE_{\text{pos}+k}$ 均可由 PE_{pos} 表示。遥感影像经过 Transformer 特征映射模块后的输出数据形式如下：

$$z_0 = [v_{\text{class}};\ x_1\boldsymbol{E};\ x_2\boldsymbol{E};\ \cdots;\ x_n\boldsymbol{E}] + \boldsymbol{E}_{\text{pos}},\ \boldsymbol{E} \in \mathbb{R}^{(p^2 c) \times d},\ \boldsymbol{E}_{\text{pos}} \in \mathbb{R}^{(n+1) \times d} \tag{13.2}$$

式中，z_0 的数据结构和输入影像块映射后的结构相同且其内部值为零，代表最终的分类结果；$\boldsymbol{E}$ 代表影像块的特征映射矩阵，其本质为一个可训练的矩形参数；$\boldsymbol{E}_{\text{pos}}$ 代表对应特征的位置编码。

13.2.2　特征编码模块

如图 13.1 所示，整个 Transformer 模型共由 L 个相同的特征编码模块所组成，每个特征编码模块都包含两部分：多头自注意力模块（Multi-Head Self-Attention Module，MHSA）和全连接前馈模块（Fully Connected Feed-forward Module，FCFM）。FCFM 共由两个全连接层和一个 GeLU 激活函数堆叠而成。GeLU 激活函数的函数形式为

$$\text{GeLU}(x) = 0.5x(1 + \tanh(\sqrt{2/\pi}(x + 0.044\ 715\ x^3))) \tag{13.3}$$

FCFM 还采用了残差的连接方式，即每隔一个特征编码，上一层的输出与本层输出相加，为了避免数据分布不统一的问题，在连接之前引入归一化层（Layer Norm，LN）。这样做的目的是为了融合不同尺度的遥感影像特征信息和避免梯度消失问题。上述所描述的计算过程分别见式(13.4)和式(13.5)。其中 L 表示特征编码模块的数目。

$$z'_{\ell} = \text{MHSA}(\text{LN}(z_{\ell-1})) + z_{\ell-1},\ \ell = 1,\ \cdots,\ L \tag{13.4}$$

$$z_{\ell} = \text{MLP}(\text{LN}(z'_{\ell})) + z'_{\ell},\ \ell = 1,\ \cdots,\ L \tag{13.5}$$

多头自注意力模型是特征编码模块最重要的部分，该模型具有凸显图像特征中重要特征的功能。该模块的结构如图 13.2(b)所示，该模型由线性层、缩放点乘自注意力、拼接层和线性层依次堆叠而成。

一般来说，特征信息的重要性可通过注意力权重表示，权重系数可以通过对序列 z 中所有值的加权求和进行计算。自注意力的头可以通过计算 Query、Key 和 Value 的点积获得其中的注意力权重。图 13.2(a)具体地展示了缩放点乘自注意力模型的计算过程。输入序列中的每个元素会与三个可学习的矩阵 $\boldsymbol{U}_{QKV}$ 进行相乘，生成三个值：Q（Query）、K（Key）和 V（Value）。经过以上计算，输入特征序列中各个特征的相对重要性就被确定下来，计算

后的点积结果经过缩放后输入 Softmax 中，缩放点乘自注意力模型所进行的缩放点积计算与标注的点积运算过程类似，但是前者在计算过程中引入了 D_K 作为输出特征序列的缩放因子。最终，每个特征块的嵌入特征值与经过 Softmax 函数输出的值相乘，就得到了特征块的嵌入特征值中最重要的特征。以上过程的数学表示如式(13.6)，其中 SA 表示整个缩放点乘自注意力模型的计算过程。

$$
\begin{cases}
[Q,K,V] = z\boldsymbol{U}_{QKV}, \boldsymbol{U}_{QKV} \in \mathbb{R}^{d \times 3D_K} \\
A = \mathrm{Softmax}\left(\dfrac{QK^{\mathrm{T}}}{\sqrt{D_K}}\right), A \in \mathbb{R}^{n \times n} \\
\mathrm{SA}(z) = A \cdot V
\end{cases}
\tag{13.6}
$$

多头自注意力模型(MHSA)使用缩放点乘自注意力模型(SAM)分别为 h 个自注意力头计算缩放点乘自注意力，其中 h 个自注意力头代表并不是单独的一组 Q、K 和 V。而是 h 组不同的 Q、K 和 V。最后将所有自注意力头的结果拼接在一起，通过可学习的权重将拼接后的特征尺寸映射成其下一层的输入尺寸，其结构如图 13.2(b)所示。

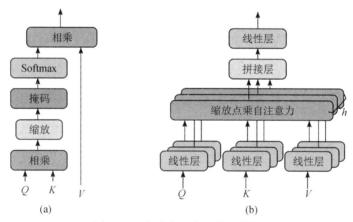

图 13.2　多头自注意力模型结构

13.2.3　分类模块

分类模块的主要目的是根据 Transformer 模型的输入，获取它们的语义标签。考虑到遥感影像的特性，模型分别输出全局角度的分类特征和局部角度的分类特征。其中，原本 Transformer 模型的输出即代表着遥感影像的全局特征，将特征编码输出的特征序列 z_L^0 作为最终的全局特征，随后输入外部的分类器生成预测标签 p_{global}，并通过交叉熵损失生成全局损失 L_{global}。其数学表示为

$$
p_{\mathrm{global}} = \mathrm{Softmax}(z_L^0)
\tag{13.7}
$$

为了获取遥感影像的局部信息，将特征编码模块输出的特征序列(z_L^1 到 z_L^n)作为最终

的全局特征，其中 n 为遥感影像被切分的块数。由于 z_L^1 到 z_L^n 本身就代表遥感数据块的信息，因此通过对这 n 个特征进行平均处理生成局部特征 $Z_{local} \in \mathbb{R}^d$，以上操作有助于构建更可靠的遥感影像局部特征表示。产生的局部特征 $Z_{local} \in \mathbb{R}^d$ 经过 Softmax 函数生成基于局部信息的预测标签 p_{local}，并通过交叉熵损失生成局部损失 L_{local}，其数学过程如式（13.8）所示：

$$\begin{cases} Z_{local} = \dfrac{\sum\limits_{i=1}^{n} z_L^i}{n} \\ p_{local} = \text{Softmax}(Z_{local}) \end{cases} \tag{13.8}$$

获得其全局特征信息和局部特征信息后，直接对二者进行相加，产生联合预测值 $p_{main} \in \mathbf{R}^C$ 并产生交叉熵损失 L_{main}，其中 C 代表总类别的个数。以上过程的数学表达如式（13.9）所示：

$$p_{main} = \frac{p_{local} + p_{gloal}}{2} \tag{13.9}$$

因此模型最终的损失函数为 L，其表达式为

$$L = L_{local} + L_{global} + L_{main} + \lambda \| W \|^2 \tag{13.10}$$

式中，λ 是用于调整权重衰减的超参数。在训练和测试阶段，均选用了 p_{main} 作为模型的最终分类结果。

13.3　实验设置及结果分析

13.3.1　实验设置

本章中，均在 HP-Z840-Workstation with Xeon（R）CPU E5-2630、NVIDIA GTX TITAN Xp、128G RAM 平台上完成了以下的实验。Transformer 的特征映射部分使用了在 ImageNet 参与预训练的参数，其他的权重系数的初始化符合标准差为 0.1 的正态分布。为了训练 Transformer 模型，本章选择了 Stochastic Gradient Descent（SGD）优化模型。并将学习率设置为 0.03，动量系数设置为 0.9，权重衰减设为 0.0001。由于特征映射模块的输入结构，本章将输入的遥感影像放缩为 224×224 大小的影像。其中，特征编码模块的层数和训练数据的批量数会影响模型的性能。本章使用了 5 倍的交叉验证方法来获取不同数据集的最佳参数配置。为了评估模型的性能，选用了两个应用广泛的评价指标，如整体精度和混淆矩阵。

13.3.2　结果分析

为了验证模型的性能,分别对比了以下六种遥感影像场景的分类模型:① 分辨性卷积神经网络(D-CNN),② 特征融合网络(FACNN),③ 基于孪生网络的分类模型(S-CNN),④ 全局-局部注意力网络(GLANet),⑤ 残差注意力网络模型(RAN),⑥ 基于原本 Transformer 的分类模型(Transformer)。以上分类模型中前五种模型在第 12 章已经介绍过,此处不再赘述,第六种模型除了使用了原本 Transformer 的模型结构,还考虑到了遥感影像的特征,提出了一种新的遥感影像增强机制。

1. 在 UCM 数据集上的实验结果

对于 UCM 数据集,本章随机选择了其中 80% 的影像作为训练数据集,剩余 20% 的图像作为测试数据集。特征编码模块的层数和训练数据的批量数分别设置为 12 和 256。遥感影像特征切块大小为 32×32。模型的 OA 结果数据汇总在表 13.1 中。通过结果可以发现,所有的分类模型效果都不错,全局信息和局部信息的 GLTransformer 的分类效果更好。与其他对比模型相对比,基于全局信息和局部信息的 Transformer 模型(GLTransformer)的 OA 性能提高了 0.48%(D-CNN、S-CNN、RAN)、1.14%(Transformer)和 0.24%(FACNN)。GLTransformer 与 GLANet 模型的分类准确度相同,但是 GLTransformer 的稳定性表现更好。其中的原因可以归结为三点:第一,Transformer 模型中的自注意力机制在学习到遥感影像全局信息的同时也构建了影像块之间的相似度关系;第二,GLTransformer 中的局部分类模型在分类过程中将影像块之间的局部特征进行了融合,有利于突出遥感影像中的局部特征信息;第三,GLtransformer 模型建立的全局和局部分类模型可以让GLTransformer 分别从全局和局部角度进行分类,有助于提升模型的鲁棒性。

表 13.1　GLTransformer 和其他对比模型在 UCM 数据集上的分类性能(%)

模　　　型		OA(8:2)
对比模型	D-CNN	98.81±0.30
	FACNN	99.05±0.24
	S-CNN	98.81±0.16
	GLANet	99.29±0.24
	RAN	98.81±0.30
	Transformer	98.15±0.18
本章模型	GLTransformer	**99.29±0.14**

2. 在 AID 数据集上的实验结果

为了验证基于全局信息和局部信息的 Transformer 模型在 AID 数据集上的效果,本章采用了两种训练比例值。第一种训练比例为 2∶8，第二种训练比例为 5∶5，特征编码模块的层数和训练数据的批量数分别设置为 12 和 256。遥感影像特征切块大小为 32×32。该模型的 OA 结果数据汇总在表 13.2 中。

表 13.2 GLTransformer 在 AID 数据集上的分类性能(%)

模 型		训练数据占比	
		20%	50%
对比模型	D-CNN	92.05±0.16	94.62±0.10
	FACNN	92.48±0.21	95.10±0.11
	S-CNN	92.38±0.13	95.24±0.18
	GLANet	91.80±0.28	94.16±0.19
	RAN	92.18±0.42	93.66±0.28
	Transformer	92.71±0.53	95.26±0.30
本章模型	GLTransformer	**92.78±0.13**	**95.45±0.16**

得到的结果类似于在 UCM 数据集上的结果，基于全局信息和局部信息的 Transformer (GLTransformer)模型的性能在所有模型中是最好的。当以 20% 的遥感数据进行模型训练时，基于全局信息和局部信息的 Transformer 模型分别取得了 0.73%(D-CNN)、0.3%(FACNN)、0.4%(S-CNN)、0.98%(GLANet)、0.6%(RAN)和 0.07%(Transformer)的准确率提升。当以 50% 的遥感数据进行模型训练时，GLTransformer 分别取得了 0.83%(D-CNN)、0.35%(FACNN)、0.21%(S-CNN)、1.29%(GLANet)、1.79%(RAN)和 0.19%(Transformer)的准确率提升。与从 UCM 数据集上得到的结果不同，基于全局信息和局部信息的 Transformer 模型相较于其他方法性能有所提升。其主要原因有两点：一方面，AID 的数据集大小为 600×600，比 UCM 数据集的尺度大很多，基于卷积神经网络的注意力机制从复杂内容中获取重要信息的能力有限；另一方面，AID 数据的语义分布相较于 UCM 数据集更加复杂，GLTransformer 基于 Transformer 模型，得益于其自注意力机制能够有效捕获到遥感影像块之间的全局信息和细粒度特征，从而在分类任务中相比传统的卷积神经网络模型可以展现出更强的表现能力，显著提升分类结果的准确性。

3. 在 NWPU 数据集上的实验结果

NWPU 数据集相较于 UCM 数据集和 AID 数据集，其影像数目和类别数目均有明显提高，为此，本章将模型的训练数据占比分别设置为 10% 和 20%，剩余的 90% 和 80% 用作测试模型性能。特征编码模块的层数和训练数据的批量数分别设置为 12 和 256。遥感影像特征切块大小为 32×32，模型的 OA 结果数据汇总在表 13.3 中。由表可知基于全局信息和局部信息的 Transformer 模型表现出的分类性能是最好的。

表 13.3　GLTransformer 在 NWPU 数据集上的分类性能(%)

模　　型		训练数据占比	
		10%	20%
对比模型	D-CNN	89.09±0.50	91.68±0.22
	FACNN	90.87±0.66	91.38±0.21
	S-CNN	88.05±0.78	90.99±0.16
	GLANet	89.50±0.26	91.50±0.17
	RAN	88.79±0.53	91.40±0.30
	Transformer	89.46±0.25	92.26±0.23
本章模型	GLTransformer	**91.53±0.23**	**92.95±0.18**

得到的结果类似于在 UCM 数据集和 AID 数据集上的结果,基于全局信息和局部信息的 Transformer 模型的性能在所有模型中是最好的。当以 10% 的遥感数据进行模型训练时,基于全局信息和局部信息的 Transformer 模型分别取得了 2.44%(D-CNN)、0.66%(FACNN)、3.48%(S-CNN)、2.03%(GLANet)、2.74%(RAN)和 2.07%(Transformer)的准确率提升。当以 20% 的遥感数据进行模型训练时,基于全局信息和局部信息的 Transformer 模型分别取得了 1.27%(D-CNN)、1.57%(FACNN)、1.96%(S-CNN)、1.45%(GLANet)、1.55%(RAN)和 0.69%(Transformer)的准确率提升。以上结果表明,即使是数据样本多样且复杂的数据集中,基于全局信息和局部信息的 Transformer 模型依然有效。通过实验可知,随着数据量的增加,GLTransformer 模型相较于基于卷积神经网络的方法优势逐渐扩大。

13.4　本 章 小 结

本章提出了一种基于全局特征和局部特征的 Transformer 分类模型。首先详细说明了 Transformer 模型相较于传统卷积神经网络的优势,然后给出了基于局部表征改进版的 Transformer 模型的具体结构框架以及参数设计,最后分析了不同形式下 Transformer 模型的分类性能,并在三个经典的遥感影像数据集上与其他分类模型进行了性能对比。实验证明:基于全局信息和局部信息的 Transformer 模型相较于卷积神经模型,分类性能上有较大的提升。

第 4 篇
海量高分辨率遥感影像内容检索

第 14 章
基于生成对抗网络的深度哈希学习模型

14.1 引 言

近年来，随着遥感观测技术的发展，遥感影像的分辨率越来越高，这给场景解译工作带来了巨大的挑战。更为重要的是，这些遥感卫星每天都能够产生海量的高分辨率遥感影像数据，如何管理这些海量数据就成了当下亟待解决的问题，例如，根据用户的需求，高效、准确地从这些海量数据中找到相似的影像。基于内容的遥感影像检索(Content-Based Remote Sensing Image Retrieval，CBRSIR)作为一种有效的管理工具，逐渐成为当下研究的热门。简单来说，一个 CBRSIR 系统包括两个步骤：第一步，特征提取；第二步，相似度匹配。特征提取的核心目标是提取遥感影像的表征特征；相似度匹配即通过对比用户输入查询影像的特征与遥感影像数据库中影像的特征，找到最为相似的影像。

与遥感影像场景分类任务类似，CBRSIR 按照特征提取方法的不同，也可以划分为低级特征、中级特征和高级特征。关于这一部分内容，基本与分类任务中类似，这里不再赘述。CBRSIR 的另一个关键步骤是相似度匹配，然而由于影像特征一般都是高维、稠密特征，仅仅依靠这些特征，很难满足遥感大数据时代高效的检索要求。为了克服这一问题，最大近似近邻搜索(Approximate Nearest Neighbor，ANN)成了 CBRSIR 研究的热门。

常见的 ANN 方法包括：基于树检索(Tree-based)和基于哈希检索(Hashing-based)。基于树检索的方法是指将数据组成树结构，通过树检索的相关技术增强检索效率；然而，存储树结构需要消耗大量的存储空间，并且特征的维度较高时会损害检索性能。另一种基于哈希检索的方法，即将影像映射为紧致的哈希编码，这样可以极大地降低存储开销，进而提高检索效率，在遥感大数据时代就显得十分有研究价值和实际应用价值。

事实上，基于哈希检索给检索任务带来了很大的优势，其代价就是哈希学习是一个比较困难的任务。主要难点包括三点：相似度保持、编码平衡以及量化误差。相似度保持，顾名思义，即影像之间的相似度关系需要保持到哈希空间中。编码平衡意味着影像的二值哈希编码中二值(如 0、1 哈希编码)是均匀分布的。量化误差就是近似哈希编码二值化后出现的性能损耗,一般发生在放缩优化哈希学习模型中。具体而言,在放缩优化中将离散的二值哈希编码用近似连续的方法处理,此时哈希学习学到的是近似哈希编码,因此需要将其二值化。

本章提出了一种基于生成对抗正则化的深度哈希学习模型(Feature and Hash Learning,FAH)。它主要包含两种模型,即深度特征学习模型(Deep Feature Learning Model,DFLM)和对抗哈希学习模型(Adversarial Hash Learning Model,AHLM)。DFLM 主要负责提取遥感影像的表征特征,并通过 AHLM 将其映射成紧凑的哈希编码。DFLM 由特征聚合分支网络和注意力分支网络组成。特征聚合分支网络用于捕捉遥感影像内部复杂目标物体的多尺度特征;注意力分支网络是为了突出遥感影像内部对场景类别重要的特征,这对于不同场景类别可能包含相同属性的物体非常重要。AHLM 包括哈希学习模块和对抗性正则化模块。哈希学习模块将表征特征映射成满足相似性保持和低量化误差的哈希编码,对抗性正则化模块的核心目的在于保持编码平衡,以及进一步降低量化误差。

本章的创新点如下:

(1) 为了通过特征聚合模块充分捕捉遥感影像的多尺度信息,并利用注意力机制增强多尺度特征中对场景类别敏感的局部特征,提出了一种基于特征聚合和注意力机制的遥感影像特征学习模型。这两种方法互相辅助,使得模型能够从复杂的遥感影像内容信息中捕捉表征能力强的特征。

(2) 为了提高大规模遥感影像内容检索的效率,提出了一种对抗哈希学习方法,用来将高维、稠密的特征映射为紧致的哈希编码。该方法中利用生成对抗式的学习方法,使得哈希学习的过程中,哈希编码能够接近理想的 0、1 均匀分布的编码。另外,还针对性地设计了哈希学习的损失函数。通过这两种方法,可以学习到更有效的哈希编码,从而提高检索的精度。

在本章中,首先介绍了所提模型涉及的生成对抗网络(Generative Adversarial Networks,GAN)和注意力机制的基本原理,其次对所提模型进行了详细的说明介绍,最后是实验验证部分,通过大量的对比实验,验证了本模型能获得较好的检索性能。

14.2　生成对抗网络

生成对抗网络最早是由 Ian Goodfellow 等人[81]在 2014 年提出的。典型的生成对抗网络包括两个基本单元:一个生成器(Generator)和一个判别器(Discriminator),其中生成器用来捕捉数据分布,判别器用来估计样本是来自训练数据还是生成器生成的数据的概率。

生成器的训练过程是最大化判别器犯错误的概率。理想情况下：在任意生成器和判别器的函数空间中，存在一个唯一的解，生成器恢复了训练数据的分布，判别器处处等于1/2。在生成器和判别器由多层神经网络构成的情况下，整个系统可以用反向传播进行训练。

简单理解 GAN，是指通过最大、最小的优化模式，使得生成器(简单记为 G)学习到"真"数据 x 的分布 p_g。为了可以达到这一目的，首先定义了一个先验分布的噪声数据 $z \sim p_z$，输入 G 可以得到生成的"假"数据 $G(z; \theta_g)$，其中 θ_g 表示 G 的参数。同样对于判别器，记为 $D(\cdot; \theta_d)$，θ_d 表示判别器的参数，输入 x 和"假"数据 $G(z; \theta_g)$，输出标量 $D(x; \theta_d)$ 和 $D(G(z; \theta_g); \theta_d)$。$D(x; \theta_d)$ 表示输入数据是来自"真"数据的概率，$D(G(z; \theta_g); \theta_d)$ 表示输入数据是来自"假"数据的概率，训练 D 的最终目的是：最大限度地将正确的标签("真"数据标签为1，"假"数据标签为0)分配给"真"数据和 G 生成的"假"数据。此时训练 G 是通过最小化 $\log(1 - D(G(z; \theta_g); \theta_d))$，目的在于尽可能地欺骗判别器，使得判别器错误判别"假"数据。

D 和 G 类似在玩一个最大、最小的两人博弈游戏(min-max game)，即

$$\min_G \max_D V(D, G) = E_{x \sim p_{data}(x)}[\log D(x)] + E_{z \sim p_z(z)}[\log(1 - D(G(z)))]$$

GAN 的训练过程如图 14.1 所示，通过同时训练 G 和 D，使得：D 的输出概率的分布情况(①虚线)从刚开始的可以分辨[见图 14.1(a)]到最终的无法分辨[见图 14.1(d)]；生成器生成的"假"数据分布(②实线)从开始与"真"数据(黑色，虚线)的分布相差较大[见图 14.1(a)]，到最终的分布一致[见图 14.1(d)]，此时判别器输出的概率分布变为了0.5。

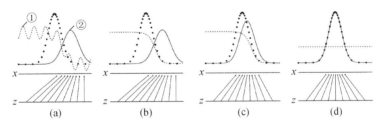

图 14.1   生成对抗网络原理示意图

总而言之，生成对抗网络的特点在于生成器生成的"假"数据，可以通过输入"真/假"数据到判别器当中，通过最大、最小的优化，使得"假"数据的分布趋近"真"数据分布。

14.3   基于生成对抗正则化的深度哈希学习模型

基于生成对抗正则化的深度哈希学习模型整体框架如图 14.2 所示，主要包括训练和测试两个阶段。训练阶段主要训练深度特征学习模型(DFLM)和对抗哈希学习模型

（AHLM）以学习哈希编码。DFLM 的主要目的是从遥感影像中提取高维稠密特征，AHLM 的主要目的是将此特征映射为二值哈希编码。测试阶段用于完成大规模的遥感影像检索任务，即通过训练好的模型提取查询影像和检索数据库中所有影像的哈希编码，对影像的哈希编码进行相似度匹配，从而检索出与查询影像相似的结果。

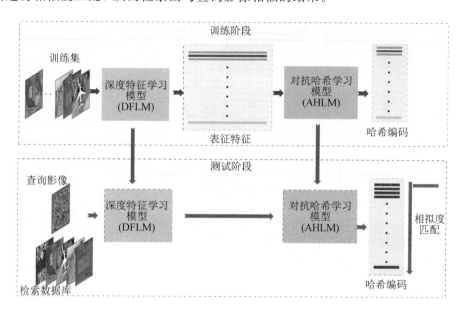

图 14.2　基于生成对抗正则化的深度哈希学习模型整体框架

在详细介绍基于生成对抗正则化的深度哈希学习模型之前，首先需要说明一些基本的符号表示。给定一个遥感影像数据集 $\boldsymbol{X}=\{\boldsymbol{x}_i\}_{i=1}^N$ 和对应的影像类别 $\boldsymbol{Y}=\{\boldsymbol{y}_i\}_{i=1}^N$，那么对应第 i 幅影像为 $\boldsymbol{x}_i\in\mathbb{R}^{S\times S}$，影像大小为 $S\times S$，影像类别（以 one-hot 编码形式表示）为 $\boldsymbol{y}_i\in\mathbb{R}^C$，$C$ 是影像数据集的总类别个数。本章所提模型的核心目标是学习影像数据集 $\boldsymbol{X}=\{\boldsymbol{x}_i\}_{i=1}^N$ 对应的二值哈希编码 $\boldsymbol{B}=\{\boldsymbol{b}_i\}_{i=1}^N$，其中，$\boldsymbol{b}_i=\{0,1\}^K$ 表示第 i 幅影像长度为 K 的哈希编码。另外，由于本章所提算法是将二值哈希编码放缩为连续近似的伪哈希编码进行优化的，因此这里采用 $\widetilde{\boldsymbol{B}}=\{\widetilde{\boldsymbol{b}}_i\}_{i=1}^N$ 表示影像的伪哈希编码，并且 $\widetilde{\boldsymbol{b}}_i\in\mathbb{R}^K$；影像的高维特征表示为 $\boldsymbol{F}=\{\boldsymbol{f}_i\}_{i=1}^N$，其中，$\boldsymbol{f}_i$ 是高维特征向量。

14.3.1　深度特征学习模型

深度特征学习模型（DFLM）是在考虑到遥感影像内容复杂的特点时提出来的，旨在提取复杂影像的场景级特征。DFLM 的详细结构如图 14.3 所示，从图中可以看到 DFLM 包括两个部分：特征聚合和注意力分支网络。

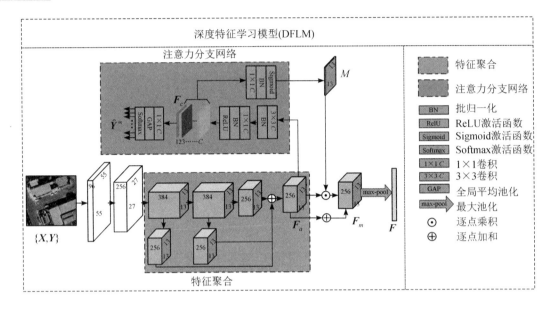

图 14.3　深度特征学习模型的结构图

1. 特征聚合

该模块的核心目标是提取影像的多尺度特征,以克服遥感影像内部物体种类繁杂、物体尺寸变化大的特点给特征提取带来的问题。具体来讲,选用 AlexNet 网络作为基本网络框架;提取第三、第四和第五层的卷积层特征,分别记为 conv3、conv4 和 conv5,并将它们整合到一起得到多尺度特征,另外对 conv3、conv4 特征分别采用了 $1\times1\times256$ 的卷积以探索、整合它们在不同通道之间所蕴含的信息,用 conv3/4$_{\text{inter}}$ 表示,这么做的另一个好处是conv3/4$_{\text{inter}}$ 和 conv5 的大小是一样的,可以直接加和融合,利用不同层特征的信息互补增强融合后特征的表征能力;采用 ReLU 激活函数增加融合特征的非线性能力,得到特征聚合的最终输出特征 $\boldsymbol{F}_a$。以上步骤可以简单的表述为如下形式:

$$\boldsymbol{F}_a = \text{ReLU}(\text{conv3}_{\text{inter}} + \text{conv4}_{\text{inter}} + \text{conv5}) \tag{14.1}$$

2. 注意力分支网络

虽然 $\boldsymbol{F}_a$ 可以捕捉到遥感影像的多尺度特征,但是有可能忽略遥感影像的一些其他重要属性。例如,属于同一语义类别的目标物体的大小可能存在很大的差异,而属于不同语义类别的目标物体在视觉上可能是相似的。因此在特征学习过程中,除了关注多尺度信息外,还应考虑多样化的目标级别信息。在此,引入注意力分支来捕捉基于 $\boldsymbol{F}_a$ 的目标级别信息。其主要思想是利用注意力分支网络(Attention Branch Network[82],ABN)来生成注意力图,以突出对场景类别重要的局部特征。

具体做法如下：

首先，利用 3×3 卷积、批归一化（Batch Normalization，BN）、1×1 卷积和 ReLU 激活函数等，对 $\boldsymbol{F}_a$ 进行编码整合，得到 $13\times13\times C$ 的特征图 $\boldsymbol{F}_c$，该步骤简单的记为

$$\boldsymbol{F}_c = \mathcal{O}_c(\boldsymbol{F}_a) \tag{14.2}$$

其次，利用堆叠 $1\times1\times C$ 卷积、全局平均池化（Global Averaging Pooling，GAP）和一个 Softmax 激活函数，通过对 $\boldsymbol{F}_c$ 特征进行分类预测，以增加 $\boldsymbol{F}_c$ 对类别的判别能力。此处对分类的预测概率记为 $\hat{\boldsymbol{Y}}^m$，之后采用交叉熵损失函数将类别信息注入 $\boldsymbol{F}_c$ 中，即

$$\mathcal{L}_{\text{attention}} = -\frac{1}{N}\sum_i^N (\boldsymbol{y}_i \log(\hat{\boldsymbol{y}}_i^m)) \tag{14.3}$$

最后，采用 $1\times1\times1$ 的卷积整合 $\boldsymbol{F}_c$ 中所包含的类别信息，并利用归一化以及 Sigmoid 激活函数得到 13×13 大小的注意力图 M。这种方式得到的注意力图能基于影像的内容和类别反映出影像中对类别影响比较大的区域，可以利用这一特点，加强 $\boldsymbol{F}_a$ 中对类别反映敏感、影响较大的重要局部特征，即

$$\boldsymbol{F}_m = M \odot \boldsymbol{F}_a + \boldsymbol{F}_a \tag{14.4}$$

式中，$\odot$ 表示点积操作。之后采用步长为 2、大小为 3×3 的最大池化对 $\boldsymbol{F}_a$ 进行降维，并拉伸成向量形式，得到最终的影像特征 $\boldsymbol{F}$（维度为 4096 的向量特征）。

在 DFLM 中，联合利用特征聚合和注意力分支网络从不同方面学习影像特征，为了后续方便讨论，用如下公式表述 DFLM 整个模型的功能：

$$\boldsymbol{F} = \mathcal{O}_f(\boldsymbol{X}; \boldsymbol{W}^F) \tag{14.5}$$

式中，$\mathcal{O}_f$ 表示这个 DFLM 模型，$\boldsymbol{W}^F$ 是 DFLM 模型的参数。

14.3.2　对抗哈希学习模型

实际上，高维特征 $\boldsymbol{F}$ 可以应用于 CBRSIR，然而对于大规模的 CBRSIR 任务，检索耗时多且存储成本较高。因此，有必要将高维特征 $\boldsymbol{F}$ 转化为低维特征。在此，提出了对抗哈希学习模型（AHLM）来将 $\boldsymbol{F}$ 映射成紧凑的哈希码 $\boldsymbol{B}$。如图 14.4 所示，它包含两个子模块：哈希学习模块和对抗正则模块。哈希学习模块的目的是将 $\boldsymbol{F}$ 映射成 K 维的伪哈希码 $\tilde{\boldsymbol{B}}$。同时，对抗正则模块用于将 $\tilde{\boldsymbol{B}}$ 正则化为接近 0、1 的离散均匀分布数据。最后，通过二值化将伪哈希码 $\tilde{\boldsymbol{B}}$ 变为 $\boldsymbol{B}$。

1. 哈希学习模块

在上一步得到的高维表征特征 $\boldsymbol{F}$ 上，增加了两个全连接层以及一个哈希层，学习将高维特征映射到紧致的哈希空间。在哈希学习模块中定义了三个损失函数：相似度保持损失函数 $\mathcal{L}_{\text{pair}}$、语义信息保持损失函数 $\mathcal{L}_{\text{sem}}$，以及量化误差损失函数 $\mathcal{L}_{\text{qua}}$。相似度保持损失函数

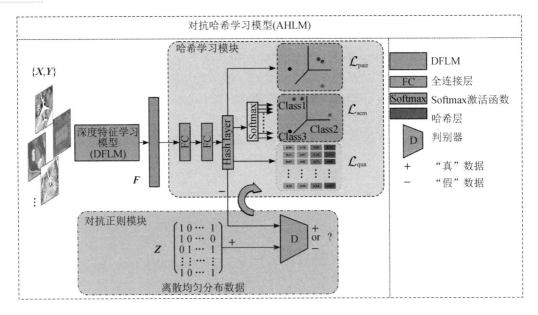

图 14.4 对抗哈希学习模型的结构图

的目的是将影像在原始特征空间中的相似性保留到哈希空间中；语义信息保持损失函数主要用来增强哈希编码的表征能力；量化误差损失函数是将伪哈希编码的值尽可能地趋近 0 或者 1。总体来说，学习哈希过程中，损失函数为

$$\mathcal{L}_{hash} = \mathcal{L}_{pair} + \lambda \mathcal{L}_{sem} + \varepsilon \mathcal{L}_{qua} + \eta \| \boldsymbol{W} \|_2^2 \tag{14.6}$$

式中，λ、ε 和 η 表示超参数，$\| \boldsymbol{W} \|_2^2$ 是模型权重的 L_2 范数（L2-norm Regularization），通常用来减轻网络训练中的过拟合问题。接下来分别详细介绍每一个损失函数。

1) 相似度保持损失函数

相似度保持直观上可以定义为

$$\mathcal{L} = \frac{1}{2 \times N \times (N-1)} \sum_i^N \sum_j^N \{ \Theta_{ij} \| (\boldsymbol{b}_i - \boldsymbol{b}_j) \| + (1 - \Theta_{ij}) \max[m - \| (\boldsymbol{b}_i - \boldsymbol{b}_j) \|, 0] \}$$
$$\text{s. t. } \boldsymbol{b}_i, \boldsymbol{b}_j \in \{0, 1\}^K \tag{14.7}$$

式中，$\Theta = \boldsymbol{Y} \boldsymbol{Y}^{\mathrm{T}} = \{\Theta_{ij}\}_{i=1, j=1}^{N, N}$ 是相似度标签矩阵，$\Theta_{ij} = 1 (\Theta_{ij} = 0)$ 表示第 i 个和第 j 个影像相似（不相似）。$\boldsymbol{b}_i$ 和 $\boldsymbol{b}_j$ 表示第 i 个和第 j 个影像的哈希编码，$\| \boldsymbol{b}_i - \boldsymbol{b}_j \|$ 是两个样本哈希编码之间的欧氏距离，用来衡量哈希编码之间的相似度，$m > 0$ 是间隔参数。简单理解上述损失函数，最小化 $\mathcal{L}_{pair}$ 可以使得相似样本的哈希编码尽可能的相似，不相似样本的哈希编码之间的汉明距离大于 m。直接优化 $\mathcal{L}_{pair}$ 是一个离散优化问题，这里采用放缩策略将离散 $\boldsymbol{B}$ 转化为连续的伪哈希编码 $\widetilde{\boldsymbol{B}}$，从而将离散优化问题近似为连续优化问题。$\widetilde{\boldsymbol{B}}$ 是通过对哈

希层采用 Sigmoid 激活函数得到的，可以简单的表示为

$$\widetilde{\boldsymbol{B}} = \mathrm{Sigmoid}\{\mathcal{O}_h(\mathcal{O}_f(\boldsymbol{X}; \boldsymbol{W}^F); \boldsymbol{W}^H)\} \tag{14.8}$$

式中，$\mathcal{O}_h$ 表示将表征特征 $\boldsymbol{F}$ 映射为 K 维特征的映射函数，$\boldsymbol{W}^H$ 表示模型的参数权重矩阵。此时可以将式(14.8)变为如下形式：

$$\mathcal{L}_{\mathrm{pair}} = \frac{1}{2 \times N \times (N-1)} \sum_i^N \sum_j^N \{\Theta_{ij} \parallel (\widetilde{\boldsymbol{b}}_i - \widetilde{\boldsymbol{b}}_j) \parallel_2^2 +$$

$$(1 - \Theta_{ij}) \max[m - \parallel (\widetilde{\boldsymbol{b}}_i - \widetilde{\boldsymbol{b}}_j) \parallel_2^2, 0]\} \tag{14.9}$$

式中，$\parallel (\widetilde{\boldsymbol{b}}_i - \widetilde{\boldsymbol{b}}_j) \parallel_2^2$ 表示第 i 个和第 j 个影像的伪哈希编码之间的欧氏距离。

2）语义信息保持损失函数

语义信息保持损失函数 $\mathcal{L}_{\mathrm{sem}}$ 的提出是基于一个直观的假设：影像的哈希编码表征能力越强，其蕴含的语义信息也越准确。因此，通过对伪哈希编码后增加一个额外的分类层（Softmax 分类层）获得其语义表达，即

$$\hat{\boldsymbol{Y}} = \mathrm{Softmax}\{\mathcal{O}_s(\widetilde{\boldsymbol{B}}; \boldsymbol{W}^S)\}, \tag{14.10}$$

式中，$\mathcal{O}_s$ 表示分类层函数，参数为 $\boldsymbol{W}^S$。此时可以构造交叉熵损失函数，即

$$\mathcal{L}_{\mathrm{sem}} = -\frac{1}{N} \sum_i^N (\boldsymbol{y}_i \log(\hat{\boldsymbol{y}}_i)) \tag{14.11}$$

通过最小化 $\mathcal{L}_{\mathrm{sem}}$ 可以提高 $\widetilde{\boldsymbol{B}}$ 表达的语义信息的准确性，从而提高 $\widetilde{\boldsymbol{B}}$ 的表征能力。

3）量化误差损失函数

量化误差损失函数 $\mathcal{L}_{\mathrm{qua}}$ 是基于放缩策略提出的，核心目的在于使得伪哈希编码 $\widetilde{\boldsymbol{B}}$ 的值仅无限地接近 0 或者 1。计算方式如下：

$$\mathcal{L}_{\mathrm{qua}} = -\frac{1}{N \times K} \sum_i^N \sum_k^K ((\widetilde{b}_i^k \log \widetilde{b}_i^k) + (1 - \widetilde{b}_i^k) \log(1 - \widetilde{b}_i^k)) \tag{14.12}$$

2. 对抗正则模块

对于哈希学习，另一个重要的点是保持编码平衡，这意味着哈希码的每一个比特大约有 50% 的机会是 0 或 1。对抗正则化子模型就是为了满足这一要求而提出的。这里简单地将 DFLM 和哈希学习模块作为生成器，并构建了一个由四层全连接组成的判别

表 14.1　判别器 D 的网络结构

网络层	维度	激活函数
全连接层-1	4096	ReLU
全连接层-2	4096	ReLU
全连接层-3	1000	ReLU
输　　出	1	Sigmoid

器。判别器输入"假"数据 $\widetilde{\boldsymbol{B}}$（哈希学习产生的伪哈希编码）和"真"数据 $\boldsymbol{Z}$（人为构造的离散均匀分布的 0、1 数据）。通过生成和对抗的训练模型，可以使得伪哈希编码的分布特性趋近于 0、1 均匀分布，即编码平衡。

数据 $\boldsymbol{Z}=\{\boldsymbol{z}_i\}_{i=1}^{N}\in\mathbb{R}^{N\times K}$ 的构造方法可简单概括：对于每一个 $\boldsymbol{z}_i=[z_i^1;z_i^2;\cdots;z_i^K]\in\mathbb{R}^K$，随机选取一半的元素并将它们的值设置为 1，剩下的另一半设置为 0。

为了使得生成器输出的数据 $\widetilde{\boldsymbol{B}}$ 可以接近 $\boldsymbol{Z}$，构造如下损失函数：

$$\mathcal{L}_{\mathcal{G}}=-\frac{1}{N}\sum_i^N\{\log\mathcal{D}(\mathcal{G}(\boldsymbol{x}_i))\} \tag{14.13}$$

式中，$\mathcal{G}$ 表示映射函数 $\mathrm{Sigmoid}\{\mathcal{O}^h(\mathcal{O}^f(\boldsymbol{\cdot}))\}$。判别器的损失函数为

$$\mathcal{L}_D=-\frac{1}{N}\sum_i^N\{\log\mathcal{D}(\boldsymbol{z}_i)+\log(1-\mathcal{D}(\mathcal{G}(\boldsymbol{x}_i)))\} \tag{14.14}$$

式中，$\mathcal{D}$ 表示判别器函数。通过交替更新、最小化 $\mathcal{L}_{\mathcal{G}}$ 和 $\mathcal{L}_{\mathcal{D}}$，生成器可以生成接近 0、1 离散均匀分布的数据。换句话说，伪哈希编码可以更接近 0、1 离散均匀分布，从而在满足编码平衡的同时，进一步减少量化误差。

14.3.3　基于生成对抗正则化的深度哈希学习模型优化策略

基于生成对抗正则化的深度哈希学习模型优化策略的损失函数包括：DFLM 中的注意力分支的损失函数 $\mathcal{L}_{\mathrm{attention}}$，AHLM 中的损失函数 $\mathcal{L}_{\mathrm{hash}}$、$\mathcal{L}_{\mathcal{G}}$ 和判别器的损失函数 $\mathcal{L}_{\mathcal{D}}$。另外，在本章模型中 DFLM 的损失和哈希学习的损失是通过线性组合并同时优化的，即

$$\mathcal{L}=\mathcal{L}_{\mathrm{hash}}+\mathcal{L}_{\mathrm{attention}}$$

$$=\underbrace{\frac{1}{2\times N\times(N-1)}\sum_{i,j}^{N}\{\Theta_{ij}\parallel(\widetilde{\boldsymbol{b}}_i-\widetilde{\boldsymbol{b}}_j)\parallel_2^2 +(1-\Theta_{ij})\max[m-\parallel(\widetilde{\boldsymbol{b}}_i-\widetilde{\boldsymbol{b}}_j)\parallel_2^2,0]\}}_{\text{相似度保持}}$$

$$\underbrace{-\frac{\lambda}{N}\sum_i^N[\boldsymbol{y}_i\log(\hat{\boldsymbol{y}}_i)]}_{\text{语义信息损失}}\underbrace{-\frac{\rho}{N}\sum_i^N[\boldsymbol{y}_i\log(\hat{\boldsymbol{y}}_i^m)]}_{\text{注意力分支损失}}$$

$$\underbrace{-\frac{\varepsilon}{N\times K}\sum_i^N\sum_k^K[(\widetilde{b}_i^k\log\widetilde{b}_i^k)+(1-\widetilde{b}_i^k)\log(1-\widetilde{b}_i^k)]}_{\text{量化误差}}$$

$$+\eta\parallel\boldsymbol{W}^{FHS}\parallel_2^2 \tag{14.15}$$

式中，$\boldsymbol{W}^{FHS}=\{\boldsymbol{W}^F;\boldsymbol{W}^H;\boldsymbol{W}^S\}$ 是整体哈希学习的参数，λ、ρ、ε 和 η 是超参数，用来控制不同损失对哈希学习的贡献。对于损失函数 $\mathcal{L}_G$、$\mathcal{L}_D$ 和 $\mathcal{L}$ 是采用梯度下降优化模型进行优化的，具体是，先通过前向传播计算损失函数的值，再计算梯度更新不同损失对应的参数，即

$$\boldsymbol{W}^{FHS}\leftarrow\boldsymbol{W}^{FHS}-\tau\nabla_{\boldsymbol{W}^{FHS}}(\mathcal{L}) \tag{14.16}$$

$$\boldsymbol{W}^{D}\leftarrow\boldsymbol{W}^{D}-\tau\nabla_{\boldsymbol{W}^{D}}(\mathcal{L}_{\mathcal{D}}) \tag{14.17}$$

$$\boldsymbol{W}^{FH}\leftarrow\boldsymbol{W}^{FH}-\tau\nabla_{\boldsymbol{W}^{FH}}(\mathcal{L}_{\mathcal{G}}) \tag{14.18}$$

式中，τ 是学习率。

模型 14.1　FAH 模型优化

输入：训练数据集 (X,Y)；离散均匀分布数据 $\boldsymbol{Z}$；

输出：优化完成的模型参数以及数据的哈希编码 $\boldsymbol{B}$；

初始化 $\boldsymbol{W}^D$ 和 $\boldsymbol{W}^{FHS}$，设置批大小为 N_{batch}，最大迭代优化次数 T；

step1：在开始的两次迭代内，通过式(14.14)和式(14.17)计算梯度以及更新判别器的参数 $\boldsymbol{W}^D$；

step2：固定判别器参数 $\boldsymbol{W}^D$；

step3：在剩余的迭代次数内，通过每个批的输入数据，以及式(14.15)和式(14.16)更新参数 $\boldsymbol{W}^{FHS}$，每五个批的输入数据通过式(14.14)和式(14.18)更新参数 $\boldsymbol{W}^{FH}$；

step4：当迭代次数到 T 后，固定 FAH 模型的参数，FAH 模型通过输入数据，输出伪哈希编码 $\widetilde{\boldsymbol{B}}$，并将其二值化得到哈希编码 $\boldsymbol{B}$。

　　另外需要注意的是，首先，在训练阶段判别器只更新前两代，之后固定判别器的参数，只优化 $\mathcal{L}_G$ 和 $\mathcal{L}$ 对应的哈希学习的参数，具体优化策略参见模型 14.1。其次，当模型训练完成后，需要利用符号函数将伪哈希编码二值化。

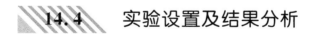

14.4　实验设置及结果分析

14.4.1　实验设置

　　本章所有的仿真实验硬件平台为 HP-Z840-Workstation with Xeon(R) CPU E5-2650、TITAN Xp、256G RAM，软件平台为 Ubuntu 16.04 和 PyTorch。本章所有的仿真实验数据集配置情况是：对于 UCM 数据集、AID 数据集和 NWPU 数据集，分别随机从每类中选择 80%、60% 和 20% 的样本作为训练数据集，剩余样本作为测试数据集。另外，统计检索

指标是通过测试集样本检索整个数据集得到的。训练过程中，网络参数初始化为随机初始化，优化器为 Adam[70]，批大小 N_{batch} 设置为 128，学习率 $\tau = 0.0001$，最大迭代优化次数 T 设置为 100，其他超参数默认为 $\theta = 0.5$、$m = 1$、$\lambda = 1.0$、$\rho = 1.0$、$\varepsilon = 0.01$ 和 $\eta = 0.0005$。

为了验证本章所提模型(FAH)是否有效，在该节中将其与几种流行的哈希学习模型的性能进行比较。对比模型包括非深度和深度哈希学习模型。详细如下：

(1) KSH(Kernel-based Supervised Hashing)[106]。由 Liu 等人在 2012 年提出的基于该理论的有监督哈希学习模型，需要预先提取影像特征。为了公平地和深度哈希模型进行对比，提取了两种特征，包括 512 维的 GIST 特征和利用预训练 VGG16[2] 提取的最后一层全连接层特征，分别记为 KSH-GIST 和 KSH-VGG。

(2) COSDISH(COlumn Sampling based DIscrete Supervised Hashing)[108]。由 Kang 等人在 2016 年提出的一种传统的有监督哈希学习模型，与 KSH 相同，也提取影像的两种特征，并利用 COSDISH 学习对应的哈希编码。在实验分析部分，将基于这两种特征的模型记为 COSDISH-GIST 和 COSDISH-VGG。

(3) DCH(Deep Cauchy Hashing)[83]。该模型是 Cao 等人在 2018 年提出的一种基于 CNN 的深度哈希学习模型。

(4) GAH(GAN-assisted Hashing)[107]。该模型是 Liu 等人在 2019 年提出的基于深度 CNN 的哈希学习模型。

(5) DHN(Deep Hashing Network)[84]。该模型是 Zhu 等人在 2016 年提出的基于深度 CNN 的有监督哈希学习模型。

(6) DQN(Deep Quantization Network)[85]。该模型是 Cao 等人在 2016 年提出的基于深度 CNN 的有监督哈希学习模型。

(7) DSH(Deep Supervised Hashing)[86]。该模型是 Liu 等人在 2016 年提出的基于深度 CNN 的有监督哈希学习模型。

为了评估本章所提模型的有效性，对所有对比模型使用相同的训练数据集、测试数据集，并且每种对比模型都选择 AlexNet 网络作为基础网络模型，参数设置都按照其文献中默认的最优参数进行实验。检索评价指标采用 MAP、P-R 曲线。另外，考虑到实际检索需求，选用检索结果的前 60 个统计 MAP 指标。

14.4.2 结果分析

为了验证本章所提模型的性能，在仿真实验中统计了基于 32 位、64 位、128 位和 256 位的哈希编码，以及伪哈希编码(即没有二值化之间的编码)两种情况下的 MAP 指标。对于基于哈希编码的检索性能统计中所涉及的距离计算，采用汉明距离，基于伪哈希编码的则采用欧氏距离。量化误差通过哈希编码与伪哈希编码之间的绝对差异进行评估。

1. UCM 数据集实验

在 UCM 数据集上的实验结果如表 14.2 所示，其中加粗的数据表示是基于哈希编码得到的最好性能，加下画线的表示量化误差最小。另外，在该表中，没有统计 COSDISH-VGG/GIST 和 KSH-VGG/GIST 的量化误差，因为这两种模型都是离散优化模型，不存在放缩策略带来的量化误差。

表 14.2　UCM 数据集不同模型 MAP 指标(%)

模　　型	编　　码	UCM 数据集			
		32 位	64 位	128 位	256 位
FAH	哈希编码	**97.22**	**98.20**	**98.33**	**98.15**
	伪哈希编码	98.26	98.30	98.11	98.13
GAH	哈希编码	96.88	97.04	97.61	95.61
	伪哈希编码	97.43	97.32	97.63	95.68
DCH	哈希编码	96.74	97.28	97.05	96.43
	伪哈希编码	97.67	98.10	98.68	98.18
DSH	哈希编码	96.09	94.12	96.60	94.53
	伪哈希编码	86.64	96.44	96.87	94.96
DHN	哈希编码	91.08	91.36	89.21	86.75
	伪哈希编码	91.17	90.21	88.06	86.20
DQN	哈希编码	89.36	91.30	90.36	85.28
	伪哈希编码	89.74	90.89	89.59	87.55
COSDISH-VGG	哈希编码	92.70	93.26	94.15	94.27
	伪哈希编码	—	—	—	—
COSDISH-GIST	哈希编码	86.01	86.71	87.19	87.58
	伪哈希编码	—	—	—	—
KSH-VGG	哈希编码	51.00	53.90	55.46	56.52
	伪哈希编码	—	—	—	—
KSH-GIST	哈希编码	26.92	31.52	31.56	31.79
	伪哈希编码	—	—	—	—

通过上述实验结果，可以发现：

（1）通过对比不同哈希编码长度下的 MAP 指标。可以直观地发现本章所提模型（FAH）优于所有的对比模型，本章所提模型可以在哈希编码长度为 128 位时达到最高 MAP 值

（98.33%）。例如，在 128 位哈希编码长度下，本章模型比其他模型性能高 0.72%（GAH）、1.28%（DCH）、1.73%（DSH）、9.12%（DHN）、7.97%（DQN）、4.18%（COSDISH-VGG）、11.14%（COSDISH-GIST）、42.87%（KSH-VGG）和 66.77%（KSH-GIST）。

（2）另外也可以发现，COSDISH-VGG 和 KSH-VGG 模型的 MAP 指标比 COSDISH-GIST 和 KSH-GIST 模型高了很多。这一结果也说明深度学习获得的特征确实比传统手工设计的特征表征能力要强。

（3）对比量化误差的实验结果还可以发现，DHN 在 32 位编码长度下，其量化误差最少（0.09%）；但是 DHN 的 MAP 值（91.08%）要比本章模型（97.22%）低很多；并且当编码长度在 64 位、128 位和 256 位时，FAH 的量化误差都是最少的，分别为 0.10%、0.22% 和 0.02%。

2. AID 数据集实验结果

同样，在 AID 数据集上也统计了实验结果，结果如表 14.3 所示。通过对比实验结果可以发现，AID 数据集结果在所有不同哈希编码长度的情况下，都能优于对比模型。以 64 位编码为例，本章所提模型比其他算法高 2.01%（GAH）、1.33%（DCH）、2.31%（DSH）、30.74%（DHN）、17.66%（DQN）、5.25%（COSDISH-VGG）、24.78%（COSDISH-GIST）、46.99%（KSH-VGG）和 66.26%（KSH-GIST）。

对比量化误差的实验结果，可以说明本章所提模型在不同的编码位数下都能获得最小的量化误差。以 64 位编码长度为例，本章所提模型的量化误差为 0.08%，而其他模型的量化误差为 GAH（0.44%）、DCH（1.72%）、DSH（2.66%）、DHN（1.92%）和 DQN（1.04%）。

表 14.3 AID 数据集不同模型 MAP 指标（%）

模　型	编　码	AID 数据集			
		32 位	64 位	128 位	256 位
FAH	哈希编码	**91.01**	**91.75**	**91.12**	**91.03**
	伪哈希编码	90.60	91.67	90.61	91.49
GAH	哈希编码	89.68	89.74	90.19	89.88
	伪哈希编码	90.37	90.18	89.43	91.02
DCH	哈希编码	89.61	90.42	91.07	90.21
	伪哈希编码	91.47	92.14	93.99	92.11
DSH	哈希编码	89.25	89.44	89.38	88.76
	伪哈希编码	91.68	92.10	91.39	90.79

模　型	编　码	AID 数据集			
		32 位	64 位	128 位	256 位
DHN	哈希编码	62.23	61.01	61.79	59.04
	伪哈希编码	65.37	62.93	62.93	62.69
DQN	哈希编码	73.90	74.09	71.46	67.30
	伪哈希编码	74.51	75.13	69.76	69.76
COSDISH-VGG	哈希编码	83.93	86.50	87.99	88.52
	伪哈希编码	—	—	—	—
COSDISH-GIST	哈希编码	65.53	66.97	67.86	68.62
	伪哈希编码	—	—	—	—
KSH-VGG	哈希编码	37.79	44.76	46.12	47.90
	伪哈希编码	—	—	—	—
KSH-GIST	哈希编码	21.52	25.49	28.18	29.85
	伪哈希编码	—	—	—	—

3. NWPU 数据集实验结果

将 NWPU 数据集统计结果汇总于表 14.4 中，可以获得以下发现：

表 14.4　NWPU 数据集不同模型 MAP 指标(%)

模　型	编　码	NWPU 数据集			
		32 位	64 位	128 位	256 位
FAH	哈希编码	**65.24**	**69.49**	**70.08**	**70.41**
	伪哈希编码	65.94	69.46	69.71	70.14
GAH	哈希编码	58.88	59.57	61.79	60.77
	伪哈希编码	59.73	59.31	61.27	60.21
DCH	哈希编码	50.30	59.73	58.51	57.04
	伪哈希编码	53.02	62.54	59.85	58.97

续表

模　型	编　码	NWPU 数据集			
		32 位	64 位	128 位	256 位
DSH	哈希编码	63.23	68.07	63.33	66.96
	伪哈希编码	67.14	69.41	68.97	66.19
DHN	哈希编码	42.01	43.79	44.79	43.68
	伪哈希编码	45.64	45.96	44.26	41.49
DQN	哈希编码	45.89	49.21	48.63	46.04
	伪哈希编码	41.63	50.23	45.78	48.89
COSDISH-VGG	哈希编码	49.43	57.95	62.44	64.58
	伪哈希编码	—	—	—	—
COSDISH-GIST	哈希编码	24.06	25.06	26.19	27.06
	伪哈希编码	—	—	—	—
KSH-VGG	哈希编码	29.70	35.19	37.05	38.43
	伪哈希编码	—	—	—	—
KSH-GIST	哈希编码	8.70	10.65	12.49	13.73
	伪哈希编码	—	—	—	—

（1）本章提出的模型在 NWPU 数据集上，在所有不同哈希编码长度的情况下，同样都能优于对比模型。以 32 位编码为例，本章提出的模型比其他模型高 6.36%（GAH）、14.94%（DCH）、2.01%（DSH）、23.23%（DHN）、19.35%（DQN）、15.81 %（COSDISH-VGG）、41.18%（COSDISH-GIST）、35.54%（KSH-VGG）和 56.54%（KSH-GIST）。

（2）深度特征带来的强大优势，同样通过对比 COSDISH-VGG、KSH-VGG 和 COSDISH-GIST、KSH-GIST 的性能可以得到验证，不再赘述。

（3）对比量化误差的实验结果，可以说明本章提出的模块在不同的编码位数下都能获得最小的量化误差。以 128 位编码长度为例，本章算法的量化误差为 0.37%，而其他模型的量化误差为 0.52%（GAH）、1.34%（DCH）、5.64%（DSH）、0.53%（DHN）和 2.85%（DQN）。

以上是三种数据集的 MAP 评价指标的分析情况，为了从其他维度探讨方法的优劣，在本节中还描绘了三种数据集上不同模型的 P-R 曲线，如图 14.5、图 14.6 和图 14.7 所示。通过 P-R 曲线能直观地发现，FAH 模型能够获得更稳定、更准确的检索结果。

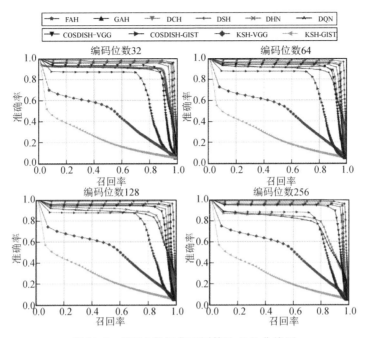

图 14.5　UCM 数据集不同算法 P-R 曲线图

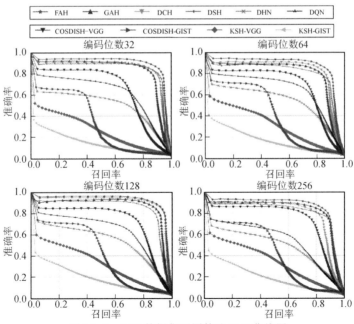

图 14.6　AID 数据集不同算法 P-R 曲线图

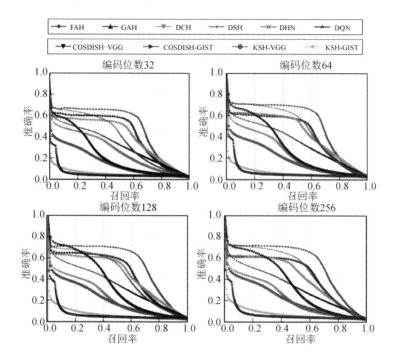

图 14.7   NWPU 数据集不同算法 P-R 曲线图

4. 不同类别的 MAP 值

除了上面讨论的整体结果,还统计了不同类别的 MAP 值,它们汇总在表 14.5~表 14.7 中。

(1) 对于 UCM 数据集,结果汇总于表 14.5 中,可以发现在大多数类别中,本章所提模型比对比模型性能更好、更稳定。此外,对于一些视觉上相似的类别,如"建筑物""密集住宅""中等密度住宅"和"稀疏住宅"等,FAH 算法的优势是显而易见的。例如,本章所提模型在"密集住宅"上的 MAP 值为 97.62%,而其他模型的 MAP 值分别为 93.83%(GAH)、88.18%(DCH)、86.69%(DSH)、41.43%(DHN)、32.27%(DQN)、82.51%(COSDISH-VGG)、74.11%(COSDISH-GIST)、28.23%(KSH-VGG)和 24.03%(KSH-GIST)。

(2) 对于 AID 数据集,结果汇总于表 14.6 中。通过观察结果可以发现,FAH 在不同的类别中同样都有优异的表现,特别是在"密集住宅""商业区""广场"和"中等密度住宅"这几个类别中,优势会更加明显。以"中等密度住宅"为例,本章所提模型的 MAP 比其他模型分别高 23.37%(GAH)、2.02%(DCH)、5.44%(DSH)、41.04%(DHN)、33.31%(DQN)、4.71%(COSDISH-VGG)、27.52%(COSDISH-GIST)、31.81%(KSH-VGG)和 58.26%(KSH-GIST)。

表 14.5 UCM 数据集各类别 MAP 指标(%)

	FAH	GAH	DCH	DSH	DHN	DQN	COSDISH-VGG	COSDISH-GIST	KSH-VGG	KSH-GIST
农田	99.24	96.63	**99.48**	97.71	97.63	97.96	96.06	87.61	75.46	64.31
飞机	99.23	**100.0**	98.50	98.78	97.75	97.95	97.08	87.28	75.78	30.46
棒球场	98.25	99.74	98.80	97.83	94.65	94.99	97.8	92.18	50.31	28.27
沙滩	**100.0**	**100.0**	**100.0**	99.97	98.31	**100.0**	**100.0**	97.51	78.78	51.20
建筑物	**97.45**	95.36	95.15	87.19	80.35	81.97	90.71	85.43	34.26	14.64
灌木丛	**100.0**	**100.0**	**100.0**	**100.0**	98.27	**100.0**	**100.0**	94.75	81.28	64.42
密集住宅	**97.62**	93.83	88.18	86.69	41.43	32.27	82.51	74.11	28.23	24.03
森林	**100.0**	98.88	**100.0**	99.75	98.18	**100.0**	**100.0**	88.03	80.11	40.92
高速公路	**100.0**	99.41	**100.0**	97.98	94.08	97.08	98.66	89.41	73.46	35.44
高尔夫球场	**98.44**	97.13	96.26	97.61	95.09	95.13	99.82	83.61	34.76	18.20
海港	**100.0**	99.81	**100.0**	99.73	98.40	98.95	87.70	83.86	76.99	25.94
交叉路口	**98.69**	94.09	97.28	97.38	91.11	92.30	94.01	91.05	50.72	30.02
中等密度住宅	**94.26**	92.70	89.48	93.38	70.56	74.23	93.29	82.73	40.57	25.99
房车公园	**98.54**	96.48	95.78	96.00	82.25	88.03	89.61	84.28	38.58	29.03
立交桥	98.28	98.62	**100.0**	97.11	89.15	92.66	95.18	90.35	61.53	32.24
停车场	**98.46**	98.52	97.66	96.89	91.21	94.73	85.76	85.33	76.31	20.89
河流	97.15	96.84	**99.77**	97.07	91.91	95.01	90.21	84.93	45.31	26.07
跑道	**100.0**	99.60	98.81	98.87	94.16	93.78	99.92	94.30	62.94	43.32
稀疏住宅	**99.4**	95.76	94.95	98.30	90.97	89.99	94.18	83.70	53.03	34.62
储物仓	**97.3**	97.01	95.82	96.24	90.28	91.30	89.76	82.33	22.93	11.09
网球场	**95.47**	93.88	93.79	93.28	90.26	90.65	93.19	87.77	21.38	12.09

表 14.6 AID 数据集各类别 MAP 指标(％)

	FAH	GAH	DCH	DSH	DHN	DQN	COSDISH-VGG	COSDISH-GIST	KSH-VGG	KSH-GIST
机场	90.10	85.62	90.21	**90.75**	58.42	63.39	90.13	67.56	28.34	22.12
裸地	**93.45**	87.91	91.95	79.21	59.17	67.72	87.97	65.66	26.48	27.59
棒球场	**94.01**	94.60	93.96	92.98	59.09	67.91	88.53	67.39	28.38	23.86
沙滩	93.89	92.91	**97.53**	94.40	75.82	91.41	92.58	72.91	54.61	38.90
桥梁	91.04	93.76	**94.38**	91.00	73.73	86.31	92.01	71.46	56.13	37.18
活动中心	**85.34**	86.57	80.28	84.11	33.33	31.06	75.20	67.88	15.09	13.04
教堂	**91.14**	90.87	83.00	85.59	33.24	30.28	84.48	65.34	27.36	15.52
商业区	**91.76**	85.66	91.11	87.15	38.64	62.47	87.48	67.82	38.82	27.33
密集住宅	**94.74**	94.25	92.01	91.64	71.88	84.97	88.41	57.93	75.17	29.59
沙漠	93.44	94.39	91.97	**94.20**	69.93	73.95	94.54	71.71	39.19	30.57
农田	85.30	**95.41**	95.00	85.76	80.55	90.36	94.05	64.16	66.86	25.46
森林	92.32	93.37	**98.25**	93.62	85.30	91.06	94.82	72.04	65.53	47.08
工业区	**89.19**	87.85	80.94	83.83	50.98	70.84	89.61	62.54	48.07	14.24
草地	**95.94**	98.03	95.96	94.80	83.72	91.51	94.19	73.76	54.63	35.62
中等密度住宅	**93.24**	69.87	91.22	87.80	52.20	59.93	88.53	65.72	61.43	34.98
山区	93.69	93.28	**98.74**	91.90	84.81	95.28	95.28	69.18	58.24	43.13
公园	84.05	86.17	87.71	83.12	48.23	53.05	**87.30**	67.81	37.86	24.00
停车场	96.02	**99.11**	98.21	94.65	89.86	96.20	87.11	70.43	60.29	44.11
操场	**93.07**	85.40	91.48	89.51	64.26	84.26	93.34	79.41	45.64	33.44
池塘	**95.51**	97.16	94.77	92.14	68.63	84.81	90.70	75.46	42.34	22.05
港口	**92.97**	93.76	92.46	90.44	72.42	83.28	90.00	62.82	46.80	17.35
火车站	**87.13**	90.02	84.63	86.48	57.57	56.53	88.08	69.47	41.28	29.58
度假地	84.32	86.33	80.24	**87.23**	21.93	30.92	78.38	64.51	14.95	15.65
河流	83.98	81.98	84.88	**88.27**	55.56	80.89	86.98	63.20	43.95	17.24
学校	81.99	79.77	**84.25**	81.71	18.57	22.46	77.59	63.83	24.02	15.73
稀疏住宅	**96.30**	95.64	96.06	94.56	84.31	94.32	86.70	60.88	54.34	39.69
广场	**86.68**	85.59	87.61	83.96	24.09	29.04	74.54	62.40	16.01	11.56
体育场	**93.87**	86.35	94.26	92.30	73.64	89.13	84.12	71.05	68.70	47.71
储物仓	**95.67**	92.97	94.01	92.44	71.76	85.59	92.11	67.35	67.81	23.14
高架桥	**93.91**	92.66	94.58	92.09	89.79	95.97	84.89	73.06	75.35	38.15

（3）表 14.7 中显示了 NWPU 数据集上不同类别的 MAP 值。通过观察可以发现，FAH 对每个类别都能达到较好的检索精度，尤其是对"密集住宅""中等密度住宅""宫殿"和"稀疏住宅"。以"密集住宅"类别为例，本章所提模型的 MAP 指标为 70.38%，而其他模型 MAP 指标分别为 48.19%（GAH）、33.66%（DCH）、58.11%（DSH）、36.94%（DHN）、36.53%（DQN）、55.57%（COSDISH-VGG）、23.49%（COSDISH-GIST）、23.77%（KSH-VGG）和 10.46%（KSH-GIST）。

表 14.7　NWPU 数据集各类别 MAP 指标(%)

	FAH	GAH	DCH	DSH	DHN	DQN	COSDISH-VGG	COSDISH-GIST	KSH-VGG	KSH-GIST
飞机	**80.88**	75.91	75.07	68.23	62.72	65.36	67.67	23.24	60.77	5.47
机场	49.45	46.38	33.82	40.68	24.36	18.89	**51.44**	22.68	7.75	3.27
棒球场	**76.09**	73.36	70.23	62.73	31.24	20.65	57.18	23.55	8.09	5.24
篮球场	**47.93**	37.27	34.56	39.75	17.63	8.87	37.40	22.66	5.43	3.58
海滩	69.01	67.71	66.22	69.61	43.01	36.9	57.79	22.57	23.03	7.12
桥梁	**76.45**	69.44	70.29	69.77	48.14	60.71	74.79	28.81	22.39	40.64
灌木丛	92.39	**98.28**	88.86	**94.66**	89.73	92.8	94.07	27.49	90.88	19.06
教堂	**54.15**	41.30	9.84	37.51	11.44	7.88	43.31	22.76	7.67	3.91
圆形农田	82.29	80.45	82.37	81.87	82.35	**91.45**	77.18	23.14	82.05	15.33
云	**92.77**	91.88	85.49	92.05	83.58	91.78	79.88	24.16	55.19	13.72
商业区	**57.17**	47.31	34.49	42.41	19.77	22.29	49.80	22.95	17.85	5.43
密集住宅	**70.38**	48.19	33.66	58.11	36.94	36.53	55.57	23.49	23.77	10.46
沙漠	**89.10**	81.24	74.78	86.69	76.07	83.46	78.12	35.97	24.93	22.91
森林	84.72	**89.18**	74.23	85.17	79.37	81.73	83.81	36.99	75.47	58.32
高速公路	**58.17**	35.47	39.79	49.84	25.61	31.77	52.87	23.55	13.81	6.71
高尔夫球场	**85.68**	72.46	80.68	58.71	56.06	57.01	74.44	21.75	29.6	2.96
田径场	**69.54**	45.81	51.54	56.84	28.19	26.11	61.88	24.20	17.69	10.38
港口	75.86	**84.67**	79.04	78.62	71.81	78.18	62.53	23.41	58.07	8.91
工业区	**65.63**	49.80	53.36	51.01	33.59	49.96	58.78	22.52	31.15	5.03
交叉路口	**64.03**	54.89	43.31	64.96	29.15	39.53	62.50	31.25	13.83	21.04
岛屿	81.41	74.96	75.17	**84.42**	61.07	68.05	81.51	47.66	68.14	46.54
湖	**75.56**	76.81	73.16	75.27	50.24	70.42	60.75	25.06	18.04	6.27
草地	83.47	81.06	76.52	**84.49**	73.82	76.23	78.62	60.59	60.72	62.17
中等密度住宅	**60.79**	47.23	22.08	43.13	24.99	21.47	46.51	22.33	14.63	4.68

	FAH	GAH	DCH	DSH	DHN	DQN	COSDISH-VGG	COSDISH-GIST	KSH-VGG	KSH-GIST
房车公园	**81.01**	62.23	42.28	67.23	21.93	29.18	55.34	22.51	52.35	4.16
山脉	64.93	**73.55**	50.77	63.75	51.95	63.97	66.47	22.10	55.82	4.92
高架桥	**76.99**	55.67	70.31	68.17	36.89	45.98	64.39	33.73	42.72	20.15
宫殿	**40.77**	22.28	29.60	29.69	6.34	6.71	33.39	22.77	5.91	4.25
停车场	**84.39**	72.32	77.17	76.30	57.48	64.18	43.41	25.88	49.63	7.82
铁路	**55.72**	17.73	29.39	55.50	36.89	37.03	62.97	27.85	28.94	27.33
火车站	48.79	49.46	32.24	55.1	28.87	26.57	**51.82**	25.74	15.83	8.83
矩形农田	61.72	64.63	64.98	54.74	51.37	**66.95**	71.47	22.59	59.99	5.65
河流	**56.67**	46.78	53.63	48.22	30.38	28.05	53.72	21.75	14.83	3.26
环岛	55.13	62.23	**70.82**	61.16	52.18	62.16	70.56	32.05	44.76	9.11
跑道	**68.61**	67.76	45.83	64.78	39.69	36.76	69.44	23.29	42.69	15.3
海冰	**96.95**	95.33	85.70	94.36	80.03	89.15	89.99	24.00	75.35	8.66
船	67.72	46.16	**78.06**	49.36	32.3	34.94	61.54	22.37	38.05	4.81
雪山	84.13	86.83	**88.12**	88.4	82.61	89.50	72.69	22.04	84.42	3.08
稀疏住宅	**74.69**	29.45	68.07	61.47	41.06	42.11	69.51	25.25	21.18	8.32
体育场	**78.05**	60.69	70.55	71.27	41.71	61.79	63.92	30.73	41.78	17.28
储物仓	**77.39**	75.96	72.98	73.86	55.61	66.37	66.49	22.71	74.24	4.71
网球场	**53.19**	36.43	10.37	29.33	12.73	11.82	32.49	21.98	7.43	3.91
梯田	**70.84**	63.42	65.75	58.24	39.45	35.71	69.54	22.61	53.88	5.89
火电站	52.70	60.76	**63.19**	47.04	28.02	26.92	49.03	22.27	9.68	3.15
湿地	**60.19**	59.86	34.19	54.72	27.34	22.22	43.25	21.71	17.11	2.98

以上是对每类 MAP 指标的讨论，整体结果表明本章所提模型（FAH）对大规模的遥感影像检索任务能取得较好的精度，尤其是对于场景类别复杂的数据集检索性能更高。

上述实验结果大多是通过数据统计得到的，为了能从更多方面对本章所提模型和其他对比模型进行直观地比较，在该小节部分，还绘制了检索结果视觉展示图。具体过程是：首先从测试集中随机选取一张影像作为查询样例（"中等密度住宅" UCM、"沙滩" AID 和"机场" NWPU）；然后利用训练好的模型获得查询样例和检索数据库样本的哈希编码；最后计算查询样例与检索数据库样本哈希编码之间的汉明距离，并对距离进行排序获得检索结果。另外，为了对比公平，将所有模型的哈希编码位数固定为 128 位。检索结果（见图14.8、图14.9 和图 14.10)中，带有×的影像表示检索错误的结果。因展示篇幅有限，只展示前 10 幅检索结果，并给出 60 个检索结果中正确匹配的个数。可以非常直观地发现，本章模型的检索精度是优于其他对比模型的。

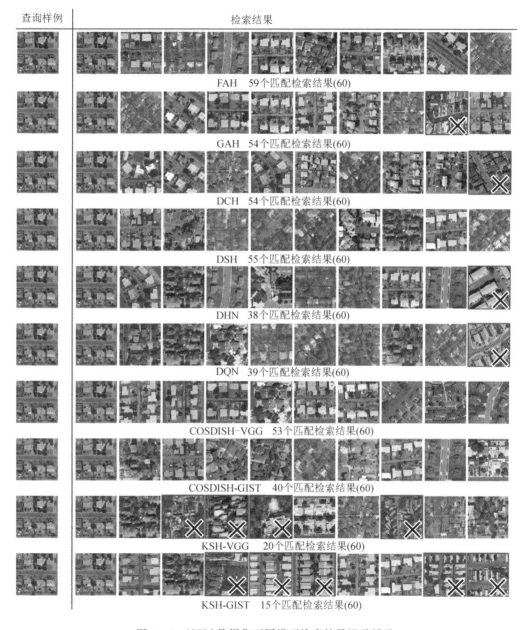

图 14.8 UCM 数据集不同模型检索结果视觉展示

查询样例　　　　　　　　　　　　检索结果

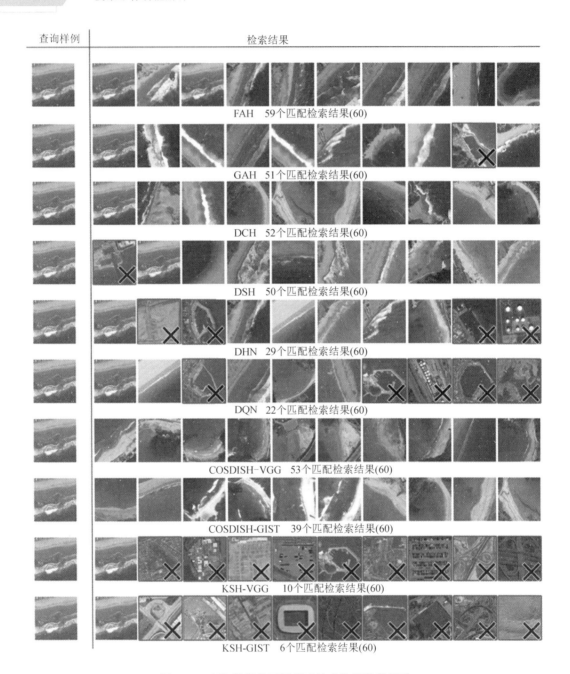

图 14.9　AID 数据集不同模型检索结果视觉展示

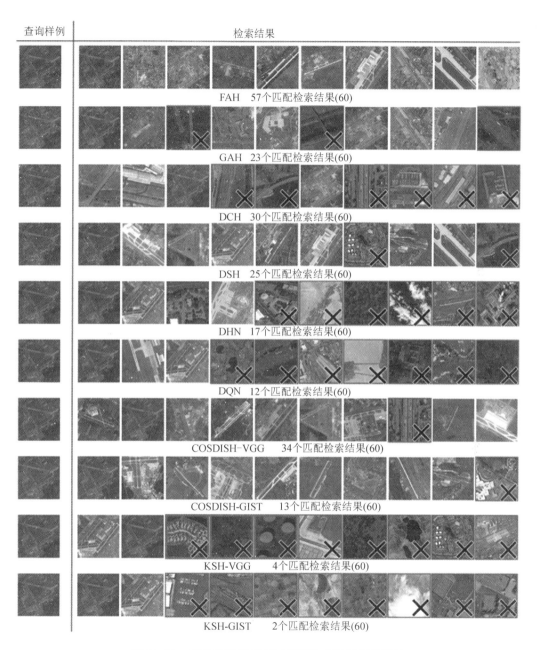

图 14.10 NWPU 数据集不同模型检索结果视觉展示

与上述视觉展示检索结果不同的是，在本节对每种模型的 64 位哈希编码进行了二维视觉描点，以展示哈希编码的整体分布情况。首先利用 t-SNE[87] 模型将哈希编码降为二维数据，然后通过平面描点，画出整体特征的分布情况。三个数据集的结果分别展示在图 14.11、图 14.12 和图 14.13 中，其中每个类别的数字 ID 与第 1 章中数据集介绍中的场景 ID 一致。通常来讲，同类样本的哈希编码聚集程度越高、不同类别的哈希编码对应二维的点越远，表示哈希编码的表征能力越强，其检索精度也越高。通过观察图 14.11、图 14.12 和图 14.13 可以直观地发现，通过本章提出的模型所得到的二维描点图比其他对比模型在同类别的聚集程度、不同类别的分离程度都要好。

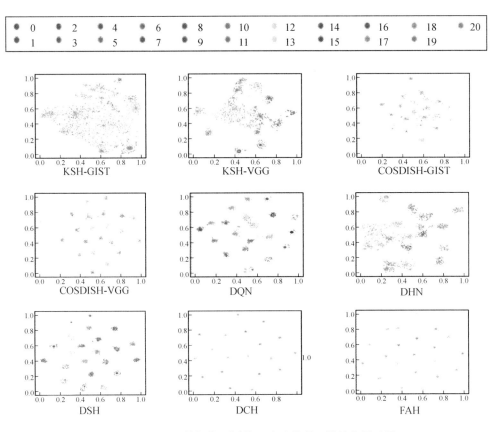

图 14.11 UCM 数据集不同模型哈希编码二维结构展示图

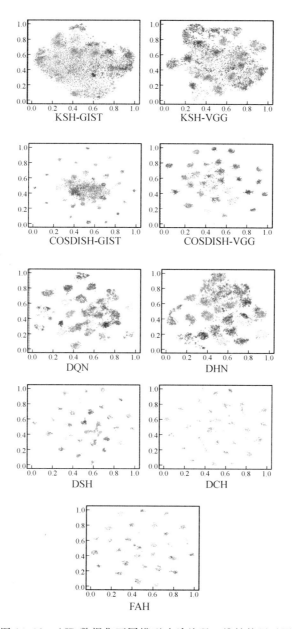

图 14.12 AID 数据集不同模型哈希编码二维结构展示图

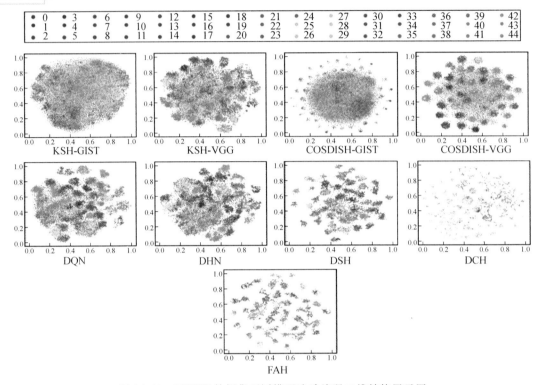

图 14.13　NWPU 数据集不同模型哈希编码二维结构展示图

14.5　本　章　小　结

本章主要讨论基于生成对抗网络的深度哈希学习模型。基于特征聚合和注意力机制的特征学习网络能从数据内容复杂的遥感影像中捕捉到表征能力强的特征，再结合哈希学习和生成对抗网络，能将高维的表征特征映射为紧致的哈希编码，这两者的有效配合使得本章所提模型能在大规模遥感影像检索任务中取得较好的检索效率和检索精度。

本章的主要工作点如下：

（1）针对遥感影像的特点，设计了面向遥感影像的深度特征学习模型 DFLM，该模型以 AlexNet 为基础网络。一方面，通过特征聚合模块捕捉影像丰富的多尺度信息，从而一定程度上克服影像中目标物体分辨率变化复杂给特征学习带来的问题；另一方面，利用对场景类别敏感的注意力机制可以突出卷积特征中对类别感知明显的局部特征，从而一定程度上克服遥感影像类内多样性、类间相似性对特征学习带来的影响，提高特征的表征能力。

（2）针对大规模遥感影像检索任务，设计了对抗哈希学习模型 AHLM，通过哈希学习将 DFLM 学习到的高维表征特征映射为紧致的哈希编码。针对哈希学习问题，针对性地设计了目标函数，通过优化该目标函数可以很好地将原始影像之间的相似性关系保持到低维的哈希空间中。通过哈希编码完成大规模的影像检索任务，这样可以极大地提高检索效率。

（3）针对哈希学习中的量化误差以及编码平衡等问题，在 AHLM 中设计了对抗正则模块，该模块可以通过生成对抗式的学习方法对哈希学习获得的哈希编码施加一定的规范，例如本章中对哈希编码施加 0、1 均匀离散分布的规范，进一步地提高了哈希编码的性能。

在三种广泛采用的遥感影像数据集上进行了仿真实验，实验结果证明了本章所提模型对大规模遥感影像数据的检索任务能够取得高效率、高精度的检索结果。

但是，本章模型所存在的问题也不能忽视，即本章模型属于有监督哈希学习模型，模型的优化需要充足的有标注训练样本。然而，现如今遥感影像数据与日俱增，而人工标注数据耗时耗力，难以跟得上遥感数据的增长。后续可以在如何减少有监督哈希学习模型对样本的依赖问题上做进一步的研究。

第 15 章
半监督对抗自编码深度哈希学习

15.1 引 言

在第 14 章中，针对大规模的遥感影像内容检索任务，提出了一种基于生成对抗网络的有监督深度哈希学习模型。虽然该模型取得了良好的检索性能，但是，随着遥感大数据时代的到来，人工标注数据时间消耗较大，由于有监督哈希学习算法需要大量的有标注样本训练网络，因此某些情况下有监督哈希学习模型的性能或多或少受到了限制。为了克服这一问题，遥感领域中也有一些半监督检索模型被提出[110][88][91]。尽管已有的一些半监督检索研究工作在一定程度上缓解了对有标注样本的需求，但是它们的缺点也不容忽视。由于这些方法的核心目的大多是利用半监督方法提取表征特征，进而完成影像检索，因此单纯依靠高维稠密特征在检索效率上难以满足现如今大规模的检索任务。

半监督的哈希学习成了较为成熟的解决方案，一来可以减轻对标注样本的依赖问题，二来可以通过哈希学习将影像转变为紧致的哈希编码，大大提高了检索效率。现有的半监督哈希学习模型在无标注样本的有效利用和高效使用上，主要通过机器学习模型建立无标注样本和有标注样本之间的特征关系，或者从分布特性入手，例如，Zhang 等人[109]提出的半监督哈希学习模型主要依靠无标注样本和有标注样本之间的邻接矩阵，Wang[111]等人提出利用缩小有标注样本和无标注样本哈希编码的分布差异。尽管现有半监督哈希学习取得了一定的成果，但是大多数都是针对自然场景影像提出的，应用到遥感影像还是存在着特征表征能力不足从而限制哈希模型的性能。例如，相比遥感影像，自然影像包含的信息更多，物体尺寸变化更大，类别更复杂，这些特点很大程度上增加了哈希学习的难度。因此，如何针对大规模的遥感影像检索任务，设计有效的半监督哈希学习，能够高效使用和有效利用有标注样本和无标注样本来增强影像的特征学习能力以及哈希学习模型的有效性，是一个值得关注的问题。

在本章中，针对大规模的遥感影像内容检索任务，提出一种基于对抗自编码的半监督深度哈希学习模型(Semi-supervised Deep Adversarial Hashing，SDAH)，该模型能够同时挖掘有标注样本和无标注样本中的数据信息，从而减轻对有标注样本的依赖。首先，本章所提模型选用 AlexNet 网络作为基础网络框架，学习遥感影像的高维稠密特征，并基于该高维特征构建了一个对抗自编码器(Adversarial Auto-encoder，AAE[92])，通过重构该高维特征，学习隐层特征。其次，隐层特征包括类别变量和哈希编码，通过生成对抗式的学习，一方面促使类别变量倾向真实类别分布，另一方面使哈希编码倾向均匀二值分布，提高哈希编码的表征能力。在该步中，对于有标注样本针对性地设计了损失函数，以提高类别预测的准确性和哈希编码的表征能力。最后，利用模型对无标注样本和有标注样本的高维稠密特征和类别预测结果构建辅助信息，辅助无标注样本的哈希学习，从而进一步提高模型的泛化性能。

　　本章的创新点如下：

　　(1) 提出一种基于对抗自编码的半监督哈希学习模型，通过自编码可以同时利用有标注样本和无标注样本训练模型，学习隐层特征的优势，这在一定程度上缓解了遥感影像深度哈希学习模型对样本的依赖问题，增强了本章模型的实用价值。

　　(2) 在哈希学习过程中，本章模型将哈希学习以一种生成对抗方式进行，使得哈希编码可以编码平衡，即在生成对抗学习过程中，利用先验的二值均匀分布数据将分布特性施加在哈希学习中，使哈希编码的分布近似先验分布。更进一步，在本章中针对性地提出了哈希学习中的损失函数。通过最小化该损失函数，不仅可以满足哈希学习中基本的相似度保持、低量化误差，而且可以增强哈希编码的表征能力。

　　(3) 为了提高无标注样本哈希学习中的可判别性，本章模型利用基于有标注样本和无标注样本特征构建的邻接矩阵以及模型对所有样本预测类别的信息，作为辅助监督信号，引导无标注样本的哈希学习过程。通过这一策略，不仅增强了无标注样本哈希编码的判别能力，还有效缓解了深度哈希学习对标注样本的依赖，进一步提高了模型的整体性能。

　　考虑到模型所涉及的理论知识，本章首先介绍了对抗自编码的基本原理；其次详细介绍了基于对抗自编码的半监督深度哈希学习模型，包括基本框架、原理以及损失函数；最后通过在三种公开的遥感影像数据集进行仿真对比实验，验证本章模型的性能优势。

15.2　对抗自编码基本原理

　　对抗自编码器可以看作是自编码器的扩展。通过生成对抗式学习(即 Goodfellow 等人[81]所提出的 GAN 模型)，AAE 不仅可以学习潜在的隐层特征，还可以对学习到的特征施加一定的分布。从这一点来看，AAE 可以看作是概率型自编码器。AAE 的基本框架如图 15.1 所示。

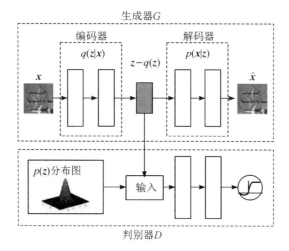

图 15.1　对抗自编码器基本框架示意图

AAE 模型内有两个网络,包括生成器(Generator, G)和判别器(Discriminator, D),生成器 G 本质上是一个自编码器,其目的是根据重建误差从输入数据 x 中学习隐层特征 z。从概率分布角度来看,编码可以表述为

$$q(z) = \int_x q(z \mid x) p_d(x) \mathrm{d}x \tag{15.1}$$

式中,$q(z)$ 表示隐层特征 z 的后验分布,$q(z \mid x)$ 表示编码分布,$p_d(x)$ 表示数据分布。解码器利用隐层特征 z 生成重构数据 $\hat{x}$。生成器 G 可以通过最小化 x 和 $\hat{x}$ 之间的误差来训练,通常用均方误差(Mean Square Error, MSE)来衡量。判别器 D 是一个典型的多层神经网络,被添加在特征 z 之上,用于引导 $q(z)$ 接近先验分布 $p(z)$。判别器 D 的目标是区分输入向量是否遵循先验分布 $p(z)$。AAE 模型可以用最大化、最小化优化的方式进行训练,最大化、最小化优化是在 GAN[81] 中提出的,即

$$\min_G \max_D V(D, G) = \mathbb{E}_{x \sim p_{\text{data}}(x)} \left[\log D(x) \right] + \mathbb{E}_{z \sim p_z(z)} \left[\log(1 - D(G(z))) \right] \tag{15.2}$$

除了上述基本 AAE 框架外,AAE 还有其他两种延伸模型:有监督的 AAE 和半监督的 AAE。对于有监督的 AAE,在解码阶段就加入了标签信息。另外,标签被转换为向量(one-hot 编码向量),并将标签向量和隐层特征 z 都送入生成器 G 的解码器,以重建输入数据 x。对于半监督 AAE,标签信息通过对抗学习被嵌入。假设有两个先验分布:期望的分类分布和特征分布。对于生成器 G,经过对输入数据 x 编码后,生成两个向量:离散类别变量 y 和连续隐层特征 z。然后解码器输入 y 和 z 对其进行解码重构输入数据 x。半监督 AAE 中的判别器 D_1,通过先验分类分布来规范化 y,一方面可以将语义信息嵌入编码器中,另一方面可以将该判别器视为正则项,以增强其泛化能力;对于半监督 AAE 中的判别器 D_2,施加期望的特征分布来强制隐层特征 z 的分布与期望的分布相匹配。在该半监督

AAE 中，通常优化需要考虑重构误差、生成对抗损失和分类误差。

　　由以上 AAE 的理论描述，可以发现该半监督 AAE 模型可以自然地用来完成哈希学习。首先，哈希编码的学习过程中可以施加一个先验的二值均匀分布来进行生成对抗式训练，以促进哈希编码的分布趋近先验的分布。其次，半监督 AAE 中可以嵌入样本的语义信息（标签），进而促进哈希编码的可判别性。此外，半监督 AAE 中有标注样本和无标注样本共同参与模型的训练，因此对标签数据的需求量并不大，大大增加了基于该模型的哈希学习模型在实际使用中的实效性。

15.3　基于对抗自编码的半监督哈希学习模型

　　基于半监督 AAE 模型，本章提出了一种基于对抗自编码的半监督深度哈希学习模型 SDAH，其框架示意图如图 15.2 所示。它由四个部分组成，分别是编码器、解码器、类别分布判别器 D_c 和均匀分布判别器 D_u。下面分别对它们进行详细介绍。

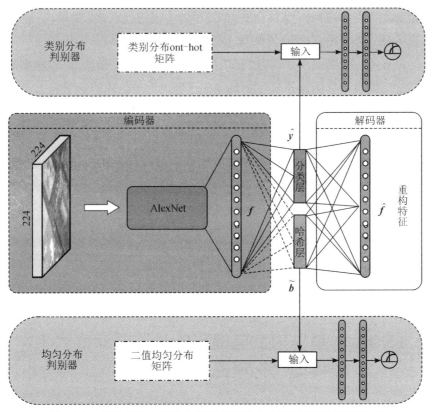

图 15.2　基于对抗自编码的半监督深度哈希学习模型框架示意图

在最初的 AAE 模型中，编码器和解码器都是通过堆叠多个全连接网络层构造的。而在本章中的模型是针对遥感影像的哈希学习，因此解码器中选择 AlexNet 网络作为卷积特征提取器，并采用一个全连接层对卷积特征进行整合得到高维稠密特征 f。与对抗自编码模型类似，在特征 f 上嵌入分类层和哈希层，分别输出预测类别概率 $\hat{y}$ 和伪哈希编码 $\tilde{b}$，其中分类层采用 Softmax 激活函数对类别预测进行归一化得到预测类别概率 $\hat{y}$，哈希层采用 Sigmoid 激活函数（将离散的哈希编码放缩为连续值）得到伪哈希编码 $\tilde{b}$。此时，对于解码器而言，主要目的在于通过输入数据的预测类别概率 $\hat{y}$ 和伪哈希编码 $\tilde{b}$ 重构高维稠密特征，记为 $\hat{f}$。另外需要注意的是在 SDAH 模型中，编码器被看作生成器 G，主要是生成类别变量和哈希编码。

一般来说，类别信息总是以 one-hot 向量形式表示的。然而，在本章模型 SDAH 中，生成的类别变量 $\hat{y}$ 是连续的。因此，采用类别分布判别器 D_c，对 $\hat{y}$ 施加先验的分类分布。需要注意的是：先验的分类分布是一个离散的概率分布，它描述了一个随机变量属于 c 类中某个类别的结果。类别分布判别器 D_c 是一个简单的多层神经网络，输出经过 Sigmoid 激活函数，表示输入样本是否由 G 产生的概率。先验的类别分布具体是人为构造 one-hot 矩阵，并且对于 D_c 而言为"真"输入（与之相对，$\hat{y}$ 对 D_c 而言为"假"输入）。通过生成对抗式学习，$\hat{y}$ 可以趋近"真"输入数据的分布。另外，D_c 还可以促进生成的 $\hat{y}$ 只包含类信息。因此，这些生成的标签数据可以直接用来完成半监督学习。

除了 D_c 之外，SDAH 中还包含另一个由多层神经网络构造的均匀分布判别器 D_u，对生成的伪哈希编码 $\tilde{b}$ 进行规范化，使得哈希编码分布可以趋近二值均匀分布。这样做的原因是：一般在哈希学习中采用放缩策略学习伪哈希编码，生成的 $\tilde{b}$ 实际上是一个连续变量，而不是一个值为 0、1 的离散二进制码。为了得到预期的二进制码，对 D_u 输入"真"数据（人为构造的二值均匀分布数据）和"假"数据 $\tilde{b}$，通过生成对抗式训练，促使 $\tilde{b}$ 的分布趋近二值均匀分布。通过均匀分布判别器 D_u，不仅可以学习到近似的二进制码，还可以保证哈希编码中的编码平衡。近似的二进制代码是指 b 中每个位的值都集中在 0、1 附近。

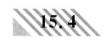

15.4 基于对抗自编码的半监督深度哈希学习模型优化策略

上一节对 SDAH 模型的具体结构进行了详细的介绍。本节将详细介绍 SDAH 模型的学习方法。具体来讲，SDAH 模型的训练包括三个部分：无监督的重构学习、对抗正则学习和半监督学习。在介绍学习方法前，需要对一些符号表示做一些说明，假设有标注样本的数据集为 $\boldsymbol{X}^l = \{\boldsymbol{x}^l_i\}^N_{i=1}$，对应的影像类别为 $\boldsymbol{Y} = \{\boldsymbol{y}^l_i\}^N_{i=1}$，对于无标注样本表示为 $\boldsymbol{X}^u = \{\boldsymbol{x}^u_i\}^M_{i=1}$。另外，对于有标注样本的数据集中第 i 幅影像为 $\boldsymbol{x}^l_i \in \mathbb{R}^{S \times S}$，影像大小为 $S \times S$，类别（以 one-hot 向量表示）为 $\boldsymbol{y}^l_i \in \mathbb{R}^C$，$C$ 是有标注数据集的总类别个数；对于第 i 个无标注影像表示为 $\boldsymbol{x}^u_i \in \mathbb{R}^{S \times S}$。由上一节的模型框架介绍（见图 15.2）可以看到本章模型是对影像的高维重构特征进行自编码重构，因此在这里就简单地将影像的特征表示为

$$\boldsymbol{f}^l_i = f(\boldsymbol{x}^l_i\,;\,\boldsymbol{W}^F) \tag{15.3}$$

$$\boldsymbol{f}^u_i = f(\boldsymbol{x}^u_i\,;\,\boldsymbol{W}^F) \tag{15.4}$$

式中，$\boldsymbol{W}^F$ 表示 AlexNet 网络的参数，$\boldsymbol{f}^l_i$ 和 $\boldsymbol{f}^u_i$ 分别为第 i 个有标注样本和无标注样本的高维稠密特征。

15.4.1　无监督的重构学习

无监督重构学习的主要目的是利用所有的 $N+M$ 个样本训练自编码模型，该模型中包含编码器和解码器。本章假设编码器中的分类层为 $f_c(\bullet)$，哈希层为 $f_{\text{hash}}(\bullet)$，解码器为 $f_{\text{decoder}}(\bullet)$。对于任意一样本特征 $\boldsymbol{f}_i$，自编码模型可以表示为

$$\boldsymbol{y}_i = f_c(\boldsymbol{f}_i\,;\,\boldsymbol{W}^C) \tag{15.5}$$

$$\widetilde{\boldsymbol{b}}_i = f_{\text{hash}}(\boldsymbol{f}_i\,;\,\boldsymbol{W}^H) \tag{15.6}$$

$$\hat{\boldsymbol{f}}_i = f_{\text{decoder}}([\boldsymbol{y}_i,\,\widetilde{\boldsymbol{b}}_i]\,;\,\boldsymbol{W}^D) \tag{15.7}$$

式中，$\boldsymbol{W}^C$、$\boldsymbol{W}^H$ 和 $\boldsymbol{W}^D$ 分别表示分类层、哈希层和解码器的参数，$\hat{\boldsymbol{f}}_i$ 表示重构的特征。自编码器的训练可以直观地理解为最小化 $\hat{\boldsymbol{f}}_i$ 和 $\boldsymbol{f}_i$ 之间的均方误差，即

$$\mathcal{L}_{AE} = \frac{1}{N+M} \sum_{i=1}^{N+M} \parallel \hat{\boldsymbol{f}}_i - \boldsymbol{f}_i \parallel_2^2 \tag{15.8}$$

另外，本章采用特征 $\boldsymbol{f}_i$ 和重构特征 $\hat{\boldsymbol{f}}_i$ 训练自编码模型的原因在于：遥感影像内容复杂多变，直接采用重构影像的方法训练会增大模型的训练难度，降低隐层变量的可判别性；而通过重构特征的方法训练自编码模型可以缓解这种情况。

15.4.2　对抗正则学习

当在训练生成器 G 时，还可以得到两个隐层变量：预测类别概率 $\hat{\boldsymbol{y}}$ 和伪哈希编码 $\widetilde{\boldsymbol{b}}$。理想情况下 $\hat{\boldsymbol{y}}$ 可以仅反映语义标签信息，伪哈希编码 $\widetilde{\boldsymbol{b}}$ 是期望得到的理想二进制哈希编

码。为此，利用两个判别器 D_c 和 D_u，对量 $\hat{\boldsymbol{y}}$ 和 $\tilde{\boldsymbol{b}}$ 的分布进行一定的规范。

此外，还有一个问题需要注意，那就是如何针对两个判别器构造"真"数据。对于 D_c 而言，构造"真"数据的方式是：对于每一个"真"类别分布数据，随机生成一个 C 维的 one-hot $\boldsymbol{z}_c \sim p(c)$。对于 D_u 而言，构造"真"数据的方式是：对于每一个"真"类别分布数据，随机生成一个 K 维的编码向量，并且向量中有 $K/2$ 个元素的值为 0，有 $K/2$ 个元素的值为 1，同样将这一过程简单地表述为 $\boldsymbol{z}_u \sim p(u)$。

当两个"真"数据构造完成后，接下来就是通过生成对抗式学习对 $\hat{\boldsymbol{y}}$ 和 $\tilde{\boldsymbol{b}}$ 分别施加所构造的先验分布。对抗式正则化过程可以由以下两个公式描述，即

$$\min_{G_c} \max_{D_c} E_{\boldsymbol{z}_c \sim p(c)} \left[\log D_c(\boldsymbol{z}_c) \right] + E_{\hat{\boldsymbol{y}} \sim p(\hat{\boldsymbol{y}})} \left[\log(1 - D_c(G_c(\hat{\boldsymbol{y}}))) \right] \tag{15.9}$$

$$\min_{G_u} \max_{D_u} E_{\boldsymbol{z}_u \sim p(u)} \left[\log D_u(\boldsymbol{z}_u) \right] + E_{\tilde{\boldsymbol{b}} \sim p(\tilde{\boldsymbol{b}})} \left[\log(1 - D_u(G_u(\tilde{\boldsymbol{b}}))) \right] \tag{15.10}$$

需要注意的是，为了表述清晰，将生成器 G 分别记为 G_c 和 G_u。$G_c(\hat{\boldsymbol{y}})$ 表示生成器生成的 $\hat{\boldsymbol{y}}$，$G_u(\tilde{\boldsymbol{b}})$ 表示生成器生成的 $\tilde{\boldsymbol{b}}$。

15.4.3　半监督学习

经过无监督和对抗式正则学习，可以得到近似类别分布的隐变量 $\boldsymbol{y}$ 和近似二值均匀分布的变量 $\boldsymbol{b}$。但是，当前的哈希编码 $\boldsymbol{b}$ 没有任何判别信息，单纯依靠现有的 $\boldsymbol{b}$ 去检索显然是不合适的。因此，提出半监督学习来增强 $\boldsymbol{b}$ 的可判别性。如本节开始所述，有 N 个有标注样本(标注信息为 $\{\boldsymbol{y}_i^l\}_{i=1}^N$)和 M 个无标注样本，假设此时通过编码器得到了对应的高维稠密特征 $\{\boldsymbol{f}_i^l\}_{i=1}^N$ 和 $\{\boldsymbol{f}_i^u\}_{i=1}^M$，伪哈希编码 $\{\tilde{\boldsymbol{b}}_i^l\}_{i=1}^N$ 和 $\{\tilde{\boldsymbol{b}}_i^u\}_{i=1}^M$，以及预测的类别结果 $\{\hat{\boldsymbol{y}}_i^l\}_{i=1}^N$ 和 $\{\hat{\boldsymbol{y}}_i^u\}_{i=1}^M$。

（1）对于有标注样本：首先采用交叉熵损失函数来衡量预测类别与真实类别的误差，即

$$\mathcal{L}_{\text{crossentropy}} = -\frac{1}{N} \sum_i^N (\boldsymbol{y}_i^l \log \hat{\boldsymbol{y}}_i^l) \tag{15.11}$$

其次，为了保持原始特征空间到哈希空间中样本之间的相似性关系，设计采用三元组损失函数，具体如下：

$$\mathcal{L}_{\text{triplet}} = \frac{1}{N} \sum_{i=1}^N \max(m + \parallel \tilde{\boldsymbol{b}}_i^l - \tilde{\boldsymbol{b}}_i^{l^+} \parallel_2^2 - \parallel \tilde{\boldsymbol{b}}_i^l - \tilde{\boldsymbol{b}}_i^{l^-} \parallel_2^2, 0) \tag{15.12}$$

式中，$\tilde{\boldsymbol{b}}_i^{l^+}$ 和 $\tilde{\boldsymbol{b}}_i^{l^-}$ 分别是针对第 i 个标注样本并根据它们的类别信息随机选择的相同类别样本和不同类别样本的伪哈希编码。$m > 0$ 是一个超参数，表示不相似样本之间距离至少比相

似样本之间的距离大 m。最小化该损失函数可以使得相似样本的哈希编码也相似。

最后，通过优化如下损失函数来减少量化误差，即

$$\mathcal{L}_{\text{quan}} = -\frac{1}{N \times K} \sum_{i=1}^{N} \sum_{k=1}^{K} b_i^l(k) \log(b_i^l(k)) + (1 - b_i^l(k)) \log(1 - b_i^l(k)) \quad (15.13)$$

式中，$b_i^l(k)$ 表示哈希编码中第 k 个元素。通过优化该损失函数可以将哈希编码的值拉近 0 或者 1，有助于减少量化误差。

（2）对于所有样本：如何利用无标注样本是一个问题。在本章中，基于所有样本的高维稠密特征（即 $\{f_i^l\}_{i=1}^{N}$ 和 $\{f_i^u\}_{i=1}^{M}$），利用 K-近邻（K-Nearest Neighbor，KNN）模型计算每个样本的邻域，进而可以按照如下方式构造邻接矩阵，

$$\boldsymbol{A}(i,j) = \begin{cases} 1: & I(i,j) = 0 \wedge x_j \in NN_k(i) \\ 0: & I(i,j) = 0 \wedge x_j \notin NN_k(i) \\ -1: & I(i,j) = 1 \end{cases} \quad (15.14)$$

式中，$I(i,j)$ 表示标注指示，即若第 i 个样本和第 j 个样本都是有标注的数据，则 $I(i,j) = 1$，否则 $I(i,j) = 0$。上述公式的具体含义是在第 i 个样本和第 j 个样本有任何一个是无标注样本的情况下，若第 j 个样本在第 i 个样本的前 k 个邻域内，则 $\boldsymbol{A}(i,j) = 1$；若第 j 个样本不在第 i 个样本的前 k 个邻域内，则 $\boldsymbol{A}(i,j) = 0$。对于第 i 个样本和第 j 个样本都是有标注的样本，$\boldsymbol{A}(i,j) = -1$。在此邻接矩阵的基础上，对于第 i 个样本，可以得到如下损失函数：

$$\mathcal{L}_U(\tilde{\boldsymbol{b}}_i, \tilde{\boldsymbol{b}}_j) = \begin{cases} \| \tilde{\boldsymbol{b}}_i - \tilde{\boldsymbol{b}}_j \|_2^2, & \boldsymbol{A}(i,j) = 1 \\ \max(0, m - \| \tilde{\boldsymbol{b}}_i - \tilde{\boldsymbol{b}}_j \|_2^2), & \boldsymbol{A}(i,j) = 0 \end{cases} \quad (15.15)$$

此时对于所有有标注样本和无标注样本，通过构造的邻接矩阵以及公式，可以得到如下损失函数：

$$\mathcal{L}_{\text{semiA}} = \frac{1}{N+M} \sum_{i}^{N+M} \mathcal{L}_U(\tilde{\boldsymbol{b}}_i, \tilde{\boldsymbol{b}}_i^{A^+}) + \mathcal{L}_U(\tilde{\boldsymbol{b}}_i, \tilde{\boldsymbol{b}}_i^{A^-}) \quad (15.16)$$

其中，$\tilde{\boldsymbol{b}}_i^{A^+}$ 和 $\tilde{\boldsymbol{b}}_i^{A^-}$ 是从第 i 个样本的邻接矩阵 $\boldsymbol{A}$ 中，随机从邻域中选择一个相似样本和从非邻域中选择一个不相似样本。

除了上述利用无标注样本的方式外，在本章模型中还利用了对于样本的类别预测结果，即 $\{\hat{\boldsymbol{y}}_i^l\}_{i=1}^{N}$ 和 $\{\hat{\boldsymbol{y}}_i^u\}_{i=1}^{M}$。具体方法是：对于所有的样本中的第 i 个样本而言，依据模型对所有样本的类别预测结果，随机选择一个类别预测相同的样本作为相似样本，以及选择一个类别预测不同的样本作为不相似样本。对于第 i 个样本可以得到如下损失函数：

$$\mathcal{L}_P(\tilde{\boldsymbol{b}}_i, \tilde{\boldsymbol{b}}_j) = \begin{cases} \parallel \tilde{\boldsymbol{b}}_i - \tilde{\boldsymbol{b}}_j \parallel_2^2, & \hat{\boldsymbol{y}}_i = \hat{\boldsymbol{y}}_j \\ \max(0, m - \parallel \tilde{\boldsymbol{b}}_i - \tilde{\boldsymbol{b}}_j \parallel_2^2), & \hat{\boldsymbol{y}}_i \neq \hat{\boldsymbol{y}}_j \end{cases} \quad (15.17)$$

随后，可以通过式(15.17)以及求均值的方法得到针对所有样本的损失函数：

$$\mathcal{L}_{\text{semiP}} = \frac{1}{N+M} \sum_i^{N+M} \mathcal{L}_P(\tilde{\boldsymbol{b}}_i, \tilde{\boldsymbol{b}}_i^{P^+}) + \mathcal{L}_P(\tilde{\boldsymbol{b}}_i, \tilde{\boldsymbol{b}}_i^{P^-}) \quad (15.18)$$

式中，$\tilde{\boldsymbol{b}}_i^{P^+}$ 和 $\tilde{\boldsymbol{b}}_i^{P^-}$ 是根据模型对所有样本的预测结果，随机选择一个与第 i 个样本的预测结果一致的作为相似样本，以及选择一个预测结果不一致的作为不相似样本。

综上，所有上述讨论的损失函数可以简单的通过超参数线性组合，即

$$\mathcal{L}_{\text{hash}} = \mathcal{L}_{\text{triplet}} + \mathcal{L}_{\text{crossentropy}} + \mathcal{L}_{AE} + \lambda \mathcal{L}_{\text{quan}} + \rho(\mathcal{L}_{\text{semiA}} + \mathcal{L}_{\text{semiP}}) \quad (15.19)$$

式中，λ 和 ρ 是用来控制每项的贡献。

15.4.4　学习流程

本章所提模型 SDAH 的优化采用的是随机梯度下降法，并且生成的对抗学习和哈希学习是交替进行的。具体而言，首先通过式(15.9)和式(15.10)更新生成器 G 和判别器 D_c、D_u 的参数；其次，通过式(15.19)提高伪哈希编码的有效性。这两个步骤中，都是有标注样本和无标注样本共同参与的。需要注意的是，SDAH 学习到的是伪哈希编码，即一个类似二进制的向量，向量内的元素接近 1 或 0。为了得到真正的离散二进制码，设置一个阈值 t，当 $b_i(k) > t$ 时，$b_i(k) = 1$，否则 $b_i(k) = 0$。本章所提模型中，除非另有说明，否则设置 $t = 0.5$。

15.5　实验设置及结果分析

本节内容主要介绍了本章所提模型以及多种对比模型在三种遥感影像数据集上的检索性能。以下将详细介绍本章使用的三种公开遥感影像数据集、本章模型在训练过程中的参数设置、对比模型以及实验结果分析。

15.5.1　实验设置

本章模型仿真实验采用的三种数据集与上一章中所采用的数据集一致，在这里不再对数据集做详细介绍。本章所提出的模型以及对比模型所使用的训练集都是从原始数据集中每类随机选取 20％的样本，所使用两个判别器的结构信息总结在表 15.1 中，对于 SDAH

中所涉及的超参数分别设置为 $\lambda=0.001$、$\rho=0.1$ 和 $m=3$。另外，K-近邻算法中 k 在本章实验中设置为 8。SDAH 中所使用的 AlexNet 初始化采用预训练模型，其他网络层的参数采用随机初始化。优化器选择 Adam 算法，学习率和优化次数分别设置为 1×10^{-4} 和 1000，批大小设置为 128(即有标注样本批大小 128，无标注样本批大小 128)。另外，由于网络的优化是通过批次输入数据进行的，因此本章所设计的 K-近邻算法也是在当前输入的批数据中进行的。对于检索结果的评价指标选择 MAP 和 P-R 曲线，MAP 指标的计算是通过前 50 个检索结果得到的。本章所有的仿真实验硬件平台为 HP-Z840-Workstation with Xeon(R) CPU E5-2650、TITAN Xp、256G RAM，软件平台为 Ubuntu 16.04 和 PyTorch。

表 15.1　类别分布判别器 D_c 和均匀分布判别器 D_u 网络结构

结构名称	维度	激活函数
全连接层 1	4096	ReLU
全连接层 2	4096	ReLU
输出	1	Sigmoid

为了广泛地验证 SDAH 模型的有效性，在本章仿真实验中选择了多种对比模型，具体如下所述。

(1) KSH(Kernel-based supervised hashing[106])。KSH 是一种经典且成功的哈希学习方法，其目的是通过最小化(最大化)相似(相异)数据对之间的汉明距离来将影像映射成紧凑的哈希编码。采用基于该理论的哈希学习函数以及松弛优化。为了公平地和本章模型对比，KSH 模型所使用的特征是采用训练集样本微调后的 AlexNet 所提取的 4096 维稠密特征。

(2) BTNSPLH(Bootstrap sequential projection learning based hashing[94])。BTNSPLH 利用非线性函数学习哈希，该非线性函数可以探索影像之间的隐藏关系。同时，提出了一种基于引导序列投影学习的半监督优化模型，从而获得哈希编码过程中误差最小的哈希编码。与 KSH 一样，所使用的特征是采用训练集样本微调后的 AlexNet 所提取的 4096 维稠密特征。

(3) SSDH(Semi-supervised deep hashing[109])。SSDH 属于一种半监督的深度哈希学习模型，以端到端的方式完成哈希学习。该模型利用有标注数据和无标注数据的特征共同构造临界矩阵，指导模型学习数据哈希编码之间的相似关系。

(4) DSH(Deep supervised hashing[86])。DSH 属于有监督的深度哈希学习模型。在 DSH 中，通过监督信息引导网络学习能够保持相似度的哈希编码，另外对哈希层输出的特征进行正则化，以减少量化误差带来的性能损失。

（5）FAH。即本书第 14 章提出的有监督深度哈希学习模型。另外需要说明的是，FAH 模型通过引入注意力机制和特征聚合模块，增强了高维特征的表征能力。本章对比模型中，考虑到 SDAH 是采用的原始 AlexNet 作为特征学习的网络模型，为了公平对比它们的性能，在本次对比实验中，FAH 算法去除了注意力机制和特征聚合模块。

15.5.2　结果分析

表 15.2 总结了各数据集在不同模型所获得的 MAP 指标结果，以便对比不同模型在各数据集上的性能表现。其中"基准线"表示基于微调 AlexNet 所获得 4096 维特征的 MAP 指标，由于该特征是连续特征，因此 MAP 是通过欧氏距离计算所得。对于其他的哈希模型，这里采用汉明距离计算 MAP 指标。

表 15.2　各数据集不同模型所获得的 MAP 指标(%)

数据集	编码位数	SDAH	SSDH	FAH	DSH	KSH	BTNSPLH	基准线
UCM	32 位	**85.69**	82.95	82.28	83.21	83.45	77.66	76.39
	64 位	**85.43**	84.46	84.40	85.18	84.02	77.13	
	128 位	**87.39**	84.19	85.95	85.17	84.94	75.08	
	256 位	**87.84**	86.04	87.77	85.35	85.31	75.00	
AID	32 位	**83.65**	79.81	79.09	79.01	75.36	71.93	76.58
	64 位	**83.63**	81.08	81.91	80.09	77.59	74.35	
	128 位	**82.88**	79.90	82.15	81.98	79.07	75.37	
	256 位	**83.19**	81.66	82.19	82.39	80.94	75.35	
NWPU	32 位	**77.72**	72.29	73.90	66.49	64.94	61.14	72.13
	64 位	**79.28**	73.77	75.20	70.36	68.65	63.58	
	128 位	**78.82**	73.19	74.88	72.24	70.92	64.22	
	256 位	**78.98**	71.43	76.61	73.60	72.58	64.94	

通过观察表中的结果，可以有如下发现：

（1）SDAH 在不同的数据集和编码位数下都能获得较好的 MAP 指标。例如，对于 UCM 数据集、哈希编码位数为 32 位，SDAH 的 MAP 指标分别比其他模型高 2.74%（SSDH）、3.41%（FAH）、2.48%（DSH）、2.24%（KSH）和 8.03%（BTNSPLH）；对于 AID 数据集、哈希编码位数为 128 位，SDAH 的 MAP 指标分别比其他模型高 2.98%

（SSDH）、0.73％（FAH）、0.90％（DSH）、3.81％（KSH）和 7.51％（BTNSPLH）；对于 NWPU 数据集、哈希编码位数为 64 位，SDAH 的 MAP 指标分别比其他模型高 5.51％（SSDH）、4.08％（FAH）、8.92％（DSH）、10.63％（KSH）和 15.70％（BTNSPLH）。并且随着数据规模的增大，本章所提出的 SDAH 模型（半监督哈希学习模型）在有标注样本不充足的情况下，能获得比有监督哈希学习模型更好的性能。

（2）对比不同哈希学习模型和基于 AlexNet 精调所获得特征的 MAP 指标。所有的哈希学习模型基本都能有效地将高维稠密特征映射为紧致二值哈希编码，其中 SDAH 的映射最为有效。例如，在 UCM 数据集、哈希编码位数为 64 位的情况下，不同模型的 MAP 指标分别比"基准线"高 9.04％（SDAH）、8.07％（SSDH）、8.01％（FAH）、8.79％（DSH）、7.63％（KSH）和 0.74％（BTNSPLH）。

（3）值得注意的一点是，KSH 模型在 UCM 数据集上 MAP 指标比半监督的 SSDH 还要优良一点。例如，KSH 在不同编码位数下比 SSDH 分别高 0.5％（32 位）和 0.75％（128 位）。原因在于 UCM 数据集规模并不大，而在仿真实验中训练集为 20％的有标注训练样本，这个规模相对来说是充足的，因此有监督的 KSH 能够很好地利用有监督信息。而对于 SSDH，由于在训练过程中会利用无标注样本，从无标注样本中获得的辅助监督信息，难免会出现错误，导致 SSDH 性能反而比 KSH 要稍低。

实验结果表明，本章所提半监督哈希学习模型 SDAH 能够在训练样本规模不大的情况下，联合利用有标注样本和无标注样本学习到有效的哈希编码。为了更深入地对比各个模型的优缺点，在本章实验中，还统计了不同数据集，对比模型在 128 位哈希编码情况下对于各类别的 MAP 指标，结果汇总在表 15.3～表 15.5 中，其中字体加粗表示 MAP 值最高。通过观察不同数据集及不同类别的 MAP 指标，可以得到相似的结论：SDAH 模型对于各类别的检索性能较为良好。例如，在 UCM 数据集上（见表 15.3），对于难以区分的类别"密集住宅""中等密度住宅""稀疏住宅"，SDAH 模型都能取得最好的检索精度，分别为 63.15％、74.89％、91.58％。具体而言，对于"中等密度住宅"的类别，SDAH 所获得的 MAP 指标分别比对比模型高 4.89％（SSDH）、12.86％（FAH）、5.08％（DSH）、0.28％（KSH）和 18.63％（BTNSPLH）。对于 AID 数据集而言（见表 15.4），本章模型明显在几个较难区分的类别（例如，"活动中心""教堂""商业区"等）上有较好的优势。对于"商业区"类别而言，SDAH 所获得的 MAP 指标分别比对比模型高 15.56％（SSDH）、29.58％（FAH）、8.38％（DSH）、6.74％（KSH）和 19.75％（BTNSPLH）。对于更大规模、更复杂的 NWPU 数据集，SDAH 模型在每类别上的检索性能较为均衡，且在绝大多数的类别上优于对比模型，如表 15.5 所示。

表 15.3 UCM 数据集各类别 MAP 指标(%)

类别	SDAH	SSDH	FAH	DSH	KSH	BTNSPLH
农田	93.25	94.22	93.42	**94.87**	94.64	94.74
飞机	**95.1**	95.57	89.51	89.8	82	57.91
棒球场	**90.67**	86.07	84.91	96.32	89.33	75.15
沙滩	**100.0**	99.26	96.64	**100.0**	97.37	95.77
建筑物	56.36	70.35	70.36	61.41	70.8	59.97
灌木丛	**100.0**	**100.0**	**100.0**	99.71	98.86	98.86
密集住宅	**63.15**	52.26	61.41	57.97	43.4	44.68
森林的	**99.31**	83.88	97.43	97.47	98.47	98.78
高速公路	88.62	85.62	**90.99**	89.75	87.17	79.39
高尔夫球场	91.44	78.22	82.57	88.89	82.87	76.58
海港	96.28	**97.92**	97.65	93.7	98.86	90.77
交叉路口	87.76	82.87	**91.31**	86.2	77.85	69.86
中等密度住宅	**74.89**	70	62.03	69.81	74.61	56.26
房车公园	**86.4**	84.51	79.54	75.9	86.26	68.48
立交桥	**90.83**	81.42	89.93	90.74	89.38	80.34
停车场	97.64	98.79	**100.0**	99.77	99.73	88.1
河流	**88.18**	79.8	82.42	86.43	79.45	69.66
跑道	93.28	80.92	88.84	**94.97**	93.3	86.23
稀疏住宅	**91.58**	85.35	83.98	86.87	89.59	82.4
储物仓	**78.43**	76.66	76.97	70.45	72.8	51.05
网球场	72.86	84.38	85.02	55.42	74.52	66.84

表 15.4 AID 数据集各类别 MAP 指标(%)

类别	SDAH	SSDH	FAH	DSH	KSH	BTNSPLH
机场	**79.27**	69.39	76.74	72.71	73.4	62.66
裸地	80.69	82.7	**96.48**	92.34	89.62	84.4
棒球场	84.53	91.32	89.91	**94.27**	91.54	91.81

续表

类别	SDAH	SSDH	FAH	DSH	KSH	BTNSPLH
沙滩	93.38	**94.8**	91.71	91.95	93.43	94.24
桥梁	**91.73**	90.08	88.96	87.08	81.39	78.22
活动中心	**73.15**	71.58	72.94	68.99	51.28	53.28
教堂	**74.94**	67.02	46.95	67.05	66	59.21
商业区	**79.19**	63.63	49.61	70.81	72.45	59.44
密集住宅	85.87	80.88	82.71	86.62	**86.78**	74.01
沙漠	**93.91**	83.82	91.92	93.64	89.38	87.52
农田	83.75	87.97	87.77	**89.53**	88.07	89.02
森林	**98.69**	94.47	95.79	95.25	92.63	94.13
工业区	**80.31**	52.09	77.4	72.12	77.35	70.66
草地	94.59	96.05	95.96	**98.38**	95.1	89.29
中等密度住宅	73.63	**86.37**	77.53	78.81	82.07	72.73
山区	**97.77**	96.54	86.35	95.96	97.33	94.95
公园	58.18	64.57	62.86	**68.27**	63.38	53.07
停车场	95.05	96.13	97.58	96.48	98.14	**98.31**
操场	**85.28**	85.02	83.31	85.27	78.48	83.71
池塘	89.32	87.89	**91.22**	90.58	85.3	83.16
港口	88.24	**89.59**	85.99	86.22	81.46	81.54
火车站	80.18	61.81	**87.73**	77.36	65.06	65.63
度假地	**63.65**	57.67	59.71	55.72	41.56	46.78
河流	88.7	84.7	**91.52**	85.63	77.72	76.73
学校	**43.27**	34.32	45.83	36.99	39.16	37.05
稀疏住宅	93.74	95.07	**95.83**	93.45	90.7	88.23
广场	53.79	55.75	**66.7**	50.65	46.57	39.19
体育场	88.29	86.95	**95**	89.9	78.25	76.97
储物仓	82.79	81.89	**86.93**	80.48	81.88	68.07
高架桥	**95.59**	94.12	91.05	92.14	94.48	90.02

表 15.5　NWPU 数据集各类别 MAP 指标（%）

类别	SDAH	SSDH	FAH	DSH	KSH	BTNSPLH
飞机	**87.2**	72.97	85.03	78.74	82.64	80.63
机场	**68.48**	58.17	64.63	55.87	58.8	34.39
棒球场	**85.5**	73.44	80.83	65.85	66.95	61.89
篮球场	**65.52**	49.1	62.2	40.36	41.08	40.92
海滩	78.72	73.8	**87.65**	75.87	67.31	71.41
桥梁	**84.43**	82.86	83.42	84.41	83.84	72.08
灌木丛	96.92	95.29	95.11	**97.29**	95.91	90.83
教堂	**52.59**	49.69	44.91	42.13	43.87	35.81
圆形农田	88.49	90.13	92.68	**93.91**	88.92	87.16
云	**96.29**	93.84	89.55	95.57	93.19	91.61
商业区	**69.58**	57.38	48.23	53.12	57.01	34.26
密集住宅	**74.13**	66.96	64.05	67.01	67.16	55.44
沙漠	87.84	86.81	85.87	**89.44**	87.25	85.64
森林	87.08	88.65	88.15	**91.84**	89.87	77.05
高速公路	61.57	62.4	**66.27**	46.2	53.48	47.51
高尔夫球场	**82.62**	75.35	77.76	75.73	82.2	66.13
田径场	**78.43**	75.09	76.55	62.18	60.36	63.11
港口	**91.8**	89.61	85.93	88.47	83.19	85.58
工业区	**75.07**	60.79	65.4	59.11	68.7	60.13
交叉路口	**74.66**	70.87	70.11	71.99	55.63	48.35
岛屿	**92.36**	90.2	91.01	92.36	88.44	83
湖	85.54	83.06	86.53	**88.65**	83.65	75.08
草地	**89.17**	75.87	86.98	87.36	81.63	75.04
中等密度住宅	**62.83**	50.39	60.2	59.12	60.24	35.1

续表

类别	SDAH	SSDH	FAH	DSH	KSH	BTNSPLH
房车公园	**84.28**	74.71	61.15	68.59	69.01	66.74
山脉	**87.47**	75.99	81.65	85.48	83.19	69.18
高架桥	**82.01**	76.57	73.19	76.91	77.01	62.73
宫殿	38.07	**41.35**	37.37	27.63	27.97	20.18
停车场	**87.34**	84.08	86.82	83.64	80.61	77.33
铁路	**74.86**	69.26	60.84	57.42	58.88	44.15
火车站	56.01	60.45	**69.26**	61.46	58.21	43.52
矩形农田	**80.29**	77.23	75.83	80.24	78.24	72.06
河流	**67.87**	62.74	60.48	52.48	62.86	46.94
环岛	**82.97**	76	73.69	77.79	68.53	67.73
跑道	79.82	70.16	**80.98**	79.93	72.86	74.16
海冰	95.96	95.84	**97.15**	96.09	93.32	91.33
船	**79**	78.9	73.95	73.16	59.41	70.25
雪山	92.69	91.12	93.97	**95.78**	90.54	91.03
稀疏住宅	76.48	65.65	**80.88**	73.7	67.33	71.95
体育场	**81.39**	81.08	76.94	80.1	74.93	73.94
储物仓	**88.87**	83.15	86.53	82.81	77.69	75.69
网球场	**64.44**	52.86	49.35	36.04	54.39	37.14
梯田	**82.03**	72.04	78.92	75.57	73.08	67.16
火电站	**73.21**	68.31	70.23	66.41	62.42	60.3
湿地	**75.2**	62.48	61.35	56.72	59.58	48.39

除了以上所讨论的数据统计结果外，还绘制了对比模型在三种数据集上的 P-R 曲线（见图 15.3～图 15.5）以及不同模型在各数据集上的检索结果可视化展示（见图 15.6～图 15.8）。从 P-R 曲线图，可以直观地发现本章所提 SDAH 模型具有更平稳、更高的准确率，并且准确率和召回率所围面更大，也就表明 SDAH 的检索性能更好。

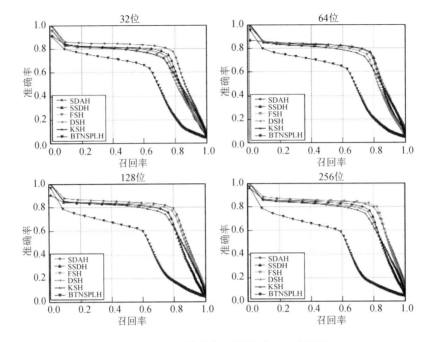

图 15.3　UCM 数据集不同模型 P-R 曲线图

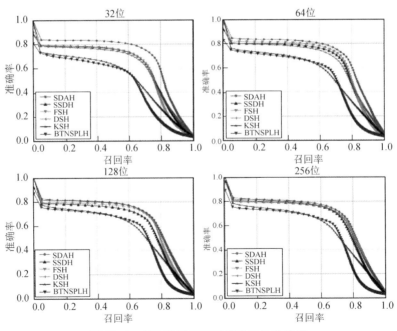

图 15.4　AID 数据集不同模型 P-R 曲线图

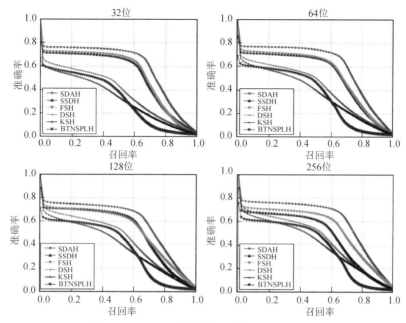

图 15.5　NWPU 数据集不同模型 P-R 曲线图

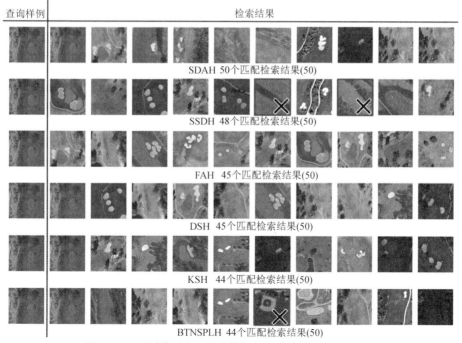

图 15.6　不同模型在 UCM 数据集的检索结果视觉展示

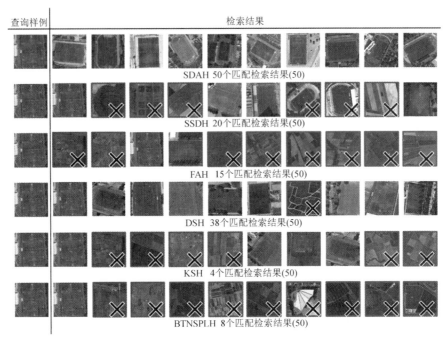

图 15.7　不同模型在 AID 数据集的检索结果视觉展示

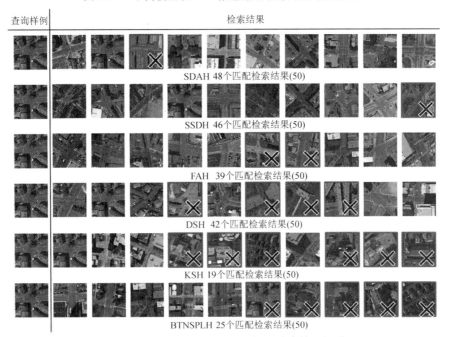

图 15.8　不同模型在 NWPU 数据集的检索结果视觉展示

还在图 15.6~图 15.8 中展示了一些由不同哈希模型获得的检索实例。在这里，采用 64 位的哈希编码，以汉明距离进行查询样例与检索数据库中样本间的相似度匹配来获得检索结果。分别从 3 个数据集中随机抽取 1 张影像作为查询样例，这些影像类别分别属于"高尔夫球场"(UCM 数据集)、"体育场"(AID 数据集)和"交叉路口"(NWPU 数据集)。由于展示篇幅所限，只展出前 10 名的检索结果。每行中的第一张图片是查询样例，然后按照汉明距离由小到大顺序的列出检索结果。其中，错误的结果用×标记。此外，还统计了检索结果前 50 名内的正确结果数量作为参考，可以明显发现，本章所提出的模型 SDAH 匹配的检索结果最多。对于"高尔夫球场"和"体育场"查询样例，SDAH 得到的前 50 个结果完全正确。对于"交叉路口"查询样例，通过 SDAH 模型得到的前 50 个检索结果中有 48 个匹配的检索结果。

除了数值上的评估对比外，还利用 t-SNE[87] 模型研究了不同方法获得的哈希编码的整体结构信息。具体而言，选择汉明距离以及 t-SNE 模型将哈希编码的维度从 128 减少到 2，以在二维平面描绘每个哈希编码获得其整体结构、分布信息。可视化结果展示在图 15.9~图 15.11 中。通过对图的观察不难发现，在所有的结果中，SDAH 模型所学习到的哈希码结构是最清晰、可分的，并且同类样本聚类更紧凑、不同类别样本聚类之间可区分度更高。实验结果表明所提模型在遥感影像检索任务上是有效的。

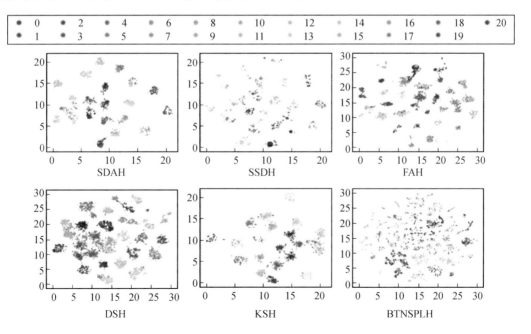

图 15.9　UCM 数据集不同模型哈希编码二维结构展示图

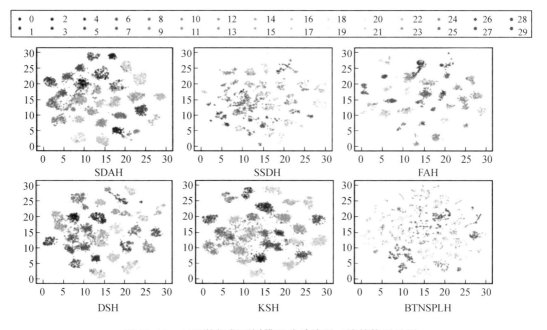

图 15.10　AID 数据集不同模型哈希编码二维结构展示图

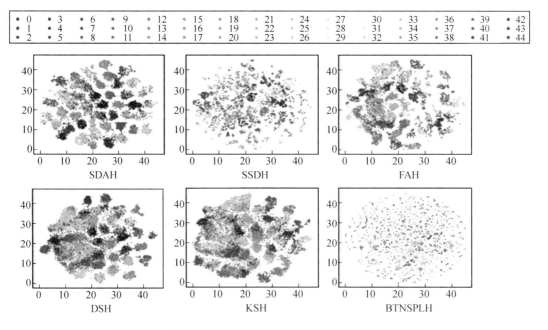

图 15.11　NWPU 数据集不同模型哈希编码二维结构展示图

15.6　本章小结

本章主要讨论基于对抗自编码的半监督深度哈希学习模型（SDAH），该模型属于一种端到端的半监督哈希学习算法，对于本章中使用的卷积特征提取网络 AlexNet，可以替换成任何已有的网络模型，大大提高了该模型的实用价值。首先，在卷积特征上，本章提出利用对抗自编码的基本框架，将高维稠密特征通过编码器映射为隐层变量（类别变量和紧致的哈希编码），并通过解码器重构该高维特征，自编码模型的训练不需要有监督信息，一定程度上减少了对有标注样本的需求。其次，通过对类变量和哈希编码分别利用类别分布判别器和均匀分布判别器，使两种变量尽可能地趋近理想的分布，并且在该步中针对类变量和哈希编码设计了损失函数，在很大程度上提高了两种变量的可判别性。最后，通过利用有标注样本和无标注样本高维特征之间构建邻接矩阵（辅助监督信息），以及利用自编码中所得到的类变量或者另一种辅助监督信息，共同辅助无标注样本的哈希学习。这三种方法相辅相成，提升了遥感影像半监督哈希学习的有效性。

本章内容的主要工作点如下：

（1）针对大规模遥感影像的检索任务，提出一种半监督深度哈希学习模型，可以有效地缓解深度学习对有标注样本的依赖问题。本章模型通过联合利用有标注样本和无标注样本学习哈希编码，提高了模型的泛化性能。并且本章所提模型的基础卷积网络框架为 AlexNet，在实际使用过程中，可以将其替换为任何已有的网络，模型的实用价值得到了提高。

（2）为了能在有标注样本不充足的情况下学习到有效的哈希编码，提出了基于对抗自编码的哈希学习方法。在高维卷积特征基础上嵌入自编码模型，将高维特征通过编码器映射为类别变量和哈希变量，再通过解码器对类别变量和哈希变量解码，重构该高维特征。更进一步地，利用类别分布判别器和均匀分布判别器对类别变量和哈希编码进行一定的规范，使得它们在整体分布上趋近于理想的情况。通过这种对抗自编码的学习方法，一定程度上缓解了深度哈希学习对有标注信息的需求。

（3）为了能有效地利用无标注样本，提出了通过 K-近邻算法，利用有标注样本和无标注样本的高维特征构建邻接矩阵，获得对于无标注样本的辅助监督信息。另外，对于自编码中的类别变量，同样利用对有标注样本和无标注样本的预测类别结果，构建另一种辅助监督信息。通过两种辅助监督信息，设计了损失函数，提高无标注样本哈希学习的有效性。

在三种广泛采用的遥感影像数据集上进行了仿真实验，实验结果证明了本章方法可以在有标注样本不充足的情况下学习到有效的哈希编码，并在大规模遥感影像数据的检索任务能够取得较好的检索结果。

本章模型属于一种半监督学习模型，那么半监督学习中的诸多问题也不能忽视。例如，对无标注样本的有效利用问题以及高效使用问题。具体来说，本章模型是通过两种构建邻接矩阵以及预测标签作为辅助监督信息，但是这种方式存在偶发性地将错误样本归为一类的情况，是否存在其他方法或者不同方法的组合，可以更准确地利用无标注样本是一个可以进一步研究的问题；另一方面，本章算法使用的是所有的无标注样本，在每次训练过程中，都需要构建邻接矩阵，这大大增加了训练时间，当数据规模巨大时，这种方法就会存在时间消耗太大的问题。因此，如何高效使用无标注样本也是一个需要克服的问题。后续可以在这两方面做进一步的研究。

第 16 章
元深度哈希学习

16.1 引 言

有监督的深度哈希学习模型能够针对大规模的遥感影像检索任务取得较好的检索精度和速度。虽然有监督的深度哈希学习模型能取得不错的效果，但是对大量有标注样本的依赖也是该模型的不足之处。在遥感大数据时代，人工标注样本不仅耗时耗力，而且标注样本的速度远远落后于海量遥感数据爆发式增长。这种情况一方面对现有有监督深度哈希学习模型提出了更严峻的挑战，另一方面也促使很多的科研工作集中在如何减少深度模型对样本的依赖问题。为了克服有监督哈希学习对样本过度依赖问题，遥感领域的学者们提出了一些半监督深度哈希学习模型，利用有标注样本和无标注样本共同学习哈希函数，在一定程度上这确实是一种有效的解决办法。基于对抗自编码的半监督哈希学习模型在一定程度上能够减轻深度哈希学习模型对标注样本的依赖，但是半监督学习模型本身也存在一定的问题，例如大量无标注样本的有效利用问题、高效使用问题以及特征学习的有效性问题。另外，确实也有很多的无监督哈希学习，因没有标注样本的监督信息去指导而限制了哈希编码的表征能力[95]。

为了克服深度学习模型对样本的依赖问题，有很多科研工作者开始关注小样本学习（Few-Shot Learning，FSL）问题，即仅依靠非常少量（通常为几个，甚至一个）标注样本学习、训练模型。例如，Motiian 等人[96]提出利用微调的域判别器（Domain-Class Discriminator，DCD），通过对不同域中的数据进行来源判别，从而完成跨源的分类，该模型主要利用微调的 DCD 以及少量的标注数据挖掘不同源数据的信息；Zhao 等人[97]基于聚类的理论知识，提出一种动态条件网络（Dynamic Conditional Convolutional Network，DCCN），该模型利用两组参数集合，即卷积参数集和自适应权重参数集，通过权重参数对卷积参数集进行线性组合，以达到对少量训练样本最佳特征学习；Zhang 等人[98]利用生成对抗模型中生成的数据帮助分类器从小样本中学习到不同类别之间更清晰的决策边界。

与上述小样本学习模型不同的是，很多的研究表明基于任务的学习方式（也称为元学习，Meta-learning）可以在小样本下取得不错的泛化性能，即模型每次的更新学习是基于所有的原始标注数据中部分样本组成的任务，并且每一个任务中的样本进一步被划分为支撑样本集和查询样本集。例如，Snell 等人[99]提出的原型网络（Prototypical Networks），学习每一个任务中查询样本与支撑样本之间的度量空间，并在该度量空间中进行图像分类；Nguyen 等人[100]通过学习查询样本与支撑样本之间的余弦距离，获得基于该距离的度量空间，进行语义分割任务；Sung 等人[101]提出利用一个由多层神经网络构成的关系计算模块，计算查询样例与支撑样本之间的相似度关系。

在遥感影像处理领域，关于小样本学习的研究数量相对较少，但其研究价值逐渐凸显。例如，Liu 等人[102]提出一种针对高光谱影像分类的小样本学习方法，在该方法中设计了能有效捕捉高光谱影像空间信息和谱间信息的特征学习网络，在其特征空间中学习查询样本与支撑样本之间的度量关系；Ma 等人[103]提出一种两阶段的关系学习网络，将在其他数据集上学习到的知识通过元学习的方式迁移到高光谱影像中；另外，Rostami 等人[104]提出了一种用于少镜头合成孔径雷达（Synthetic Aperture Radar，SAR）影像分类的迁移学习方法，通过光学遥感影像和 SAR 影像分别训练两个编码器，然后学习一个度量空间用于少数标注样本下的 SAR 影像分类任务。

为了缓解大规模遥感影像检索任务在小样本学习下的诸多问题，在本章中提出了一种新的深度哈希网络。一方面，利用尺度自适应卷积（SAP-Conv）集成在 ResNet 18 网络上，使得网络可以在不增加参数量的情况下，有效地捕捉遥感影像多尺度特征。这一点也有助于小样本下的遥感影像特征学习。另一方面，提出一种基于元学习的哈希学习方法，命名为元哈希（Meta-hashing），可以减少模型对有标注数据的需求，同时增强哈希模型的泛化能力。具体而言，首先，在多尺度特征上嵌入一哈希层，用来将多尺度特征映射为哈希编码。其次，元哈希算法在学习过程中也是遵循元学习的基本要求，即基于任务的学习方法。然后，为了获得有效的哈希模型，针对性地设计了元哈希的损失函数，可以在每一个任务中，充分挖掘支撑样本集和查询样本集的相似度关系，从而获得一个稳健的、泛化能力强的哈希空间。最后，对元哈希进行了进一步的改进（即动态元哈希，Dynamic-meta-hashing），提出通过构造难度多样化的任务，增强哈希模型的鲁棒性。

本章的创新点如下：

（1）提出一种基于元学习的哈希学习算法（元哈希），通过利用元学习可以在小样本下获得较高泛化能力的优势，提高哈希学习在极少量训练样本下的有效性。另外，针对哈希学习的基本要求，针对性地设计了三种距离度量策略，能够在符合元学习的范式下，充分满足哈希学习的基本要求，提高哈希编码的有效性。

（2）针对本章提出的元哈希算法，提出一种改进算法（动态元哈希），通过动态的调整每次学习任务的难易程度，提高哈希学习的鲁棒性，进一步提高了哈希学习在小样本下的性能。

　　本章内容安排如下：首先详细介绍了元学习的基本理论知识；其次对本章所采用的网络结构进行说明；然后重点介绍了元哈希的原理、损失函数、学习方法以及动态元哈希的原理、学习方法。最后是仿真实验部分，在三种公开遥感数据集进行实验仿真并对结果进行分析。

16.2　元学习理论基础

　　一般来说，元学习就是学会学习的学习。这种学习方法类似人类的学习特性，也就是通过少量的样本数据可以学习到新的概念或者技能。元学习的训练和测试都是以少量样本任务为基本单元，每个任务拥有自己的训练数据集和测试数据集，也被称作支撑集和查询集。在训练过程中，元学习模型使用大量的任务（从少量标注样本中随机构造）进行训练。在测试阶段，也是基于任务，并对任务中的数据进行识别。

　　还可以从数学理论上对元学习做进一步的说明。首先，传统有监督学习方法是利用所有训练数据集和损失函数 $\mathcal{L}$，学习最优的模型参数 θ，此过程可以表示为

$$\theta = \underset{\theta}{\mathrm{argmin}}\, \mathcal{L}(\theta;\ \mathcal{X},\ \mathcal{Y}) \tag{16.1}$$

式中，$\mathcal{X}$ 和 $\mathcal{Y}$ 表示训练样本以及对应的标签。而在元学习中，首先是从数据集中抽取部分样本构造任务 $\mathcal{T}_k$，在该任务基础上可以得到对应的损失函数 $\mathcal{L}_k$。元学习就是学习适用于所有子任务的最优参数。假设所有的子任务都是从一任务分布 $p(\mathcal{T})$ 采样得到的实例，那么元学习过程可以表述为

$$\theta = \underset{\theta}{\mathrm{argmin}}\, \mathbb{E}_{\mathcal{T}_k \sim p(\mathcal{T})}\left[\mathcal{L}_k(\theta;\ \mathcal{X}_k,\ \mathcal{Y}_k)\right] \tag{16.2}$$

式中，$\mathcal{X}_k$ 和 $\mathcal{Y}_k$ 表示每一个子任务 $\mathcal{T}_k$ 中的训练样本以及对应的标签。

　　元学习大致可以分为两种较为独立的方向：基于梯度的学习方法和基于度量的学习方法。基于梯度的学习方法，其核心思想是：通过对梯度进行一定程度的修正，最大化模型在新任务上得到的损失函数对模型参数的敏感度。当具有较高敏感度时，模型参数局部微小的变化就可以导致模型对新任务性能的巨大提升。

　　基于度量的学习方法，其核心思想是：利用每一个任务中的支撑集和查询集样本学习一个度量空间，该空间可以在每个任务中很好地衡量支撑集和查询集样本中相同类别样本特征之间的距离。在这里以典型的基于度量的学习方法原型网络为例，说明其原理以及采用基于度量学习方法构造元哈希的原因。假设每一个任务 $\mathcal{T}_k$ 中，包含 N 个类别样本构成（N 小于所有训练样本的总类别 M），该任务中的支撑集为 $\{\boldsymbol{x}_{S_r}^i\}_{r=1,2,\cdots,K}^{i=1,2,\cdots,N}$，查询集为 $\{\boldsymbol{x}_{Q_r}^j\}_{r=1,2,\cdots,K_q}^{j=1,2,\cdots,N}$，其中 K 和 K_q 分别表示支撑集和查询集中的样本数量。对于这种任务 $\mathcal{T}_k$

下的学习，也称为 N-way K-shot。

给定一 CNN 网络，用 $f_\theta(\cdot)$ 表示，其中 θ 表示网络参数。通过该网络获得支撑集样本特征，并计算其均值获得类别中心，即

$$\boldsymbol{c}_r = \frac{1}{K} \sum_i^K f_\theta(\boldsymbol{x}_{S_r}^i) \tag{16.3}$$

然后根据距离度量方法（如欧氏距离）计算查询样本 $\boldsymbol{x}_{Q_r}^j$ 特征与所得中心的距离，并采用 Softmax 函数得到对于 $\boldsymbol{x}_{Q_r}^i$ 的类别预测概率，即

$$p_\theta(y = r \mid \boldsymbol{x}_{Q_r}^i) = \frac{\exp\{-\text{distance}(f_\theta(\boldsymbol{x}_{Q_r}^i), \boldsymbol{c}_r)\}}{\sum_{Y'}^N \exp\{-\text{distance}(f_\theta(\boldsymbol{x}_{Q_r}^i), \boldsymbol{c}_r')\}} \tag{16.4}$$

得到预测概率后可以通过如下方式得到损失函数，

$$\mathcal{L}_\theta = -\frac{1}{K_q \times N} \sum_j^{K_q} \sum_r^N \log\{p_\theta(y = r \mid \boldsymbol{x}_{Q_r}^i)\} \tag{16.5}$$

模型的学习是在每一个任务 $\mathcal{T}_k \sim p(\mathcal{T})$ 中最小化损失函数，以使得该任务中查询集样本特征和同类别的类别中心距离最近。

通过上述对原型网络的基本原理介绍，可以发现基于度量学习的元学习方法，主要是利用查询集和支撑集样本特征之间在度量空间的距离关系去训练网络。这种方法和哈希学习有一个共同点，相同类别的样本特征之间的距离要尽可能小，不同类别的样本特征之间的距离要尽可能大。这一点也是本章算法将哈希学习问题以元学习的方法去求解的出发点。

16.3　基于元学习的深度哈希学习模型

遥感影像由于其影像内目标物的繁杂，导致不同场景影像可能包含相同类别的目标物、相同场景下可能包含不同类别的目标物。换言之，这种类内多样性以及类间相似性的特点，给遥感影像的哈希学习带来了严峻的挑战。尤其是在少量训练样本下，类内、类间的干扰会尤其严重。为了解决小样本下遥感影像的哈希学习问题，本章提出了一种基于元学习的深度哈希学习算法。首先，考虑到训练样本的数量是非常少的，为了能提取到有效的影像特征，利用自适应尺度卷积，在不需要增加参数量的情况下，便捷地捕捉影像多尺度特征。最后，利用元学习的方式去求解（称为元哈希）哈希学习问题，即利用元学习在小样本下的强泛化能力将影像的多尺度特征映射为哈希编码。

在本节中，首先介绍了模型所使用的网络结构，其次对元哈希模型以及学习方法做了详细的说明。

16.3.1　元哈希模型网络结构

在第 12 章中提出了一种可以便捷地集成在任何已有 CNN 模型上的尺度自适应卷积（SAP-Conv），其特点是在不增加参数量的情况下可以有效地学习影像的多尺度特征。因此在设计元哈希模型时，将尺度自适应卷积集成到 ResNet18 网络中，并且在网络顶端增加一个哈希层，用来将多尺度特征映射为哈希编码。另外，考虑到第 14 章、第 15 章中利用分类层将语义信息注入哈希编码中可以有效地增强哈希编码的判别能力，因此在本章算法的网络模型中，也采用了这种方法。

基于元学习的深度哈希学习模型框架示意图如图 16.1 所示。对于卷积层而言，用尺度自适应卷积替换掉了原 ResNet18 中的最后一个 3×3 大小的卷积；另外，哈希层的维度为 L 维，表示哈希编码的位数，分类层维度 C 维，C 为训练数据集的总类别个数。

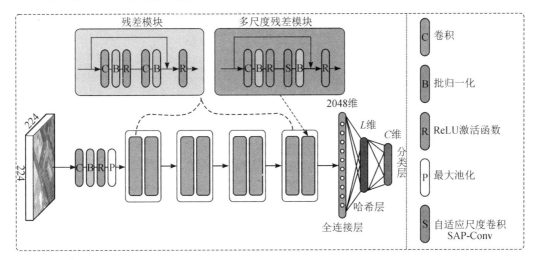

图 16.1　基于元学习的深度哈希学习模型框架示意图

16.3.2　元哈希学习模型

考虑到元学习的特点，本小节从两个方面对基于元学习的哈希学习模型（元哈希）进行详细说明，即基于任务 $\mathcal{T}_k$ 学习和基于多任务 $\mathcal{T}_k \sim p(\mathcal{T})$ 学习。

1. 基于任务 $\mathcal{T}_k$ 学习

与上节所述的元学习中的 N-way K-shot 一致，在这里假设在任务 $\mathcal{T}_k$ 中，包含 N 个类别样本构成（N 小于所有训练样本的总类别 C），该任务中的支撑集为 $\{x_{S_c}^i\}_{c=1,2,\cdots,N}^{i=1,2,\cdots,K}$，查询集为 $\{x_{Q_c}^j\}_{c=1,2,\cdots,N}^{j=1,2,\cdots,K_q}$，其中 K 和 K_q 分别表示支撑集和查询集中的样本数量。另外，支

撑集和查询集之间的样本严格保持不重叠，即

$$\{\boldsymbol{x}_{S_c}\} \bigcap \{\boldsymbol{x}_{Q_c}\} = \varnothing \tag{16.6}$$

这些样本对应的伪哈希编码为 $\{\tilde{\boldsymbol{b}}_{S_c}^{\,i}\}_{c=1,2,\cdots,N}^{i=1,2,\cdots,K}$ 和 $\{\tilde{\boldsymbol{b}}_{Q_c}^{\,j}\}_{c=1,2,\cdots,N'}^{j=1,2,\cdots,K_q}$。

为了保持影像在哈希空间中的相似关系，即同类样本的距离要比其他不同类样本的距离小一些。考虑到类内多样性和类间相似性带来的影响，元哈希优化三种距离，包括相同类别的支撑样本和"伪中心"之间的内距离 D_{intra}、相同类别的查询样本和"伪中心"之间的距离 D_{same} 以及不同类别支持集样本和查询集样本之间的距离 D_{diff}。为了方便解释，将它们显示在图 16.2 中。

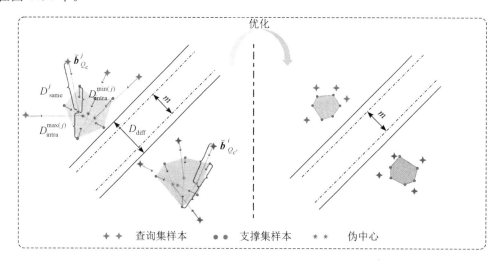

图 16.2　元哈希模型示意图

在说明 D_{intra} 和 D_{same} 的计算方法之前，首先需要定义"伪中心"这一概念。"伪中心"和之前所说的原型网络中的类别中心概念类似，但是考虑到在哈希学习中是对所有相同类别样本哈希编码之间的距离尽可能的小，因此"伪中心"是在考虑到支撑集内部相同类别样本和支撑集、查询集之间相同类别样本哈希编码所提出的。

对于每一个查询样例 $\tilde{\boldsymbol{b}}_{Q_c}^{\,j}$，都对应一个"伪中心"，具体计算包括以下三步。

（1）对于每一个查询样例 $\tilde{\boldsymbol{b}}_{Q_c}^{\,j}$，计算该样本和同类别的所有支撑集中样本特征 $\{\tilde{\boldsymbol{b}}_{S_c}^{\,i}\}^{i=1,2,\cdots,K}$ 之间的距离，记为 $\{d_c^{\,ji}\}^{i=1,2,\cdots,K}$。

（2）从 $\{d_c^{\,ji}\}^{i=1,2,\cdots,K}$ 中可以找到距离最近支撑样本 $\tilde{\boldsymbol{b}}_{S_c}^{\,\min(j)}$ 和距离最远支撑样本 $\tilde{\boldsymbol{b}}_{S_c}^{\,\max(j)}$。

（3）"伪中心"即为最近支撑样本和最远支撑样本哈希编码之间的均值，计算公式为

$$\tilde{\boldsymbol{c}}_c^{\,j} = \frac{\tilde{\boldsymbol{b}}_{S_c}^{\,\min(j)} + \tilde{\boldsymbol{b}}_{S_c}^{\,\max(j)}}{2} \tag{16.7}$$

一旦"伪中心"得到后，可以得到属于 c 类别的三个样本，包括 $\widetilde{\boldsymbol{b}}_{Q_r}^j$、$\widetilde{\boldsymbol{b}}_{S_r}^{\max(j)}$ 和 $\widetilde{\boldsymbol{b}}_{S_r}^{\min(j)}$。此时可以通过查询样例 $\widetilde{\boldsymbol{b}}_{Q_c}^j$ 得到支撑集内部的相似距离和支撑集查询集之间的相似距离，即

$$D_{\text{intra}}^j = \underbrace{\| \widetilde{\boldsymbol{b}}_{S_c}^{\min(j)} - \widetilde{\boldsymbol{c}}_c^j \|_2^2}_{D_{\text{intra}}^{\min(j)}} + \underbrace{\| \widetilde{\boldsymbol{b}}_{S_c}^{\max(j)} - \widetilde{\boldsymbol{c}}_c^j \|_2^2}_{D_{\text{intra}}^{\max(j)}} \tag{16.8}$$

$$D_{\text{same}}^j = \| \widetilde{\boldsymbol{b}}_{Q_c}^j - \widetilde{\boldsymbol{c}}_c^j \|_2^2 \tag{16.9}$$

在 $\mathcal{T}_k$ 中属于 c 类别的查询样例有 K_q 个，通过如下方式得到属于该类别样本集合中的支撑集内部的相似距离以及支撑集、查询集之间的相似距离，具体如下：

$$D_{\text{intra}}(c) = \frac{1}{K_q} \sum_j^{K_q} D_{\text{intra}}^j \tag{16.10}$$

$$D_{\text{same}}(c) = \frac{1}{K_q} \sum_j^{K_q} D_{\text{same}}^j \tag{16.11}$$

最后，在任务 $\mathcal{T}_k$ 中，共有 N 种类别，因此构造如下损失函数，最小化该函数可以促使所有相似样本在哈希空间中映射得更近。

$$\mathcal{L}_{\text{same}} = \frac{1}{N} \sum_c^N \{ D_{\text{intra}}(c) + D_{\text{same}}(c) \} \tag{16.12}$$

为了使不相似样本之间的哈希编码距离尽可能远，元哈希模型中构造了一个惩罚损失：当不相似样本之间的哈希编码距离小于参数 m 时，会对其进行惩罚规范。通过优化该惩罚损失可以使不相似样本之间的距离至少大于 m。同样先计算一个查询样例 $\widetilde{\boldsymbol{b}}_{Q_c}^j$ 所得到的 D_{diff}^j，然后通过计算 $\mathcal{T}_k$ 中所有查询样例 D_{diff}^j 的均值构造惩罚损失函数。

对于属于 c 类别的查询样例 $\widetilde{\boldsymbol{b}}_{Q_c}^j$，计算它和所有不同类别支撑集样本 $\widetilde{\boldsymbol{b}}_{S_{C' \neq C}}^j$ 之间的距离，记为 $\{d_{cc'}^{ji}\}_{c' \neq c,\, c'=1,2,\cdots,N}^{i=1,2,\cdots,K}$。通常来讲，此时可以得到对于 $\widetilde{\boldsymbol{b}}_{Q_c}^j$ 的惩罚损失，即

$$\mathcal{L} = \frac{1}{(N-1) \times K} \sum_{c'}^N \sum_i^K \max(m - d_{cc'}^{ji}, 0) \tag{16.13}$$

最小化上述损失函数确实可以规范不相似样本之间距离至少大于 m。然而，这种情况下，$d_{cc'}^{ji}$ 对于损失函数 $\mathcal{L}$ 的贡献程度是相同的。换言之，哈希学习模型对于区分困难样本的关注程度和区分容易样本的关注程度是平等的。考虑到遥感影像类间相似性带来的干扰，希望哈希学习模型可以更多地关注到区分困难的样本。如果模型对于区分困难样本的哈希编码都能很好的学到，那么对于区分容易的样本，实质上大概率能得到正确的哈希编码。

为了使哈希学习模型可以更多地关注在区分困难样本之间的相似度关系，元哈希对惩罚损失进行了改进。首先，对于查询样例 $\boldsymbol{b}_{Q_c}^j$ 和其他所有不同类别的支撑集样本之间的距离，找到距离最小的，具体过程表述为

$$d_{cc'}^{\min(j)}\big|_{c'\neq r,\,c'=1,\,2,\,\cdots,\,N} = \mathrm{argmin}\{d_{cc'}^{j1},\,d_{cc'}^{j2},\,\cdots,\,d_{cc'}^{jK}\}\big|_{c'\neq r,\,c'=1,\,2,\,\cdots,\,N} \qquad (16.14)$$

此时，对于 c 类别的所有查询样本，可以得到所有的不相似距离，并对其施加惩罚

$$D_{\mathrm{diff}}(c) = \frac{1}{K_q \times (N-1)} \sum_{j}^{K_q} \sum_{c'\neq c}^{N} \max(m - d_{cc'}^{\min(j)},\,0) \qquad (16.15)$$

最后，对于任务 $\mathcal{T}_p$，最小化如下惩罚损失用来规范化所有类间相似性对模型干扰最大样本的哈希编码之间的距离大于 m，

$$\mathcal{L}_{\mathrm{diff}} = \frac{1}{N} \sum_{c}^{N} D_{\mathrm{diff}}(c) \qquad (16.16)$$

2. 基于多任务 $\mathcal{T}_k \sim p(\mathcal{T})$

假设总任务规模为 T，即从任务分布 $p(\mathcal{T})$ 中实例采样 T 次。具体过程为：在每一次实例话任务 $\mathcal{T}_k$ 中，随机从总的标注样本中随机选取 N 个类别（$N<C$），对于每一个类别，应从对应的标注样本中随机抽取 K 和 K_q 个样本作为支撑集和查询集。将所选样本输入网络模型中，通过如下损失函数计算梯度，并反向传播更新网络参数。具体损失函数为

$$\mathcal{L}_{\mathrm{similarity}} = \mathcal{L}_{\mathrm{same}} + \mathcal{L}_{\mathrm{diff}} + \alpha \mathcal{L}_{\mathrm{cross\text{-}entropy}} \qquad (16.17)$$

式中，α 为超参数，用于控制最后一项交叉熵的贡献。另外需要注意的是，为了网络便于优化，哈希层采用 Tanh($\cdot$) 激活函数，将理想的二值哈希编码放缩为连续的伪哈希编码。为了使得伪哈希编码的值尽可能的趋近于 -1 或者 1，采用较大的 m，以减少放缩引起的量化误差。详细模型流程如模型 16.1 所述。

模型 16.1　元哈希(Meta-hashing)模型

输入：训练数据集；每一任务中样本类别个数的 N、支撑集样本个数为 K、查询集样本个数为 K_q；总任务规模 T；参数 m。

输出：最优模型参数 θ。

1：初始化模型参数 θ。

2：for $t = 1,\,2,\,\cdots,\,T$ do

随机从总样本类别 C 中选择 N 个类别；

对 N 个类别中，每类随机选取 K 和 K_q 个样本作为支撑集和查询集；利用式(16.8)、式(16.9)和式(16.15)计算支撑集和查询集样本之间的距离；利用式(16.17)计算损失函数值，最小化该损失，更新参数 θ；

3：end for

4：返回 θ

16.3.3　动态元哈希模型

　　一般来说，元学习模型中的 N 和 K。在本节中，更进一步地将元哈希模型扩展为动态版本，命名为动态元哈希（Dynamic-meta-hashing），以提升哈希模型的鲁棒性。动态是指当训练过程分为多个子任务进行时，N 和 K 是随机变化的。需要注意的是，可变化的 N 和 K 应小于训练集中所有类的数量 C 和每类的样本数量。动态元哈希的详细过程显示在模型 16.2 中。动态元哈希法的主要思想是改变类别个数 N 和支持集样本个数 K，可以引入不同的类间相似性和类内多样性。直观地讲，随着类别个数 N 的增加，当前任务中引入的类间相似度越高。同时，当增加 K 数量时，类内多样性将对哈希模型产生很大影响。因此，动态调整 N 和 K 可以提升元哈希的鲁棒性和性能。实验部分展示了实现细节，并证明动态元哈希在类间相似性和类内多样性调控上的优越性，对提升哈希模型的性能具有显著作用。

模型 16.2　动态元哈希（Dynamic-meta-hashing）模型

　　输入：训练数据集；总任务规模 T；参数 m。

　　输出：最优模型参数 θ。

　　1：初始化模型参数 θ。

　　2：for $t = 1, 2, \cdots, T$ do

　　随机固定每一任务中样本类别个数的 N、支撑集样本个数 K 和查询集样本个数 K_q；

　　随机从总样本类别 C 中选择 N 个类别；

　　对 N 个类别中，每类随机选取 K 和 K_q 个样本作为支撑集和查询集；利用式(16.8)、式(16.9)和式(16.15)计算支撑集和查询集样本之间的距离；利用式(16.17)计算损失函数值，最小化该损失，更新参数 θ；

　　3：end for

　　4：返回 θ

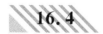
16.4　实验设置及结果分析

16.4.1　实验设置

　　本章模型所采用的网络是集成自适应适度卷积的 ResNet18，并在顶端嵌入哈希层和分类层。对于自适应尺度卷积、哈希层和分类层均采用随机初始化，其他参数采用预训练 ResNet18 参数初始化。这里模型采用 Adam[70] 优化模型来完成训练过程。在本章所有仿真实验中，除非另有说明，最大任务数 T、权重衰减参数和初始学习率分别设置为 10000、0.0005 和 0.0001。网络训练中每经过 5000 次任务的训练，学习率衰减至原来的十分之一。默认情况下，哈希编码位数为 24 位、32 位、40 位、48 位时，设置参数 $m=24$、32、40、48，超参数 $\alpha=1.0$。关于该超参数对模型的影响，在参数分析章节进行了详细的讨论。另外，网络训练过程中训练数据集采用了数据增强（包括随机裁剪、水平翻转和垂直翻转）。

对于元哈希模型，固定 $N=5$；对于动态元哈希模型，N 是随机从 $[5,6,7,8,9,10]$ 中选取的。对于不同情况下的支撑集和查询集，样本个数也稍有不同，详细情况如表 16.1 所示。

表 16.1 支撑集、查询集样本个数 K、K_q 详细设置

数据集	训练集中每类样本个数	元哈希的 K 和 K_q	动态元哈希的 K 和 K_q
UCM	5	$K=3$，$K_q=2$	$K=[2,3]$，$K_q=5-K$
AID	8	$K=4$，$K_q=4$	$K=[3,4,5]$，$K_q=8-K$
NWPU	10	$K=5$，$K_q=5$	$K=[3,4,5,6,7]$，$K_q=10-K$

目前来说，针对小样本下的遥感哈希学习模型非常少。为了对本章所提模型的性能尽可能公平地评估，选择了几种不同的传统哈希学习模型，包括有监督哈希学习、半监督哈希学习和基于精调的哈希学习模型。具体包括：

（1）DSH(Deep Supervised Hashing[86])，一种深度有监督哈希学习模型。

（2）FAH(Feature and Hash learning)，一种深度哈希学习模型，属于有监督学习。

（3）SSDH(Semi-supervised Deep Hashing[109])，一种基于图理论的深度半监督哈希学习模型。

（4）SDAH(Semi-supervised Deep Adversarial Hashing)，一种半监督深度哈希学习模型，其影像的特征提取选择预训练的 ResNet18 网络。

（5）MHCLN(Metric and Hash-Code Learning Network[112])，一种基于微调的哈希学习模型，简单来讲就是用预训练的网络提取影像特征，在这种特征基础上利用神经网络学习哈希。

考虑到本章模型是基于元学习开发的，因此也采用了两种基于元学习的度量学习模型作为对比模型。具体包括：

（1）原型网络(Prototypical Network[99])，在这里利用原型网络最后一个全连接层的输出来完成检索任务。

（2）DMML(Deep Meta Metric Learning[105])，通过元的方式学习样本之间的具体距离度量，并选择得到的度量来完成检索任务。

为了公平对比，所有对比模型的网络结构都保持和本章模型的网络结构一致。另外，对于 DSH、FAH、SDAH、SSDH 和 MHCLN，批大小设置为 64，总迭代次数为 10000，初始学习率为 0.0001，同样每 5000 次迭代将学习率衰减至原来的十分之一。对于原型网络和 DMML，N 和 K 的设置与元哈希相同（见表 16.1）。上文所提到的数据增强也应用于所有对比模型的训练。此外，所有检索方法的评价指标选用 MAP 和 P-R 曲线来评估，其中传统哈希学习模型采用汉明距离统计检索指标，而原型网络与 DMML 采用欧氏距离。

16.4.2　结果分析

检索评价指标 MAP 是采用检索结果的前 20 个来统计的，结果汇总于表 16.2。通过对比 MAP 指标，有如下发现。

表 16.2　各数据集不同模型的 MAP 指标(%)

训练集	编码位数	本章模型		元学习		有监督算法		半监督算法		微调算法
		Dynamic-meta-hashing	Meta-hashing	DMML	Prototypical-Network	DSH	FAH	SSDH	SDAH	MHCLN
UCM-5	24	85.01	**85.12**	84.29	80.44	76.66	70.85	79.08	74.35	95.55
	32	**87.11**	85.97	86.24	82.08	79.03	70.66	81.38	73.67	66.96
	40	**87.67**	86.34	84.84	80.69	80.39	73.71	81.96	76.12	66.18
	48	86.73	85.92	85.3	79.29	81.52	70.73	80.85	76.78	67.61
UCM-8	24	**90.97**	89.64	89	85.66	83.61	81.94	87.4	83.8	72.33
	32	**90.67**	89.67	89.02	86.52	84.51	85.3	86.56	82.53	74.49
	40	**92.21**	91.09	89.75	86.26	85.61	86.23	88.63	84.54	74.56
	48	91.4	**92.01**	89.41	85.9	87.19	82.68	90.03	85.2	74.76
UCM-10	24	**93.74**	92.8	91.41	88.25	87.25	89.44	91.73	83.83	72.61
	32	**96.16**	93.08	91.5	88.8	87.02	89.54	91.11	85.21	72.51
	40	93.41	**93.46**	91.88	88.73	87.2	90.62	90.11	87.55	73.35
	48	**94.24**	93.66	92.09	87.13	88.19	89.71	90.19	87.5	76.76

训练集	编码位数	本章算法		元学习		有监督算法		半监督算法		微调算法
		Dynamic-meta-hashing	Meta-hashing	DMML	Prototypical-Network	DSH	FAH	SSDH	SDAH	MHCLN
AID-5	24	**75.52**	74.12	74.5	71.93	67.62	69.97	70.95	59.87	51.16
	32	**76.18**	75.06	74.02	71.47	69.96	71.43	72.00	64.93	51.18
	40	**77.64**	76.75	75.46	71.57	70.13	68.98	70.3	66.3	53.01
	48	**78.69**	77.38	76.76	73.72	72.06	66.64	71.43	69.66	53.2
AID-8	24	**81.80**	80.58	80.15	77.41	76.44	75.22	78.28	71.6	51.53
	32	**82.38**	80.75	80.69	77.45	76.91	75.27	77.29	73.29	54.85
	40	**82.43**	82.25	81.49	78.41	78.55	75.37	76.48	74.67	56.82
	48	**82.85**	82.75	82.09	78.82	78.89	72.14	79.48	76.16	57.94
AID-10	24	82.04	**83.23**	82.17	79.12	78.45	76.55	78.67	73.23	55.69
	32	**83.77**	81.98	82.35	79	79.36	76.58	78.85	77.23	57.16
	40	**84.53**	83.6	82.31	79.23	79.03	76.61	79.43	78.49	58.17
	48	**84**	83.82	83.01	79.52	79.44	75.88	77.35	79.19	60.21
NWPU-5	24	**67.43**	66.56	66.24	65.03	59.74	58.02	60.77	57.05	45.53
	32	**68.16**	66.46	67.07	65.82	63.19	60.76	60.79	61.4	47.06
	40	**70.69**	70.39	67.95	66.3	62.8	58.26	62.35	61.61	48.88
	48	**70.38**	69.54	68.38	65.53	63.54	59.57	61.21	64.26	50.48
NWPU-8	24	**72.37**	69.17	70.55	68.24	65.05	62.32	67.71	64.95	44.25
	32	**73.08**	69.75	71.01	68.68	68.24	63.58	67.72	67.84	48.52
	40	**73.83**	69.85	72.39	69.4	69.67	63.47	66.97	67.25	49.77
	48	**74.2**	70.44	71.46	70.09	70.79	65.22	65.09	70.66	52.01
NWPU-10	24	**74.78**	73.18	72.67	70.28	69.49	71.96	71.66	68.31	46.63
	32	**76.42**	72.74	75.14	72.02	70.78	70.31	70.63	69.37	50.31
	40	**77.41**	73.33	75.28	71.74	73.85	71.5	70.82	70.86	51.74
	48	**77.68**	74.14	73.35	73.79	73.7	71.24	68.45	70.67	52.85

1. 与传统的哈希模型相比

不难发现，基于元学习的模型（即动态元哈希、元哈希、DMML 和原型网络）在大多数情况下都优于传统哈希模型，这种优势在训练样本非常少时尤其明显。例如，以 UCM-5 训练集、哈希编码位数 24 位的 MAP 指标为例，与性能最好的模型（SSDH）相比，基于元学习的模型分别比 SSDH 高 5.93%（动态元哈希）、6.04%（元哈希）、5.21%（DMML）和 1.36%（原型网络）。结果表明基于元学习的模型能在小样本情况下，获得具有良好泛化性能的模型。另外，传统模型性能随着训练样本数量的增加而增强。例如，在 UCM-10 训练集、编码位数是 24 位情况下，传统模型中性能最优的方法（SSDH）比 DMML 和原型网络分别高出 0.32% 和 3.48%。原因在于 DMML 和原型网络的关键思想是最小化查询样本和支持集之间的距离。然而，它们并没有考虑到支持集内样本之间的关系。与 DMML 和原型网络不同的是，本章所提出的模型（动态元哈希和元哈希）同时考虑到了支撑集内样本之间、支撑集和查询集样本之间的相似性关系，即使在训练样本数量不断增加的情况下，其性能也比传统的哈希方法更为优越。例如，在 UCM-10 数据集、编码位数是 24 位情况下，动态元哈希和元哈希的性能分别比 SSDH 高 2.01% 和 1.07%。

2. 与基于元学习的方法相比

在大多数情况下，本章所提出的动态元哈希和元哈希的性能优于 DMML 和原型网络。以 AID-5 数据集、编码位数 32 位为例，动态元哈希的 MAP 指标分别高出 2.16%（DMML）和 4.71%（原型网络），而元哈希分别高出 1.04%（DMML）和 3.59%（原型网络）。另外，DMML 在有些情况下，其 MAP 指标也较高，原因是 DMML 是一种度量学习模型，该模型是通过学习连续的特征在度量空间中规范查询集和支撑集之间的距离。依靠连续的特征和依靠哈希编码检索相比，连续特征不存在量化误差带来的性能损失。然而，与哈希的检索模型相比，它的效率相对较低，因为检索中哈希编码之间的距离可以通过汉明距离获得，而汉明距离可以高效地通过计算机的"与或"（XOR）操作得到。

3. 动态元哈希和元哈希比较

对比动态元哈希和元哈希在不同哈希编码位数、不同训练集情况下的 MAP 指标，可以发现动态元哈希在大多数情况下都优于元哈希。以 AID-8 训练集的结果为例，与元哈希相比，动态元哈希高出元哈希 1.22%（编码位数 24 位）、1.63%（编码位数 32 位）、0.18%（编码位数 40 位）和 0.10%（编码位数 48 位）。当数据集比较复杂时，动态元哈希的性能提升较为可观。例如，对于 NWPU-8 训练集，动态元哈希比元哈希高出为 3.2%（24 位哈希编码）、3.33%（32 位哈希编码）、3.98%（40 位哈希编码）和 3.76%（48 位哈希编码）。

以上对比动态元哈希和元哈希的 MAP 结果，可以说明两点：第一，在训练过程中动态调整 N 和 K 的值，可以改善遥感影像类内多样性、类间相似性带来的干扰；第二，通过随机改变 N 和 K 的值，可以对模型的泛化性能进一步提高。

除了以上讨论的内容，还有一些有趣的点需要进一步解释。在有些情况下，元哈希的MAP指标比动态元哈希的稍高。例如，元哈希比动态元哈希 MAP 指标高出 0.11%（UCM-5 训练集，24 位哈希编码）、0.61%（UCM-8 训练集，48 位哈希编码）、0.05%（UCM-10 训练集，40 位哈希编码）和 1.19%（AID-10 训练集，24 位哈希编码）。这可能是由于超参数设置的原因。具体来讲，在训练过程中，两种模型的超参数 m 和 α 值都是一样的。然而，对于不同的数据集，可能最佳的超参数设置会有所不同。尽管如此，在大多数情况下，动态元哈希性能仍然优于元哈希，这证实了本章所提出的动态提升方案是有效的。

为了进一步研究本章所提模型和对比模型的性能，在图 16.3 中画出了所有模型基于不同编码位数、不同训练集的 P-R 曲线图。通过观察这些曲线，不难发现动态元哈希和元哈希的精度和召回率曲线所围面积都比其他模型大。这从另一方面说明了本章模型优于对比模型。另外，还可以发现 DMML 和原型网络的精度随着其召回率的增加而快速下降。原因可以总结为两个方面：一方面是 DMML 和原型网络没有考虑到支持集内样本之间的关系，这可能导致训练样本不能被紧凑地映射到度量空间中；另一方面是 DMML 和原型网络的目标函数中没有附加项来惩罚不相似样本之间的距离，这可能降低对属于不同类样本在度量空间中的辨别能力。与之相反，对于其他一些哈希学习模型，包括动态元哈希、元哈希、DSH 和SSDH，它们采用了较大的 m（即动态元哈希和元哈希大于 24，DSH 大于 24，SSDH 大于3）来惩罚不相似样本之间的距离。因此，它们的精度值随着检索样本的增加而平缓下降。

为了证实上述观察结果，在本次仿真实验中还研究了不同模型所获得哈希编码的整体结构信息。由于篇幅所限，仅描绘了在 24 位哈希编码，所有对比模型在 UCM-10、AID-10和 NWPU-10 数据集中得到的哈希编码的可视化结构。

为了清晰地显示其结构，采用 t-SNE 模型，将检索编码由 24 维降低到二维空间，并将其展示在图 16.4 中。通过观察这些图片不难发现，采用较大 m 惩罚不相似样本间距离的哈希学习模型（即动态元哈希、元哈希、DSH 和 SSDH）的聚类簇比较紧凑。而对于 DMML和原型网络，由于没有惩罚项来控制不相似样本之间的距离，它们的聚类簇略微松散。对比所有整体结构信息图，可以发现本章所提模型的聚类簇比其他模型的聚类簇区分度更高。这些结果表明，通过本章所提出的模型得到的哈希编码其辨识度更高、表征能力更强，这对遥感影像检索任务是非常有利的。

除了上述的实验结果外，本节同样展示了不同模型在 24 位哈希编码下获得的检索实例可视化结果。由于展示篇幅有限，这里仅选择了 UCM-10、AID-10 数据集，并分别随机选取一副影像作为查询样例，每个查询样例的前 10 名检索结果分别展示于图 16.5、图16.6 中。需要注意的是，对于 DMML 和 Prototypical Network 模型采用的是欧氏距离进行检索，而其他模型采用的是汉明距离。从视觉检索实例的观察，再次证实了本章所提模型优良特性。

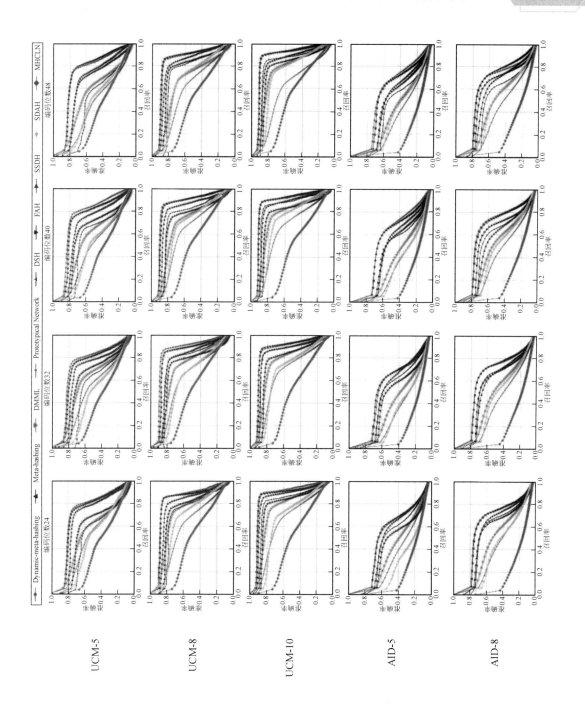

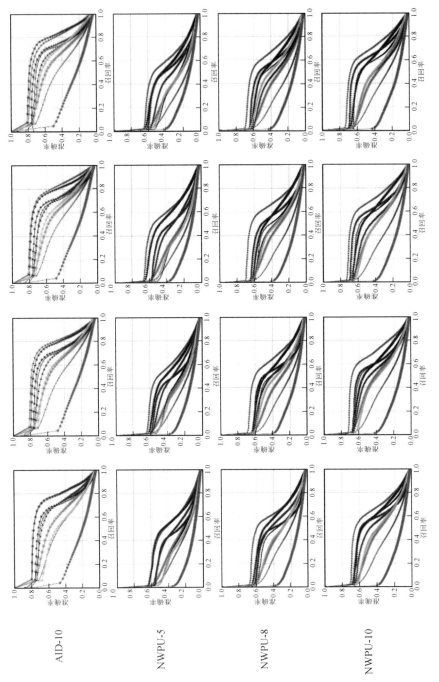

图16.3 各数据集不同模型P-R曲线图

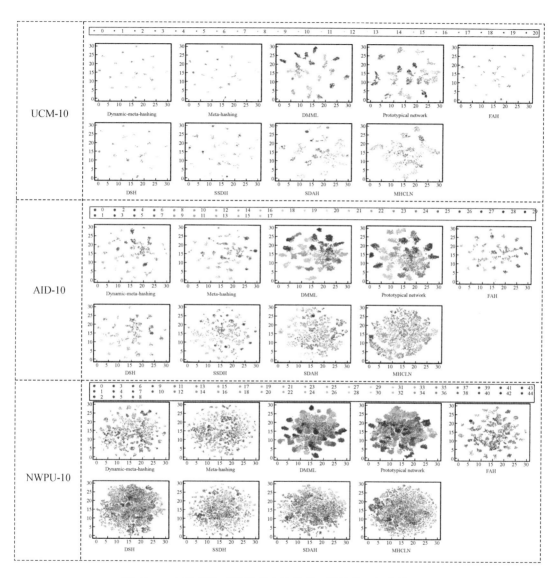

图 16.4 各数据集不同模型哈希编码二维结构可视化结果图

查询样例 | 检索结果

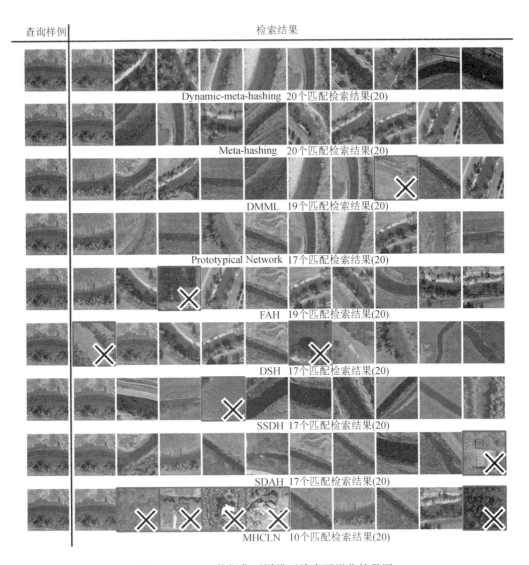

图 16.5 UCM 数据集不同模型检索可视化结果图

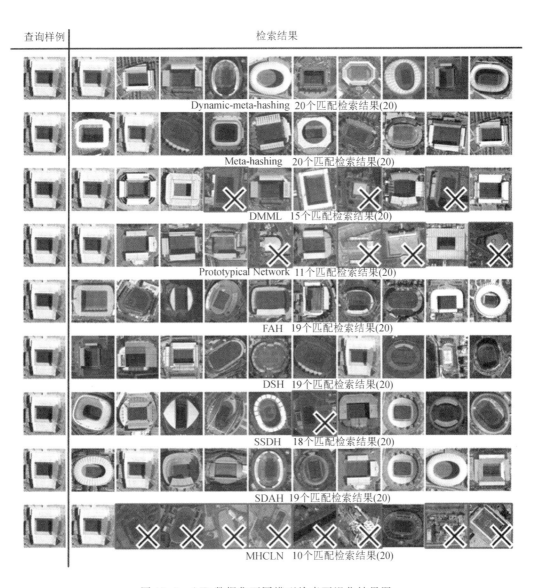

图 16.6　AID 数据集不同模型检索可视化结果图

16.5　本 章 小 结

本章主要讨论基于元学习的深度哈希学习模型。本章模型是首次提出用元学习的模型解决哈希学习问题，利用元学习能在小样本下获得泛化性能较为优秀的模型，提高哈希学习模型在小样本下的性能。首先针对小样本下的遥感影像哈希学习，提出利用尺度自适应卷积(SAP-Conv)，在不增加参数量的情况下捕捉遥感影像多尺度特征；其次针对哈希学习中对样本相似性保持要求较为严格的问题，提出多种距离度量，包括支撑集样本之间、支撑集和查询集样本之间的相似度距离，并对其施加一定的规范，提高元学习下哈希学习的有效性；最后引入动态元哈希，通过动态地改变支撑集和查询集的样本规模以及类别规模，相对动态地改变单次学习时类内多样性、类间相似性对哈希学习的干扰程度，增强哈希模型的鲁棒性。

本章内容的主要工作点如下：

(1) 针对小样本下的遥感影像哈希学习，提出利用尺度自适应卷积构建哈希学习网络，可以在不增加参数量的情况下获得影像的多尺度特征，这一点对于小样本的学习较为重要。参数量的增加会导致模型更容易过拟合，因此基于 SAP-Conv 的哈希学习网络，可以提高小样本下特征学习的能力以及增强模型泛化性能。

(2) 针对大规模遥感影像检索任务，提出利用元学习求解哈希学习问题，即元哈希。首先利用元学习可以在小样本下获得较好的泛化性能的优势，提高了哈希学习在小样本下的性能；其次对于哈希学习中容易受到遥感影像类内多样性、类间相似性干扰的问题，充分挖掘支撑集样本之间、支撑集和查询集样本之间的相似性关系，通过对这些关系施加一定的规范，克服类内、类间的干扰问题，进一步提高小样本下哈希学习的性能。

(3) 针对提出的元哈希模型提出了另一改进模型，即动态元哈希。首先通过随机调整每个任务中的支撑集和查询集的类别个数，可以引入不同程度的类间相似性干扰；其次通过随机调整支撑集和查询集的样本个数，可以引入不同程度的类内多样性干扰。动态元哈希可以在这种不同程度的类内、类间干扰，提高自身的鲁棒性。

在三种广泛采用的遥感影像数据集上进行了仿真实验，实验结果证明了本章模型在极少量的训练样本下也能获得泛化性能较好的哈希学习模型，对于大规模遥感影像数据的检索任务能够取得较好的性能。

参 考 文 献

[1]　KRIZHEVSKY A，SUTSKEVER I，HINTON G E. Imagenet classification with deep convolutional neural networks[J]. Advances in Neural Information Processing Systems，2012，25：1097 – 1105.

[2]　SIMONYAN K，ZISSERMAN A. Very deep convolutional networks for large-scale image recognition[C]. International Conference on Learning Representations，2015.

[3]　HE K，ZHANG X，REN S，et al. Deep residual learning for image recognition[C]. Proceedings of the IEEE Conference on Computer Vision and Pattern Recognition. 2016：770 – 778.

[4]　VASWANI A，SHAZEER N，PARMAR N，et al. Attention is all youneed[J]. Advances in Neural Information Processing Systems，2017，30.

[5]　DOSOVITSKIY A，BEYER L，KOLESNIKOV A，et al. An image is worth 16x16 words：Transformers for image recognition atscale[J]. arXiv preprint arXiv：2010. 11929，2020.

[6]　苏红军，杜培军，盛业华. 高光谱遥感数据光谱特征提取算法与分类研究 [J]. 计算机应用研究，2008，25(2)：390 – 394.

[7]　LIU C，MA J，TANG X，et al. Deep hash learning for remote sensing image retrieval[J]. IEEE Transactions on Geoscience and Remote Sensing，2020.

[8]　PAOLETTI M，HAUT J，PLAZA J，et al. Deep learning classifiers for hyperspectral imaging：Areview[J]. ISPRS Journal of Photogrammetry and Remote Sensing，2019，158：279 – 317.

[9]　ZHOU Y，WEI Y. Learning hierarchical spectral-spatial features for hyperspectral image classification[J]. IEEE Transactions on Cybernetics，2015，46(7)：1667 – 1678.

[10]　LUO F，DU B，ZHANG L，et al. Feature learning using spatialspectral hypergraph discriminant analysis for hyperspectral image [J]. IEEE Transactions on Cybernetics，2018，49(7)：2406 – 2419.

[11]　KE Y，SUKTHANKAR R. PCASIFT：A more distinctive representation for local image descriptors[C]. Proceedings of the 2004 IEEE Computer Society Conference on Computer Vision and Pattern Recognition，2004. CVPR 2004.：Vol 2. 2004：II – II.

[12]　COMON P. Independent component analysis，a newconcept[J]. Signal Processing，1994，36(3)：287 – 314.

[13]　LOWE D G. Distinctive image features from scaleinvariant keypoints [J].

International Journal of Computer Vision，2004，60(2)：91-110.

[14] SWAIN M J，BALLARD D H. Color indexing［J］. International Journal of Computer Vision，1991，7(1)：11-32.

[15] OLIVA A，TORRALBA A. Modeling the shape of the scene：A holistic representation of the spatial envelope[J]. International Journal of Computer Vision，2001，42(3)：145-175.

[16] 罗冷坤. 基于高层特征的光学遥感图像分类［D］. 湖北工业大学，2020.

[17] 余东行，张保明，赵传，等. 联合卷积神经网络与集成学习的遥感影像场景分类［J］. 遥感学报，2020，6.

[18] Y. YANG AND S. NEWSAM，"Bag-of-visual-words and spatial extensions for land-use classification，" in Proc. 18th SIGSPATIAL Int. Conf. Adv. Geographic Inf. Syst.，Nov. 2010，pp. 270-279.

[19] G. S. XIA et al.，"AID：A benchmark data set for performance evaluation of aerial scene classification，" IEEE Transactions on Geoscience and Remote Sensing，vol. 55，no. 7，pp. 3965-3981，Jul. 2017.

[20] CHENG G，HAN J，LU X. Remote sensing image scene classification：Benchmark and state of the art. Proc. IEEE，vol. 105，no. 10，pp. 1865-1883，Oct. 2017.

[21] GUALTIERI J，CHETTRI S. Support vector machines for classification of hyperspectral data［C］. IGARSS 2000. IEEE 2000 International Geoscience and Remote Sensing Symposium. Taking the Pulse of the Planet：The Role of Remote Sensing in Managing the Environment. Proceedings(Cat. No. 00CH37120)：vol 2. 2000：813-815.

[22] HAM J，CHEN Y，CRAWFORD M M，et al. Investigation of the random forest framework for classification of hyperspectral data［J］. IEEE Transactions on Geoscience and Remote Sensing，2005，43(3)：492-501.

[23] YANG X，YE Y，LI X，et al. Hyperspectral image classification with deep learningmodels[J]. IEEE Transactions on Geoscience and Remote Sensing，2018，56(9)：5408-5423.

[24] CHEN Y，JIANG H，LI C，et al. Deep feature extraction and classification of hyperspectral images based on convolutional neural networks［J］. IEEE Transactions on Geoscience and Remote Sensing，2016，54(10)：6232-6251.

[25] MOU L，GHAMISI P，ZHU X X. Deep recurrent neural networks for hyperspectral image classification[J]. IEEE Transactions on Geoscience and Remote Sensing，2017，55(7)：3639-3655.

[26]　关世豪，杨桃，卢珊，等. 基于注意力机制的多目标优化高光谱波段选择[J]. 光学学报，2020，40(21)：2128002.

[27]　MISRA D，NALAMADA T，ARASANIPALAI A U，et al. Rotate to attend：Convolutional triplet attention module[C]. Proceedings of the IEEE/CVF Winter Conference on Applications of Computer Vision. 2021：3139－3148.

[28]　石磊，王毅，成颖，等. 自然语言处理中的注意力机制研究综述[J]. 数据分析与知识发现，2020，4(5)：1－14.

[29]　任欢，王旭光. 注意力机制综述[J]. 计算机应用，2021：0－0.

[30]　袁野，和晓歌，朱定坤，等. 视觉图像显著性检测综述[J]. 计算机科学，2020，47(7)：84－91.

[31]　LECUN Y，BENGIO Y，OTHERS. Convolutional networks for images，speech，and time series[J]. The Handbook of Brain Theory and Neural Networks，1995，3361(10)：1995.

[32]　SZEGEDY C，LIU W，JIA Y，et al. Going deeper with convolutions[C]. Proceedings of the IEEE Conference on Computer Vision and Pattern Recognition. 2015：1－9.

[33]　HUANG G，LIU Z，VAN DER MAATEN L，et al. Densely connected convolutional networks[C]. Proceedings of the IEEE Conference on Computer Vision and Pattern Recognition. 2017：4700－4708.

[34]　CHEN Y，FAN H，XU B，et al. Drop an octave：Reducing spatial redundancy in convolutional neural networks with octave convolution[C]. Proceedings of the IEEE/CVF International Conference on Computer Vision. 2019：3435－3444.

[35]　TANG X，MA Q，ZHANG X，et al. Attention Consistent Network for Remote Sensing Scene Classification[J]. IEEE Journal of Selected Topics in Applied Earth Observations and Remote Sensing，2021，14：2030－2045

[36]　ZHANG X，WANG X，TANG X，et al. Description generation for remote sensing images using attribute attention mechanism[J]. Remote Sensing，2019，11(6)：612.

[37]　BAHDANAU D，CHO K，BENGIO Y. Neural machine translation by jointly learning to align and translate[C]. International Conference on Learning Representations，2015.

[38]　MA J，WU L，TANG X，et al. Building extraction of aerial images by a global and multi-scale encoder-decoder network[J]. Remote Sensing，2020，12(15)：2350.

[39]　ZHONG Z，LI J，LUO Z，et al. Spectral-spatial residual network for hyperspectral

image classification：A 3-D deep learning framework[J]. IEEE Transactions on Geoscience and Remote Sensing，2017，56(2)：847 – 858.

[40] MOU L，GHAMISI P，ZHU X X. Unsupervised spectral-spatial feature learning via deep residual Conv-Deconv network for hyperspectral image classification[J]. IEEE Transactions on Geoscience and Remote Sensing，2017，56(1)：391 – 406.

[41] MOU L，ZHU X X. Learning to pay attention on spectral domain：A spectral attention module-based convolutional network for hyperspectral image classification[J]. IEEE Transactions on Geoscience and Remote Sensing，2019，58(1)：110 – 122.

[42] MENG Z，LI L，TANG X，et al. Multipath residual network for spectral-spatial hyperspectral image classification[J]. Remote Sensing，2019，11(16)：1896.

[43] TANG X，LIU C，MA J，et al. Large-scale remote sensing image retrieval based on semi-supervised adversarial hashing[J]. Remote Sensing，2019，11(17)：2055.

[44] LIN T-Y，DOLLÁR P，GIRSHICK R，et al. Feature pyramid networks for object detection[C]. Proceedings of the IEEE Conference on Computer Vision and Pattern Recognition. 2017：2117 – 2125.

[45] IOFFE S，SZEGEDY C. Batch normalization：Accelerating deep network training by reducing internal covariate shift [C]. International Conference on Machine Learning. 2015：448 – 456.

[46] ACHANTA R，SHAJI A，SMITH K，et al. SLIC superpixels compared to state-of-the-art superpixel methods[J]. IEEE Transactions on Pattern Analysis and Machine Intelligence，2012，34(11)：2274 – 2282.

[47] SCARSELLI F，GORI M，TSOI A C，et al. Computational capabilities of graph neural networks[J]. IEEE Transactions on Neural Networks，2008，20(1)：81 – 102.

[48] WAN S，GONG C，ZHONG P，et al. Hyperspectral image classification with context-aware dynamic graph convolutional network [J]. IEEE Transactions on Geoscience and Remote Sensing，2020，59(1)：597 – 612.

[49] WAN S，GONG C，ZHONG P，et al. Multiscale dynamic graph convolutional network for hyperspectral image classification[J]. IEEE Transactions on Geoscience and Remote Sensing，2019，58(5)：3162 – 3177.

[50] JOACHIMS T. Making large-scale SVM learning practical[R]. [S. l.]：Technical report，1998.

[51] LIU X，ZHOU Y，ZHAO J，et al. Siamese convolutional neural networks for remote sensing scene classification [J]. IEEE Geoscience and Remote Sensing Letters，2019，16(8)：1200 – 1204.

［52］　LIU Y，ZHONG Y，FEI F，et al. Scene classification based on a deep rando m-scale stretched convolutional neural network［J］. Remote Sensing，2018，10 (3)：444.

［53］　LU X，SUN H，ZHENG X. A feature aggregation convolutional neural network for remote sensing scene classification［J］. IEEE Transactions on Geoscience and Remote Sensing，2019，57(10)：7894 – 7906.

［54］　HE N，FANG L，LI S，et al. Remote sensing scene classification using multilayer stacked covariance pooling［J］. IEEE Transactions on Geoscience and Remote Sensing，2018，56(12)：6899 – 6910.

［55］　FAN R，WANG L，FENG R，et al. Attention based residual network for high-resolution remote sensing imagery scene classification[C]. IGARSS 2019-2019 IEEE Inter-national Geoscience and Remote Sensing Symposium. 2019：1346 – 1349.

［56］　GUO Y，JI J，LU X，et al. Global-local attention network for aerial scene classi-fication[J]. IEEE Access，2019，7：67200 – 67212.

［57］　LI Z，XU K，XIE J，et al. Deep multiple instance convolutional neural networks for learning robust scene representations［J］. IEEE Transactions on Geoscience and Remote Sensing，2020，58(5)：3685 – 3702.

［58］　冷建华. 傅里叶变换［M］. 北京：清华大学出版社，2004.

［59］　HU J，SHEN L，SUN G. Squeeze-and-excitation networks[C]. Proceedings of the IEEE Conference on Computer Vision and Pattern Recognition. 2018：7132 – 7141.

［60］　SELVARAJU R R，COGSWELL M，DAS A，et al. Grad-cam：Visual explanations from deep networks via gradient-based localization[C]. Proceedings of the IEEE International Conference on Computer Vision. 2017：618 – 626.

［61］　BATTLE M. Ubuntu：I in you and you in me[M]. ［S. l. ］：Church Publishing，Inc. ，2009.

［62］　ZHAO B，ZHONG Y，XIA G-S，et al. Dirichlet-derived multiple topic scene classification model for high spatial resolution remote sensing imagery[J]. IEEE Transactions on Geoscience and Remote Sensing，2015，54(4)：2108 – 2123.

［63］　CHAIB S，LIU H，GU Y，et al. Deep feature fusion for VHR remote sensing scene classification[J]. IEEE Transactions on Geoscience and Remote Sensing，2017，55(8)：4775 – 4784.

［64］　ZHU Q，ZHONG Y，WU S，et al. Scene classification based on the sparse homogeneous-heterogeneous topic feature model［J］. IEEE Transactions on Geoscience and Remote Sensing，2018，56(5)：2689 – 2703.

[65] CHOPRA S，HADSELL R，LECUN Y. Learning a similarity metric discriminatively，with application to face verification[C]. 2005 IEEE Computer Society Conference on Computer Vision and Pattern Recognition(CVPR'05)：Vol 1. 2005：539 – 546.

[66] Cho K，Merrienboer B，Gulcehre C，et al. Learning Phrase Representations using RNN Encoder-Decoder for Statistical Machine Translation[C]. EMNLP. 2014.

[67] Gers F A，Schmidhuber J，Cummins F. Learning to forget：Continual prediction with LSTM[J]. Neural computation，2000，12(10)：2451 – 2471.

[68] 方匡南，吴见彬，朱建平，等. 随机森林方法研究综述[J]. 统计与信息论坛，2011，26(3)：32 – 38.

[69] LECUN Y，BOTTOU L，BENGIO Y，et al. Gradient-based learning applied to document recognition[J]. Proceedings of the IEEE，1998，86(11)：2278 – 2324.

[70] KINGMA D P，BA J. Adam：A method for stochastic optimization [C]. Proceedings of the 3rd International Conference on Learning Representations，2015，13.

[71] PASZKE A，GROSS S，MASSA F，et al. Pytorch：An imperative style，high-performance deep learning library[J]. Advances in Neural Information Processing Systems，2019，32.

[72] BROWNE M W. Cross-validation methods[J]. Journal of Mathematical Psychology，2000，44(1)：108 – 132.

[73] CHENG G，YANG C，YAO X，et al. When deep learning meets metric learning：Remote sensing image scene classification via learning discriminative CNNs[J]. IEEE Transactions on Geoscience and Remote Sensing，2018，56(5)：2811 – 2821.

[74] BOTTOU L. Stochastic gradient descent tricks[G]. Neural networks：Tricks of the trade. [S. l.]：Springer，2012：421 – 436.

[75] LIU Y，ZHONG Y，QIN Q. Scene classification based on multiscale convolutional neural network[J]. IEEE Transactions on Geoscience and Remote Sensing，2018，56(12)：7109 – 7121.

[76] ALHICHRI H，ALAJLAN N，BAZI Y，et al. Multi-scale convolutional neural network for remote sensing scene classification [C]. 2018 IEEE International Conference on Electro/Information Technology(EIT). 2018：1 – 5.

[77] SHAO Z，PAN Y，DIAO C，et al. Cloud detection in remote sensing images based on multiscale features-convolutional neural network[J]. IEEE Transactions on Geoscience and Remote Sensing，2019，57(6)：4062 – 4076.

[78] LU X，ZHONG Y，ZHENG Z，et al. Multi-scale and multi-task deep learning

framework for automatic road extraction[J]. IEEE Transactions on Geoscience and Remote Sensing, 2019, 57(11): 9362 – 9377.

[79] ZHANG J, LIN S, DING L, et al. Multi-scale context aggregation for semantic segmentation of remote sensing images[J]. Remote Sensing, 2020, 12(4): 701.

[80] YU F, KOLTUN V. Multi-scale context aggregation by dilated convolutions[C]. Proceedings of the International Conference on Learning Representations, 2016.

[81] GOODFELLOW I J, POUGET-ABADIE J, MIRZA M, et al. Generative adversarial networks[J]. Communications of the ACM, 2020, 63(11): 139 – 144.

[82] FUKUI H, HIRAKAWA T, YAMASHITA T, et al. Attention branch network: Learning of attention mechanism for visual explanation[C]. Proceedings of the IEEE/CVF Conference on Computer Vision and Pattern Recognition. 2019: 10705 – 10714.

[83] CAO Y, LONG M, LIU B, et al. Deep cauchy hashing for hamming space retrieval [C]. Proceedings of the IEEE Conference on Computer Vision and Pattern Recognition. 2018: 1229 – 1237.

[84] ZHU H, LONG M, WANG J, et al. Deep hashing network for efficient similarity retrieval[C]. Proceedings of the AAAI Conference on Artificial Intelligence: vol 30. 2016.

[85] CAO Y, LONG M, WANG J, et al. Deep quantization network for efficient image retrieval[C]. Proceedings of the AAAI Conference on Artificial Intelligence: vol 30. 2016.

[86] LIU H, WANG R, SHAN S, et al. Deep supervised hashing for fast image retrieval[C]. Proceedings of the IEEE Conference on Computer Vision and Pattern Recognition. 2016: 2064 – 2072.

[87] Van der MAATEN L, HINTON G. Visualizing data using t-SNE[J]. Journal of Machine Learning Research, 2008, 9(11).

[88] 张洪群, 刘雪莹, 杨森, 等. 深度学习的半监督遥感图像检索 [J]. 遥感学报, 2017.

[89] NG W W, ZHOU X, TIAN X, et al. Bagging-boosting-based semi-supervised multi-hashing with query-adaptive re-ranking[J]. Neurocomputing, 2018, 275: 916 – 923.

[90] KANG J, FERNANDEZ-BELTRAN R, YE Z, et al. High-Rankness Regularized Semi-Supervised Deep Metric Learning for Remote Sensing Imagery[J]. Remote Sensing, 2020, 12(16): 2603.

[91] CHAUDHURI B, DEMIR B, CHAUDHURI S, et al. Multilabel remote sensing image retrieval using a semisupervised graph-theoretic method [J]. IEEE

Transactions on Geoscience and Remote Sensing，2017，56(2)：1144－1158.

［92］ MAKHZANI A，SHLENS J，JAITLY N，et al. Adversarial auto encoders［J］. arXiv preprint arXiv：1511.05644，2015.

［93］ MURPHY K P. Machine learning：a probabilistic perspective［M］. ［S. l.］：MIT press，2012.

［94］ WU C，ZHU J，CAI D，et al. Semi-supervised nonlinear hashing using bootstrap sequential projection learning［J］. IEEE Transactions on Knowledge and Data Engineering，2012，25(6)：1380－1393.

［95］ LI Y，MA J，ZHANG Y. Image retrieval from remote sensing big data：Asurvey ［J］. Information Fusion，2021，67：94－115.

［96］ MOTIIAN S，JONES Q，IRANMANESH S M，et al. Few-shot adversarial domain adaptation［J］. Advances in Neural Information Processing Systems，2017，30.

［97］ ZHAO F，ZHAO J，YAN S，et al. Dynamic conditional networks for few-shot learning［C］. Proceedings of the European Conference on Computer Vision(ECCV). 2018：19－35.

［98］ ZHANG R，CHE T，GHAHRAMANI Z，et al. MetaGAN：An Adversarial Approach to Few-Shot Learning.［J］. NeurIPS，2018，2：8.

［99］ SNELL J，SWERSKY K，ZEMEL R S. Prototypical networks for few-shot learning［J］. Advances in Neural Information Processing Systems，2017，30.

［100］ NGUYEN K，TODOROVIC S. Feature weighting and boosting for few-shot segmentation［C］. Proceedings of the IEEE/CVF International Conference on Computer Vision. 2019：622－631.

［101］ SUNG F，YANG Y，ZHANG L，et al. Learning to compare：Relation network for few-shot learning［C］. Proceedings of the IEEE Conference on Computer Vision and Pattern Recognition. 2018：1199－1208.

［102］ LIU B，YU X，YU A，et al. Deep few-shot learning for hyperspectral image classification［J］. IEEE Transactions on Geoscience and Remote Sensing，2018，57 (4)：2290－2304.

［103］ MA X，JI S，WANG J，et al. Hyperspectral image classification based on two-phase relation learning network［J］. IEEE Transactions on Geoscience and Remote Sensing，2019，57(12)：10398－10409.

［104］ ROSTAMI M，KOLOURI S，EATON E，et al. Deep transfer learning for few-shot sar image classification［J］. Remote Sensing，2019，11(11)：1374.

［105］ CHEN G，ZHANG T，LU J，et al. Deep meta metric learning［C］. Proceedings of the IEEE/CVF International Conference on Computer Vision. 2019: 9547 – 9556.

[106]　LIU W, WANG J, JI R, et al. Supervised hashing with kernels[C]. 2012 IEEE Conference on Computer Vision and Pattern Recognition. 2012: 2074 – 2081.

[107]　LIU C, MA J, TANG X, et al. Adversarial hash-code learning for remote sensing image retrieval [C]. IGARSS 2019-2019 IEEE International Geoscience and Remote Sensing Symposium. 2019: 4324 – 4327.

[108]　KANG W C, LI W J, ZHOU Z H. Column sampling based discrete supervised hashing[C]. Proceedings of the AAAI Conference on Artificial Intelligence: Vol 30. 2016.

[109]　ZHANG J, PENG Y. SSDH: Semi-supervised deep hashing for large scale imageretrieval[J]. IEEE Transactions on Circuits and Systems for Video Technology, 2017, 29(1): 212 – 225.

[110]　朱佳丽, 李士进, 万定生, 等. 基于特征选择和半监督学习的遥感图像检索 [J]. 中国图象图形学报, 2011, 16(8): 1474 – 1482.

[111]　WANG J, KUMAR S, CHANG S F. Semi-supervised hashing for large-scale search[J]. IEEE Transactions on Pattern Analysis and Machine Intelligence, 2012, 34(12): 2393 – 2406.

[112]　ROY S, SANGINETO E, DEMIR B, et al. Deep Metric and Hash-Code Learning for Content-Based Retrieval of Remote Sensing Images[C/OL]. IGARSS 2018—2018 IEEE International Geoscience and Remote Sensing Symposium. 2018: 4539 – 4542. http://dx. doi. org/10. 1109/IGARSS. 2018. 8518381.